高等学校通识教育系列教材

Python程序设计

黄　蔚　主　编

熊福松　钱毅湘　伏玉琛　副主编

清华大学出版社

北　京

内容简介

本书是针对零编程基础的读者学习Python程序设计的教材，书中全面、系统地介绍了Python语言的基本概念和语法，给出了大量的实例，可以帮助读者透彻地理解Python程序设计的内涵。全书共分15章。第1章介绍如何下载和安装Python系统，并在Python环境下编写和运行程序；第2章介绍Python语言基础，如变量、内置函数等；第3～5章是关于如何使用三种基本结构来控制程序的流程；第6～8章详细介绍Python特有的数据类型——序列，包括列表、元组、字典和集合，以及字符串和正则表达式；第9章介绍使用函数进行模块化编程；第10章介绍文件及目录操作；第11章介绍面向对象编程技术；第12章使用异常处理来提高程序的健壮性；第13章介绍Python中的图形用户界面设计；第14章介绍数据库应用开发；第15章介绍Python网站开发。

本书遵循从浅到深、循序渐进的学习规律，内容安排合理，衔接紧密，没有知识点的跳跃或不一致，非常适合初学者进行程序设计的入门学习。除了适合作为零基础的大学生学习程序设计的教材外，也可以作为Python高级编程技术选修课的教材，或作为Python程序员的参考资料，这是因为本书介绍了异常处理、图形用户界面设计、数据库应用开发和网站开发等高级技术。

图书在版编目(CIP)数据

Python程序设计/黄蔚主编. —北京：清华大学出版社，2020.4 (2022.3重印)
高等学校通识教育系列教材
ISBN 978-7-302-55023-5

Ⅰ. ①P… Ⅱ. ①黄… Ⅲ. ①软件工具－程序设计－高等学校－教材 Ⅳ. ①TP311.561

中国版本图书馆CIP数据核字(2020)第041240号

责任编辑：刘向威　张爱华
封面设计：文　静
责任校对：焦丽丽
责任印制：沈　露

出版发行：清华大学出版社
　　网　　址：http://www.tup.com.cn，http://www.wqbook.com
　　地　　址：北京清华大学学研大厦A座　　**邮　　编**：100084
　　社 总 机：010-83470000　　**邮　　购**：010-83470235
　　投稿与读者服务：010-62776969，c-service@tup.tsinghua.edu.cn
　　质量反馈：010-62772015，zhiliang@tup.tsinghua.edu.cn
　　课件下载：http://www.tup.com.cn，010-83470236
印 装 者：北京嘉实印刷有限公司
经　　销：全国新华书店
开　　本：185mm×260mm　　**印　　张**：23.25　　**字　　数**：568千字
版　　次：2020年5月第1版　　**印　　次**：2022年3月第8次印刷
印　　数：10001～12000
定　　价：59.00元

产品编号：085842-01

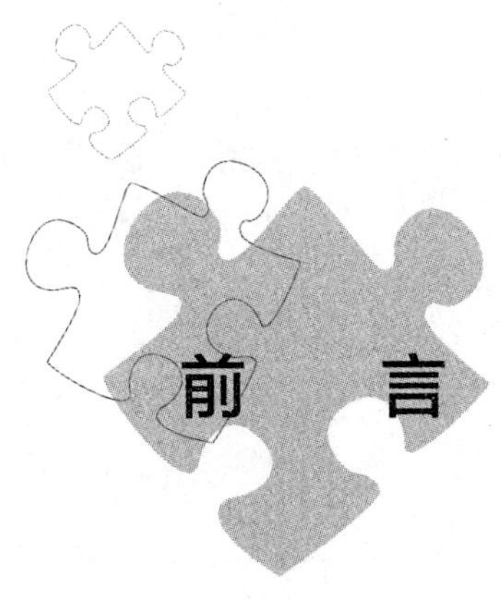

前　言

为应对新一轮科技革命与产业变革，支撑服务创新等，教育部积极推进新工科建设，促进高等教育为强国建设助力。虽然目前新工科没有一个精确的定义，但大家对新工科的基本范畴已经达成了共识，就是利用人工智能、智能制造、机器人及云计算等技术实现对传统工科专业的升级改造。在这样的时代背景下，计算机程序设计在高校计算机教育中就显得尤为重要。

传统的高级程序设计语言（如C语言）的语法较为复杂，需要掌握的细节较多，即使只是实现一个简单功能，也要涉及很多概念，编写的代码也较复杂。再加上指针等概念，容易使学生产生畏难和厌学情绪。发展势头迅猛的Python，给了程序设计教学一根定海神针。

Python是一种功能强大的程序设计语言，在支持面向过程的同时，也全面支持面向对象技术。它优雅、清晰、简洁的语法特点，能使初学者从语法细节中解脱出来，从而专注于解决问题本身。并且由于Python是一种开源语言，全球各个Python社区中有数以亿万计的编程爱好者，为我们提供了各个领域的各种有益的源代码。这对于需要快速掌握编程的学习者来说，无疑是大有帮助。时势造英雄，目前火热的人工智能促进了Python的发展，而Python也让人工智能算法变得更加简单。正是这些原因，Python成为当前最热门的编程语言之一。

目前市面上有关Python的图书很多，但是很难找到一本真正适合初学者的教材。本书的定位是将Python作为第一门程序设计语言，系统介绍Python程序设计的基础知识。全书共15章，主要介绍了Python的语言基础、三种基本控制结构、列表和元组（有序序列）、字典和集合（无序序列）、字符串和正则表达式、函数与模块、面向对象编程技术、文件操作、异常处理、图形用户界面设计、数据库编程，以及Python网站开发。

在Python发展过程中，形成了Python 2和Python 3两个不兼容的系列。从语言的发展考虑，本书选择的是Python 3，书中的所有代码都适用于Python 3环境。

本书遵循从浅到深、循序渐进的学习规律，内容安排合理、衔接紧密，没有知识点的跳跃或不一致，非常适合初学者进行程序设计的入门学习。本书无星号的章节适合零基础的大学本科生作为学习程序设计的通识课教材；其他带星号的章节，如异常处理、图形用户界面设计、数据库编程和Python网站开发等高级技术，可以供Python高级编程技术的选修课使用，也可以作为Python程序员的参考资料。

本书第1～5章、第12～13章由钱毅湘编写，第6～8章、第14章由熊福松编写，第9～11章、第15章由黄蔚编写。全书由黄蔚统稿，伏玉琛提供了部分案例，并对本书的编写进行了有益的指导。此外，缪振炎同学为本书案例的编写给予了有力帮助。

本书的编写是在苏州大学计算机学院和东吴学院领导的支持下完成的，获得了计算机教学部全体老师的帮助，在此对他们表示感谢。

由于作者水平有限，加之时间仓促，书中难免存在疏漏之处，恳请广大读者批评指正。

作　者

2019年10月

目　录

第1章 Python概述

1.1 Python 简介

1.1.1 Python 的发展

1. 程序设计概述

目前,计算机已经深入到社会的各个领域,成为人们日常工作、生活、学习的必备工具。计算机是一种具有存储程序、执行程序功能的电子设备。计算机的所有功能都是通过执行程序来实现的。程序就是人们把需要做的工作写成一定形式的指令序列,并把它存储在计算机内部存储器中,当人们给出完成工作的指令后,计算机就按预设的指令序列自动进行相应操作,从而完成相应的工作。人们把这种可以连续执行的一条条指令的序列称为“程序”。编写程序的过程就称为“程序设计”。为了使计算机能够正确识别和执行程序,指令是不能随意编写的,必须遵循一定的规则。这些规则包含了一系列的文法和语法的要求,按照这些规则编写的程序才能够被计算机理解、执行,所以它是人和计算机之间的交流语言。这种语言类似于人与人之间交流的语言,虽然没有人类语言那么复杂,但逻辑上要求更加严格,符合这些规则的语言被称为“程序设计语言”。

计算机可以直接识别和运行的语言称为“机器语言”,这是一种二进制代码语言。每台机器指令的格式和代码所代表的含义都是有硬性规定的,例如某种计算机的指令 10110110 00000000 表示让计算机进行一次加法操作;而指令 10110101 00000000 则表示让计算机进行一次减法操作。它们的前八位表示操作码,后八位则表示地址码。由于硬件设计不同,机器语言对不同型号的计算机来说一般是不同的。用机器语言编程,就是从 CPU 的指令系统中挑选合适的指令组成一个指令系列的过程。

由于机器语言与人们日常生活中使用的语言差距过大,而且大量的规则都与具体的计算机硬件设计和实现相关,所以使用机器语言编写程序的难度很大。为了降低编写程序的难度,人们发明了一些更加接近人类日常语言的程序设计语言。根据与人类语言的接近程度不同,可把这些语言分为高级语言、中级语言和低级语言。低级语言最接近机器语言,学习和使用难度都比较大;高级语言最接近人类语言,学习和使用难度相对低级语言来说要容易得多,应用也最为广泛。目前常见的高级语言有C、Java、C++、C#、Python、PHP等,并且还在不断涌现新的程序设计语言。

由某种程序设计语言编写的程序称为“源程序”。高级语言源程序不能直接被计算机识别和执行,必须翻译成机器语言指令才能被计算机执行,其翻译过程如图1-1所示。

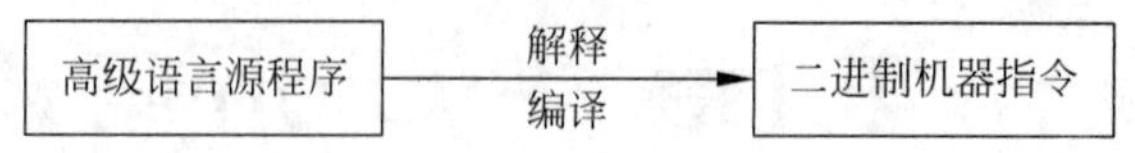

图1-1 程序的翻译过程示意图

2. Python的起源

Python的创始人是荷兰人Guido von Rossum(以下简称Guido)。过去因为硬件能力的限制,程序的设计原则是让机器更快地运行。为了增进效率,程序员必须像计算机一样思考,以便能写出更符合机器口味的程序。这种编程方式让Guido感到苦恼,虽然Guido知道如何用C语言实现一个功能,但整个编写过程需要耗费大量的时间。

Guido的另一个编程选择是UNIX系统的解释器(interpreter)——Bourne Shell。UNIX的管理员们常常用Shell编写一些简单的脚本,以进行一些系统的维护工作,例如定期备份、文件系统管理等。Shell可以像胶水一样,将UNIX下的许多功能连接在一起。C语言下许多上百行的程序在Shell下只用几行就可以完成。然而,Shell的本质是调用命令。它不是真正的语言。例如,Shell没有数值型的数据类型,要实现加法运算都很复杂。

Guido希望有一种语言既能够像C语言那样,可以全面调用计算机的功能接口,又可以像Shell那样轻松地编程。ABC语言让Guido看到了希望。ABC语言以教学为目的,与当时大部分的语言不同,它的目标是“让用户感觉更好”。ABC语言希望让语言变得容易阅读、容易使用、容易记忆、容易学习,并以此来激发人们学习编程的兴趣。

然而ABC语言最终没有流行起来,因为ABC语言编译器需要在比较高配置的计算机上才能运行,而这些计算机的使用者通常都精通计算机,他们更多考虑的是程序的效率,而非它的学习难度。除了硬件上的困难外,ABC语言的设计也存在一些致命的问题,例如,不能直接进行I/O操作、可拓展性差、过度革新等。

1989年,为了打发圣诞节假期,Guido开始写Python语言的编译/解释器。他希望这个叫作Python的语言能实现他的愿望——设计出一种C和Shell之间、功能全面、易学易用、可拓展的语言。

3. Python的诞生

1991年,第一个Python编译器/解释器诞生。它是用C语言实现的,并能够调用C库(.so文件)。从一开始,Python已经具有类(class)、函数(function)、异常(exception),以及包括列表(list)和词典(dictionary)在内的核心数据类型和模块(module)等语法元素,并能以此为基础进行拓展。

Python从一开始就特别在意可拓展性(extensibility)。Python可以在多个层次上拓展:从高层可以导入.py文件;在底层可以引用C语言的库。Python程序员可以快速地用Python写.py文件作为拓展模块。当性能是考虑的重要因素时,Python程序员又可以深入底层,编写C程序并将其编译为.so文件导入Python中使用。Python就好像使用钢构建房一样,先规定好大的框架,程序员可以在此框架下自由地拓展或更改。

Python 的诞生可谓生逢其时。20 世纪 90 年代初，个人计算机开始普及，计算机的性能也有了很大的提高，硬件厂商甚至渴望高需求软件的出现，以带动硬件的更新换代。程序员开始关注计算机的易用性，图形化界面的备受推崇就是个佐证。我们还记得 ABC 失败的一个重要原因是硬件的性能限制。现在硬件性能已经不再是个瓶颈，语言的易用性被提到了一个新的高度，所以许多人开始转向易于使用的 Python。

1.1.2 Python 的特点

(1) 简单。Python 的语法简单，易读、易用、易记、易学习。阅读一个良好的 Python 程序就好像是在读英语一样，Python 是一种非常容易入门的语言。Python 简洁的语法格式，可以让程序员专注于解决问题而不是纠结于语法细节。

(2) 开源性。Python 是 FLOSS(自由/开放源码软件)之一。简单地说，你可以自由地发布这个软件的副本，阅读它的源代码，对它做改动，把它的一部分用于新的自由软件中。Python 希望看到更加优秀的人创造并经常改进它。

(3) 高级语言。当用 Python 编写程序的时候，无须考虑诸如如何管理程序使用的内存一类的底层细节。

(4) 可移植性。由于它的开源本质，Python 已经被移植在许多平台上。如果小心地避免使用依赖于系统的特性，那么 Python 程序无须修改就可以在任何平台上运行。

(5) 解释执行。Python 解释器把源代码转换成字节码的中间形式，然后再把它翻译成计算机使用的机器语言并运行。不需要操心如何编译程序、如何确保链接装载正确的库等，所有这一切在 Python 中都非常简单。

(6) 面向对象编程。Python 既支持面向过程的函数编程，也支持面向对象的抽象编程。在面向过程的语言中，程序是由过程或者可重用代码的函数构建起来的。在面向对象的语言中，程序是由数据和功能组合在一起的对象构建起来的。与其他主要的语言如 C++ 和 Java 相比，Python 以一种非常强大而又简单的方式实现面向对象编程。

(7) 可扩展性。如果希望一段关键代码运行得更快或者希望某些算法不公开，可以把部分程序用 C 或 C++编写，然后在 Python 程序中引用它们。

(8) 可嵌入性。可以把 Python 嵌入到 C 或 C++程序中，向程序用户提供脚本功能。

(9) 丰富的库。Python 标准库已经很庞大，同时，Python 还有可定义的第三方库可以使用。这些库有助于处理各种工作，包括正则表达式、文档生成、单元测试、线程、数据库、网页浏览器、CGI、FTP、电子邮件、XML、XML-RPC、HTML、WAV 文件、密码系统、GUI(图形用户界面)、Tk 和其他与系统有关的操作。

1.1.3 Python 的版本

Python 2 发布于 2000 年年底，较之先前的版本，这是一种更加清晰和更具包容性的语言。先前版本的 Python 应用的是 PEP(Python 增强协议)。Python 2 包括了更多的程序性功能，比如能自动地管理内存的循环检测垃圾收集器，增加了对 Unicode 的支持以实现字符的标准化，并采用列表综合的方式，可以在现有列表基础上创建新列表。随着 Python 2 的不断发展，更多的功能被添加进来，包括将 Python 的类型和类在 Python 2.2 版本中统一为一层。

作为一项重大改革，Python 3 于 2008 年年底发布，以解决和修正以前语言版本的内在设计缺陷。Python 3 开发的重点是清理代码库并删除冗余，清晰地表明只能用一种方式来执行给定的任务。

起初，Python 3 的采用很缓慢，因为它不能向后兼容 Python 2，这就迫使人们需要决定该使用哪个版本的语言。此外，许多封装库只适用于 Python 2，但是由于 Python 的开发团队重申了终止对 Python 2 的支持，促使更多的库被移植到 Python 3 上来。

在 2008 年 Python 3 发布之后，Python 2.7 于 2010 年 7 月 3 日发布，并计划作为 Python 2.x 版本的最后一版。发布 Python 2.7 的目的在于通过提供一些测量两者之间兼容性的措施，使 Python 2.x 的用户更容易将功能移植到 Python 3 上。现在所说的 Python 2 通常是指 Python 2.7 版本，它是 Python 2 最常用的版本。而对 Python 2 的后续开发，包括现在最主要的 bug 修复，在 2020 年完全停止。鉴于这个原因，本书使用的版本是 Python 3。

1.2 Python 开发环境

集成开发环境（Integrated Development Environment，IDE）是用于提供程序开发环境的应用程序，包括代码编辑器、编译/解释器、调试器和图形用户界面等工具。IDE 集成了代码编写功能、分析功能、编译/解释功能、调试功能等，具备这些功能的软件或者软件套（组）都可以叫作集成开发环境。

1.2.1 Python 语言解释器的下载与安装

解释器（interpreter）是一种能够把一行行高级语言源码直译成机器码后让 CPU 执行的程序。当我们写完 Python 代码后，需要 Python 解释器去转换并执行。Python 语言官方网站上提供了不同版本的解释器软件，用户根据需要下载即可。

本书以 Python 3.5.2 版本为例介绍 Python 解释器的安装。在浏览器中输入 Python 官方网站下载页面的地址 https://www.python.org/downloads/，找到页面中部的版本列表（见图 1-2），单击条目“Python 3.5.2...”后的 Download，出现 Python 3.5.2. 版本的相关

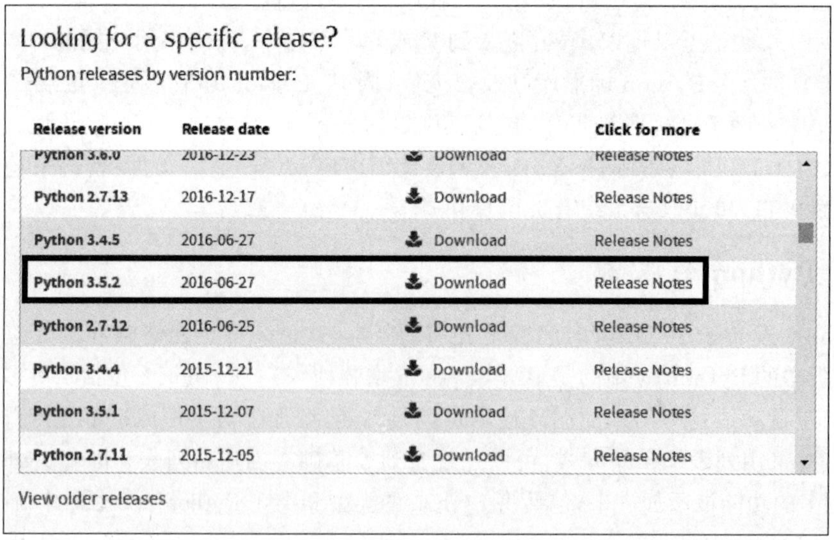

Looking for a specific release?

Python releases by version number:

Release version	Release date		Click for more
Python 3.6.0	2016-12-23	Download	Release Notes
Python 2.7.13	2016-12-17	Download	Release Notes
Python 3.4.5	2016-06-27	Download	Release Notes
Python 3.5.2	2016-06-27	Download	Release Notes
Python 2.7.12	2016-06-25	Download	Release Notes
Python 3.4.4	2015-12-21	Download	Release Notes
Python 3.5.1	2015-12-07	Download	Release Notes
Python 2.7.11	2015-12-05	Download	Release Notes

View older releases

图 1-2 Python 的下载页面

信息，在页面中找到如图 1-3 所示的下载文件清单，单击 Windows x86-64 executable installer 下载安装 Python 3.5.2 的安装文件。

Files

Version	Operating System	Description	MD5 Sum	File Size	GPG
Gzipped source tarball	Source release		3fe8434643a78630c61c6464fe2e7e72	20566643	SIG
XZ compressed source tarball	Source release		8906efbacfcdc7c3c9198aeefafd159e	15222676	SIG
Mac OS X 32-bit i386/PPC installer	Mac OS X	for Mac OS X 10.5 and later	5ae81eea42bb6758b6d775ebcaf32eda	26250336	SIG
Mac OS X 64-bit/32-bit installer	Mac OS X	for Mac OS X 10.6 and later	11a9f4fc3f6b93e3ffb26c383822a272	24566858	SIG
Windows help file	Windows		24b95be314f7bad1cc5361ae449adc3d	7777812	SIG
Windows x86-64 embeddable zip file	Windows	for AMD64/EM64T/x64	f1c24bb78bd6dd792a73d5ebfbd3b20e	6862200	SIG
Windows x86-64 executable installer	Windows	for AMD64/EM64T/x64	4da6dbc8e43e2249a0892d257e977291	30177896	SIG
Windows x86-64 web-based installer	Windows	for AMD64/EM64T/x64	c35b6526761a9cde4b6dccab4a3d7c60	970224	SIG
Windows x86 embeddable zip file	Windows		ad637a1db7cf91e344318d55c94ad3ca	6048722	SIG
Windows x86 executable installer	Windows		2ddf428fd8b9c063ba05b5a0c8636c37	29269656	SIG
Windows x86 web-based installer	Windows		aed3ac79b8e2458b84135ecfdca66764	944304	SIG

图 1-3　Python 3.5.2 的下载文件清单

下载完后双击安装文件 Python-3.5.2-amd64.exe，注意务必勾选 Add Python 3.5 to PATH 复选框，单击 Install Now 开始安装，如图 1-4 所示。安装成功后将显示如图 1-5 所示的界面。

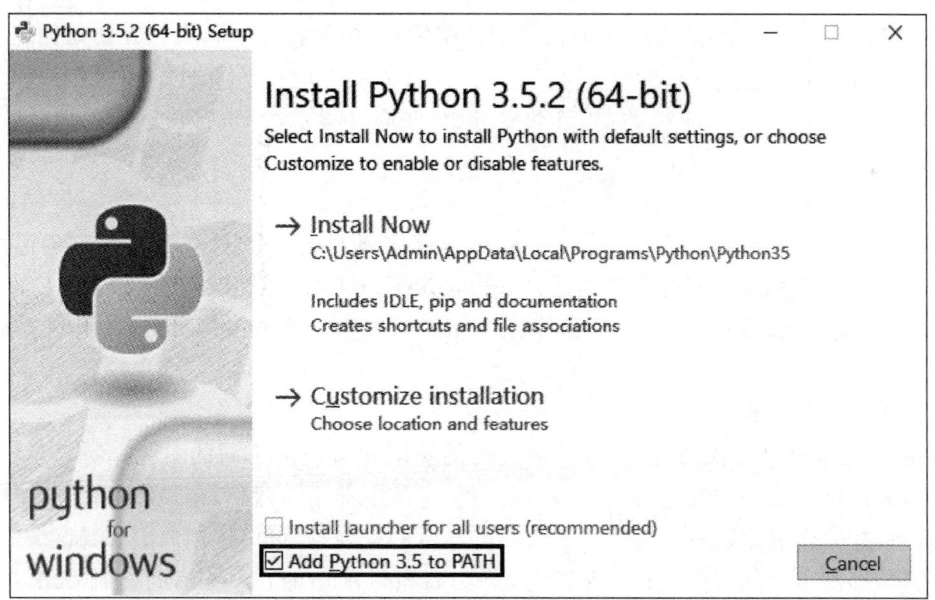

图 1-4　安装程序的启动界面

Python 安装包会在系统中安装一批与 Python 开发和运行相关的文件，其中最重要的两个程序是 Python Shell 和 Python 集成开发环境 IDLE。安装完成后，就可以在 Windows 的开始菜单中看到这两个 Python 程序的图标。

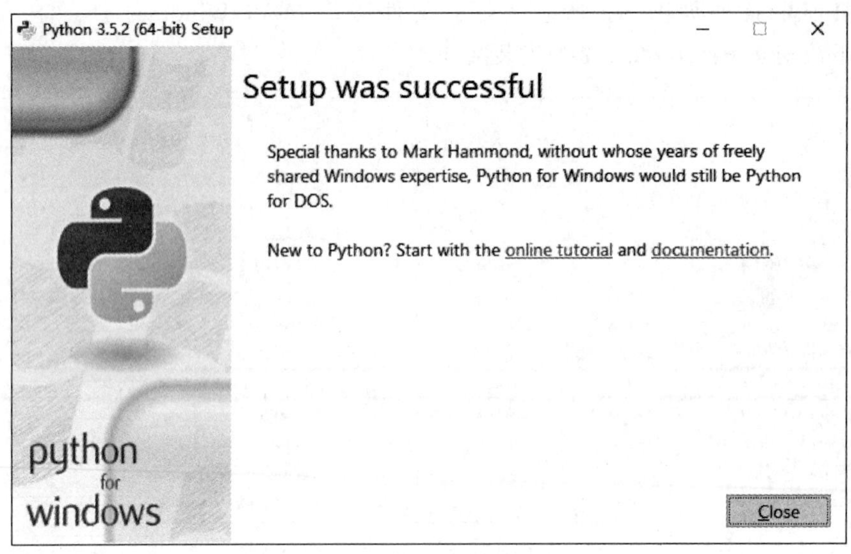

图 1-5 程序安装成功界面

1.2.2 IDLE

IDLE(Python's Integrated DeveLopment Environment,Python 集成开发环境)是 Python 自带的一个 IDE,这是一个简洁实用的编辑器,初学者可以利用它方便地创建、运行和测试 Python 程序。

IDLE 具有许多有用的特性,如自动缩进、语法高亮显示、标识符快速输入以及程序文件状态提示等。

1. 自动缩进

根据语法规则自动缩进。例如,输入 if 关键字所在行末的冒号且按 Enter 键之后,IDLE 会对新一行的输入光标自动缩进。一般情况下,IDLE 将代码缩进一级,即 4 个空格。如果想改变这个默认的缩进量,则可以从 Format 菜单中选择 New indent width 选项进行修改。

2. 语法高亮显示

IDLE 在用户输入代码时,会自动对代码的不同元素使用不同的颜色进行显示。默认情况下,关键字显示为橘红色,注释显示为红色,字符串显示为绿色,定义和解释器的输出显示为蓝色,控制台输出显示为棕色。语法高亮显示的好处是,可以让用户更容易区分不同的语法元素,提高程序的可读性;与此同时,语法高亮显示还能在一定程度上降低出错的可能。例如,如果输入的变量名显示为橘红色,则提醒用户该名称与预留的关键字冲突,应该给变量更换名字。

3. 标识符快速输入

当用户输入已出现在当前程序中的标识符单词的一部分后,从 Edit 菜单选择 Expand Word 项,或者直接按 Alt+/快捷键可以自动完成该单词的输入。例如,已有语句:MynametestNewYear_008 = 100,即程序使用一个长名字的变量,此后,用户输入 My 后再按 Alt+/快捷键,MynametestNewYear_008 就会全部出现。

4. 程序文件状态提示

新建一个程序文件，IDLE的标题栏里会显示Untitled，提示用户当前文件没有保存。如果正在修改某个原有文件，则标题栏里显示的是当前文件的文件名；如果文件中存在新修改且尚未存盘的内容，标题栏的文件名前后会有＊星号出现。

1.2.3 PyCharm*

PyCharm是由JetBrains打造的一个Python IDE，带有一整套可以帮助用户在使用Python语言开发时提高效率的工具，例如调试、语法高亮、Project管理、代码跳转、智能提示、自动完成、单元测试、版本控制等。此外，该IDE提供了一些高级功能，用于支持Django框架下的专业Web开发。

1. PyCharm的安装

撰写本书时，PyCharm官方网站上的最新版本是pycharm-professional-2018.3.3，这里介绍的就是该版本的下载及安装过程。官方网站的页面可能会随时变化，读者在阅读本书时，实际网页的内容可能会不同。

在浏览器中输入PyCharm官网地址https://www.jetbrains.com/pycharm/（见图1-6），单击Download按钮进入下载页面。PyCharm有Professional（专业版）和Community（社区版）两个版本（见图1-7），其适用范围正如页面上的简介所示，读者可以根据开发需要选择下载不同的版本。本书介绍的是Professional版。

图1-6 PyCharm主页

双击已下载好的文件pycharm-professional-2018.3.3.exe，按提示信息进行安装，安装过程如图1-8～图1-13所示。

2. PyCharm的激活

对于学生或教师使用者，PyCharm可以给予免费的授权，但不是永久性的，需要使用者提供校园邮箱或是国际学生证（ISIC）。打开网页https://www.jetbrains.com/zh/student/#faq-cn，如图1-14所示，按网页提示操作，可以获得激活邮件，并注册授权账户。

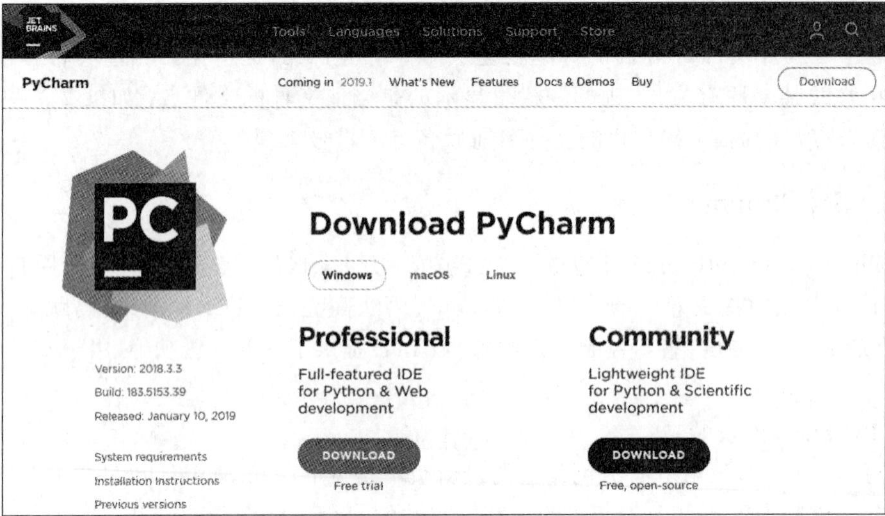

图 1-7　PyCharm 下载页面

图 1-8　PyCharm 安装向导(一)

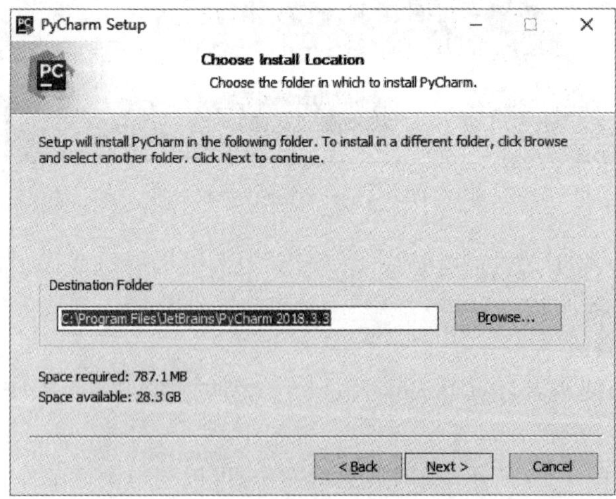

图 1-9　PyCharm 安装向导(二)

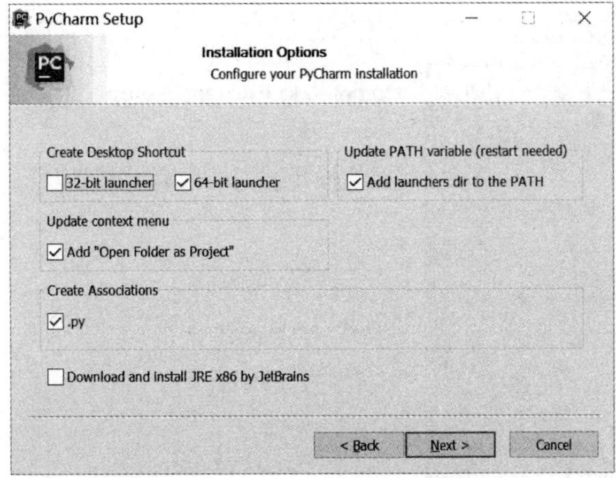

图 1-10　PyCharm 安装向导(三)

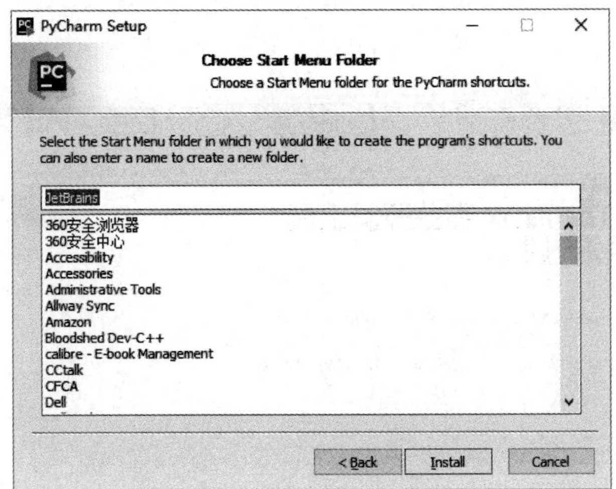

图 1-11　PyCharm 安装向导(四)

图 1-12　PyCharm 安装向导(五)

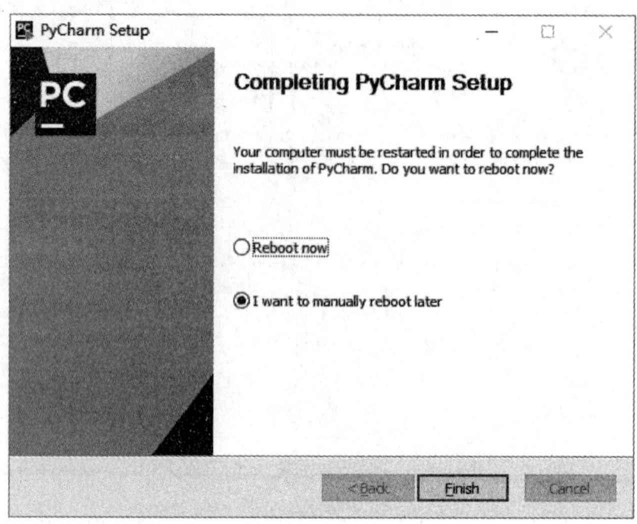

图 1-13　PyCharm 安装向导(六)

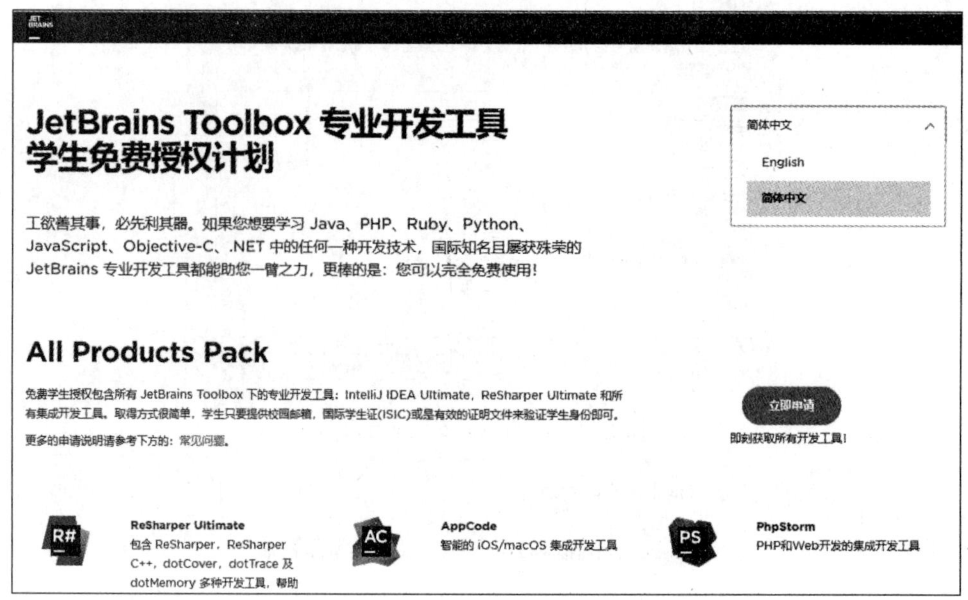

图 1-14　学生免费授权页面

3. PyCharm 的配置

1）首次启动后的设置

安装完 PyCharm 首次运行时，需要选择软件的界面风格(见图 1-15)。配置选择后，就会启动 PyCharm，出现如图 1-16 所示的启动欢迎界面，以后每次启动 PyCharm 都会出现此界面。用户可以根据需要选择打开已有的文件/项目或新建文件/项目。

2）配置菜单和工具栏

在图 1-16 启动界面的右下角有一个 Configure 下拉菜单，单击 Settings 命令项后，可以进行不同的设置。图 1-17 可以配置 PyCharm 界面上的菜单和工具栏。

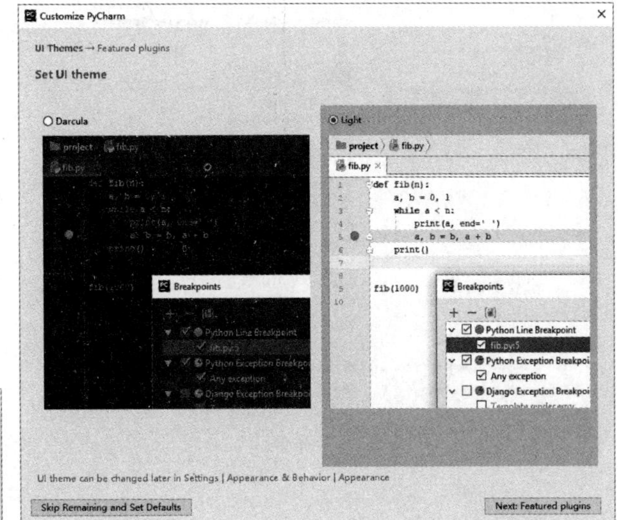

图 1-15　PyCharm 首次启动的配置选项

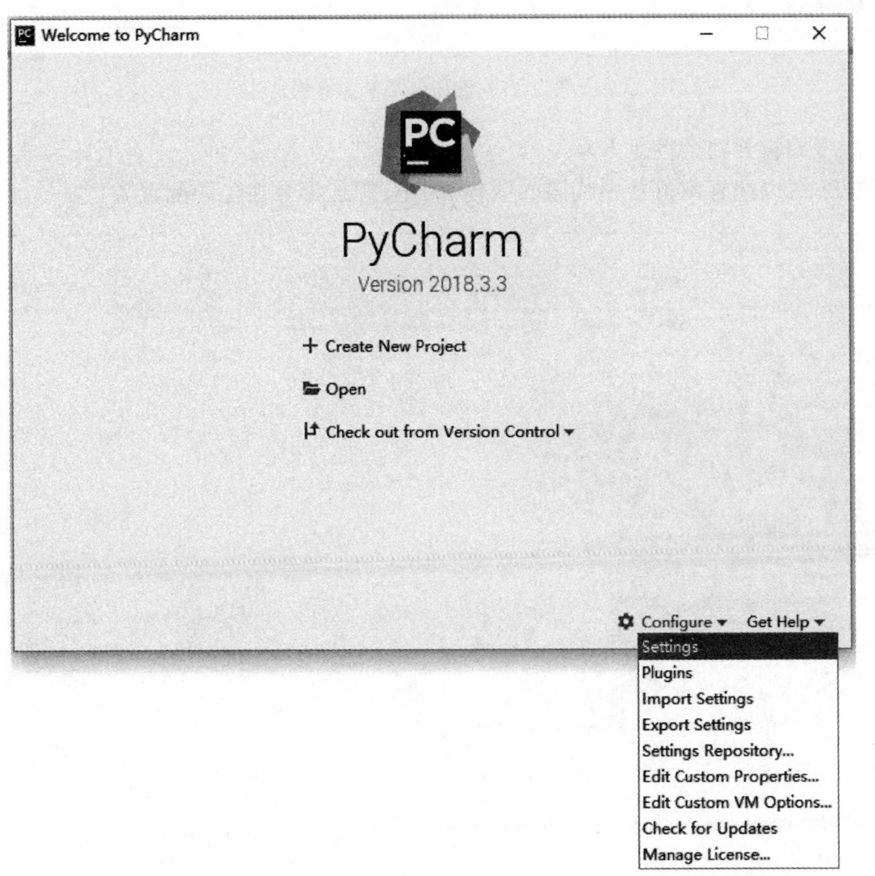

图 1-16　PyCharm 启动欢迎界面

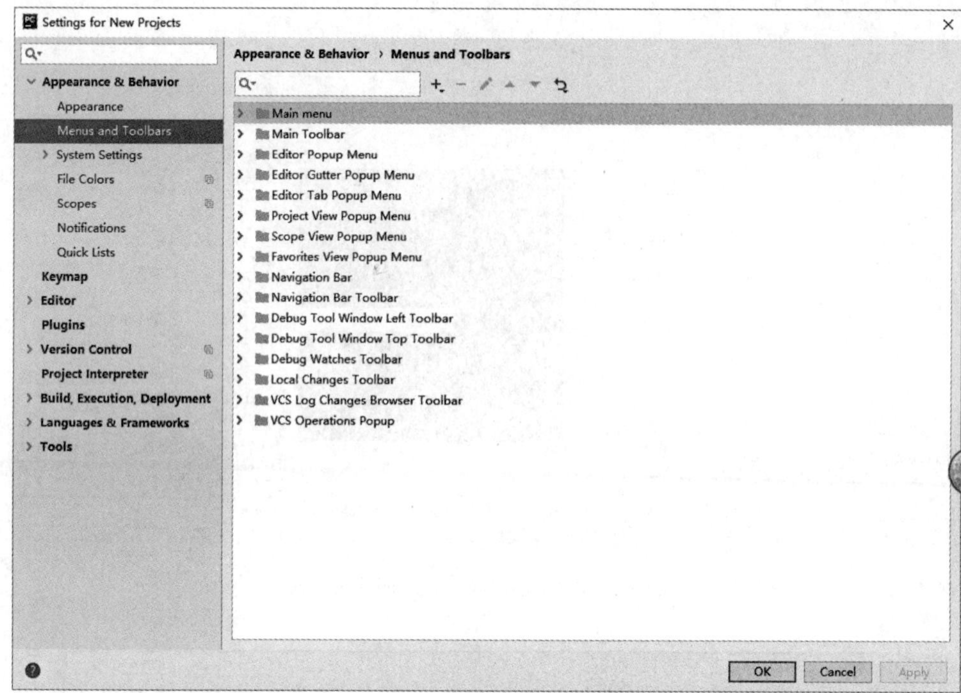

图 1-17　配置菜单和工具栏

3）配置编辑器的个性化方案

图 1-18 可以配置编辑器中代码的字体、大小、背景等个性化的配置方案。

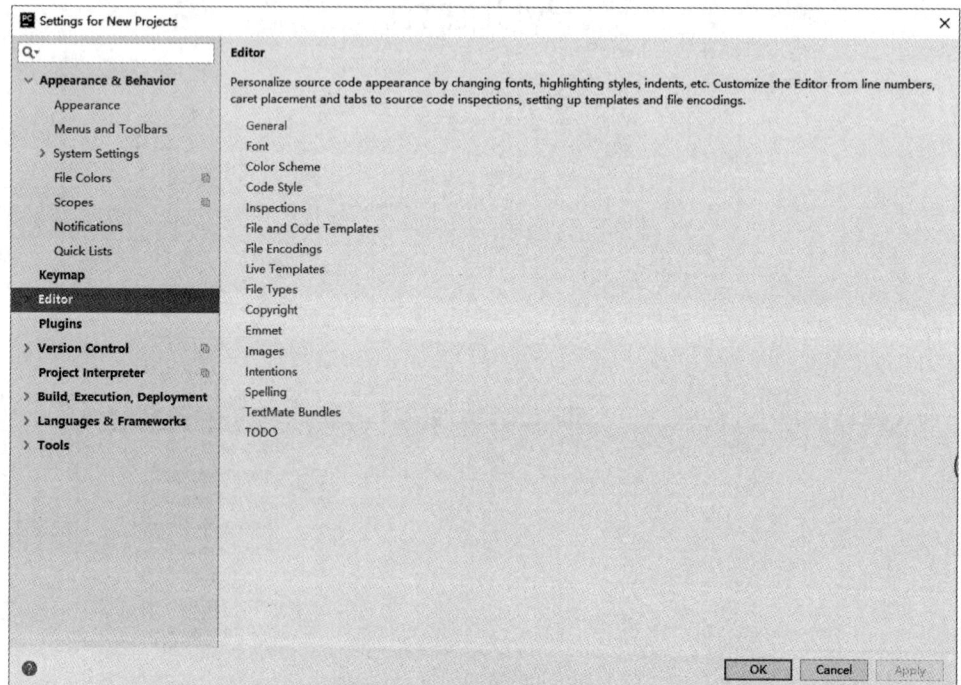

图 1-18　配置编辑器的个性化方案

4）配置 PyCharm 的解释器

在图 1-17 中选择 Project Interpreter 可以设置默认的 PyCharm 的解释器，即设置在 PyCharm 中编辑的程序由哪个解释器解释后执行。单击下拉列表框中的 Show All 后进行设置，如图 1-19 所示。

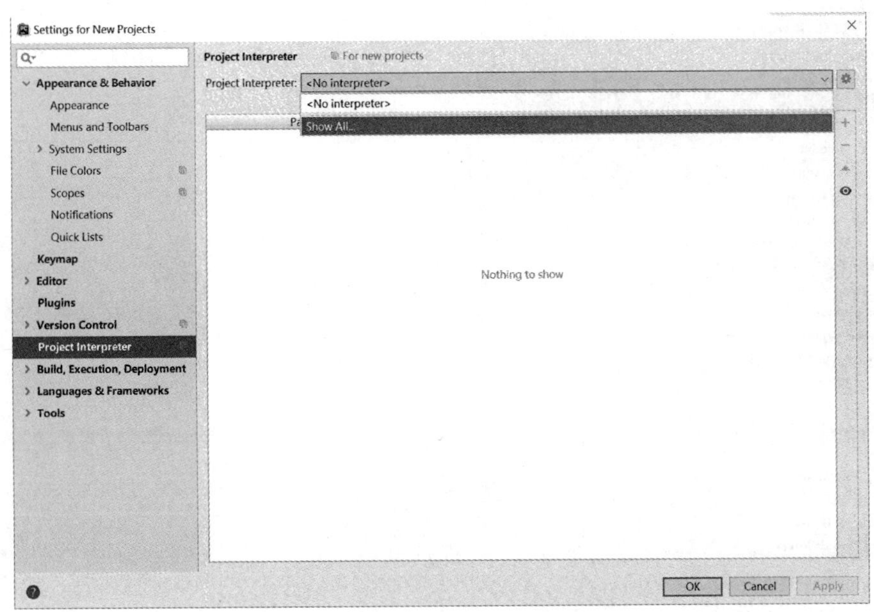

图 1-19　设置默认 PyCharm 的解释器（一）

5）添加扩展库

在图 1-20 所示的配置对话框中，单击右侧的“+”按钮会出现如图 1-21 所示的对话框。输入需要安装的库的名称，单击 Install Package 按钮安装。

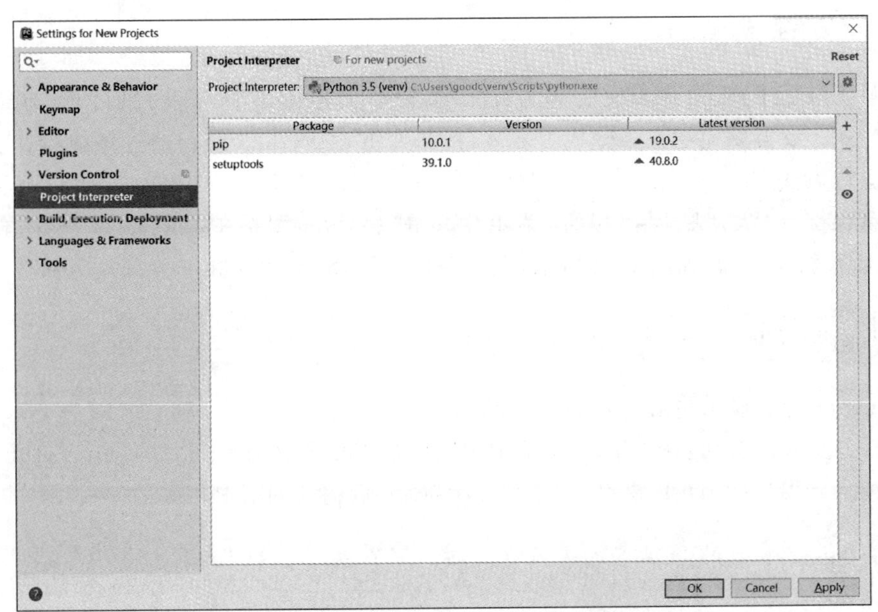

图 1-20　设置默认 PyCharm 的解释器（二）

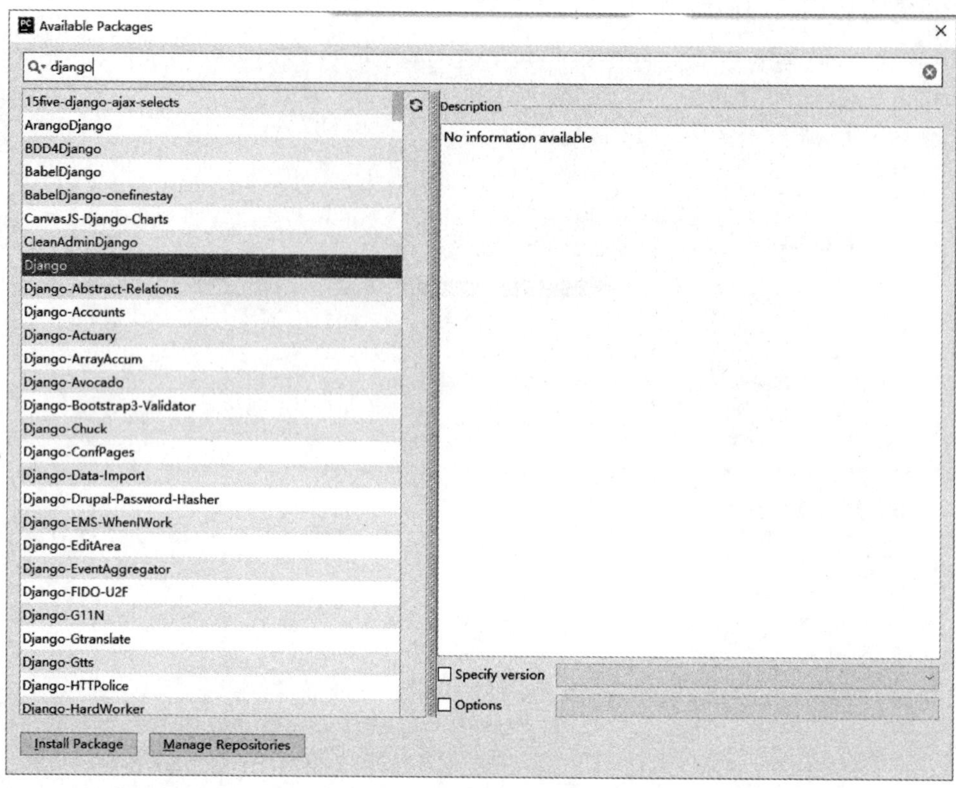

图 1-21　添加扩展库

1.3　编写并运行一个 Python 程序

1.3.1　交互式执行

在只安装了 Python 而未安装其他 IDE 的环境下，运行 Python 程序有两种方式：交互式和文件式。交互式是指逐条输入 Python 的指令并由 Python 解释器逐条执行，它有两种启动和运行方法。

第一种交互式方法：在“开始”菜单中单击 Python 图标 Python 3.5(64-bit)，打开 Python 命令行解释器，如图 1-22 所示，在命令提示符>>>后输入如下 Python 指令：

```
print("Hello World")
```

按 Enter 键后显示输出结果 Hello World。

第二种交互式方法：在“开始”菜单中单击图标 IDLE(Python 3.5 64-bit)，打开 Python 自带的集成开发环境 IDLE 窗口，在命令提示符>>>后输入如下 Python 指令：

```
print("Hello World")
```

执行结果如图 1-23 所示。在命令提示符>>>后还可以使用 Alt+P 快捷键浏览历史命

图 1-22 在 Python 命令行窗口中交互式执行 Python 代码

令中的上一条命令，或 Alt+N 快捷键浏览历史命令中的下一条命令。IDLE 中的一些常用快捷键如表 1-1 所示。

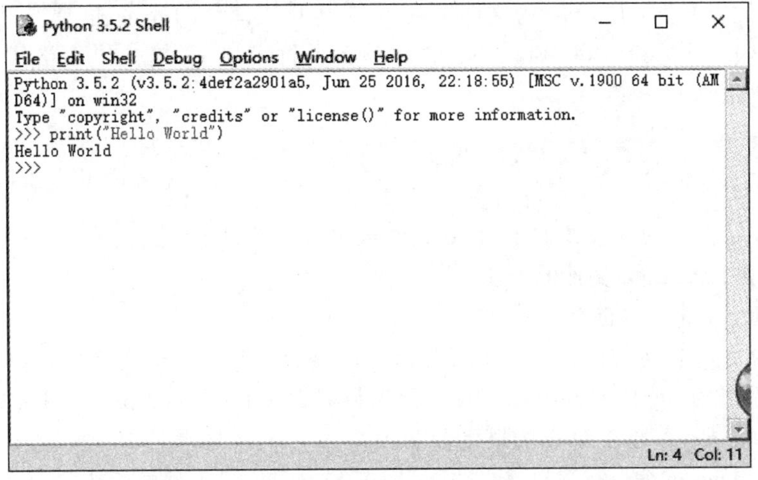

图 1-23 在 IDLE 中交互式执行 Python 代码

表 1-1 IDLE 中的一些常用快捷操作

快 捷 键	作 用
Alt+/	自动补全代码(查找编辑器内已经输入过的代码来补全)
Ctrl+Shift+Space	补全代码提示
Ctrl+]	增加当前行代码的缩进
Ctrl+[	减少当前行代码的缩进
Alt+3	在当前行代码首字符前加注释标记##
Alt+4	减少在当前行代码首字符开始处的注释标记##
Ctrl+N	新建文件
Ctrl+S	保存文件
F5	运行文件

1.3.2 文件式执行

文件式 Python 程序是指将需要执行的多条语句存放在文件中。

1. Python 文件的类型

Python 程序常用的文件类型如下。

- 源代码文件：由 Python 程序解释，不需要编译，以.py 为文件扩展名。本书的文件以此为主。
- 字节代码文件：根据 py 源文件编译而成的二进制字节码文件，由 Python 加载执行，速度快，能够隐藏源代码，以.pyc 为文件扩展名。在命令行解释界面下输入以下两条命令，可以将.py 文件转换为.pyc 文件。

```
>>> import py_compile
>>> py_compile.compile(文件名)
```

注意，文件名必须加扩展名.py，文件名前可以包含文件的存放路径。路径分隔字符"\"需要用转义字符或在文件名字符串前加 r 前缀。

- 优化代码文件：以.pyo 为文件扩展名，是优化编译后的程序，也是二进制文件，适合用于嵌入式系统。在 Windows 的命令提示符窗口下，输入以下格式的命令，可以将.py 源文件转换为.pyo 文件。

```
python -O -m py_compile 文件名
```

.py 文件转换后的.pyc 文件和.pyo 文件位于源文件目录下新增的__pycache__中。

2. 两种执行 Python 文件的方法

文件式 Python 程序也有两种执行方法。

第一种文件式执行方法：用其他的编辑软件，例如 Windows 自带的记事本，将编写好的程序以扩展名为.py 的文件保存。我们预先将只有一行指令的 print("Hello World")的程序存为 hello.py，存放在 D 盘的根目录下。

打开 Windows 的命令行窗口，输入"D:"后按 Enter 键，进入程序所在的 D 盘根目录，输入命令 python hello.py 或 hello.py 后按 Enter 键，即可运行 hello.py 程序，如图 1-24 所示。

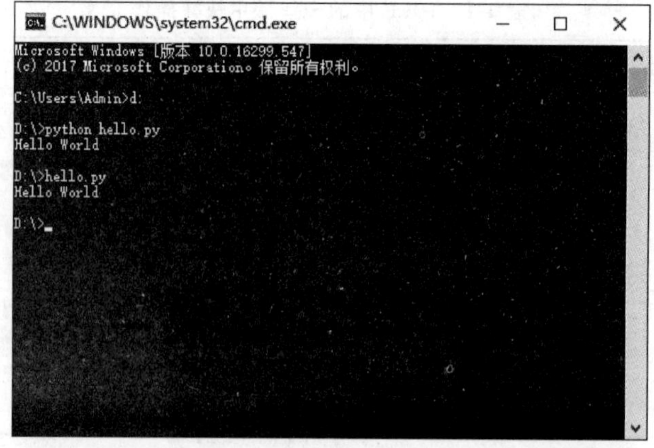

图 1-24 在 Windows 命令行窗口中运行 Python 程序文件

第二种文件式执行方法：打开 IDLE，在菜单中选择 File→New File 或按 Ctrl+N 快捷键，打开一个新窗口。在文本编辑区输入 print("Hello World")，并保存为 Hello.py 文件。然后在菜单中选择 Run→Run Module 或按快捷键 F5，即可运行该文件，运行结果会显示在 Python 3.5.2 Shell 窗口中，如图 1-25 所示。

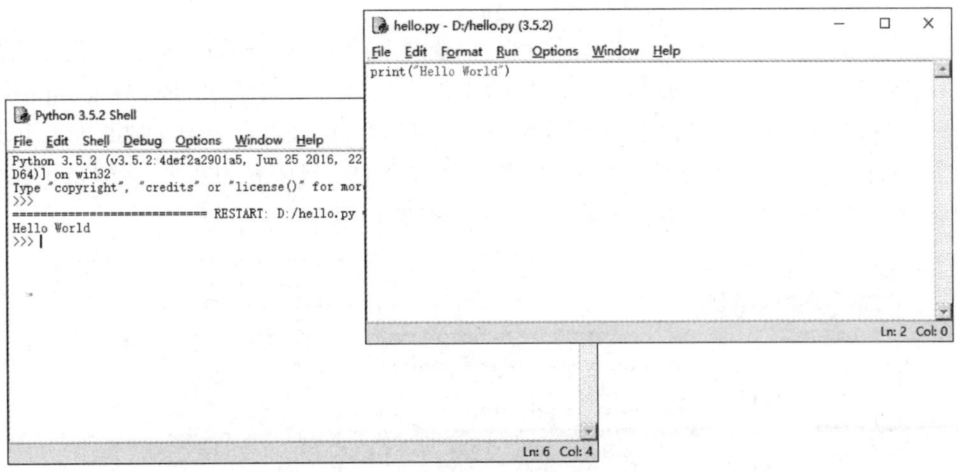

图 1-25 在 IDLE 窗口编辑程序并运行

1.3.3 使用 PyCharm 编写第一个程序

启动 PyCharm 后，会出现如图 1-26 所示的启动对话框，用户可以选择 Create New Project 新建一个项目。

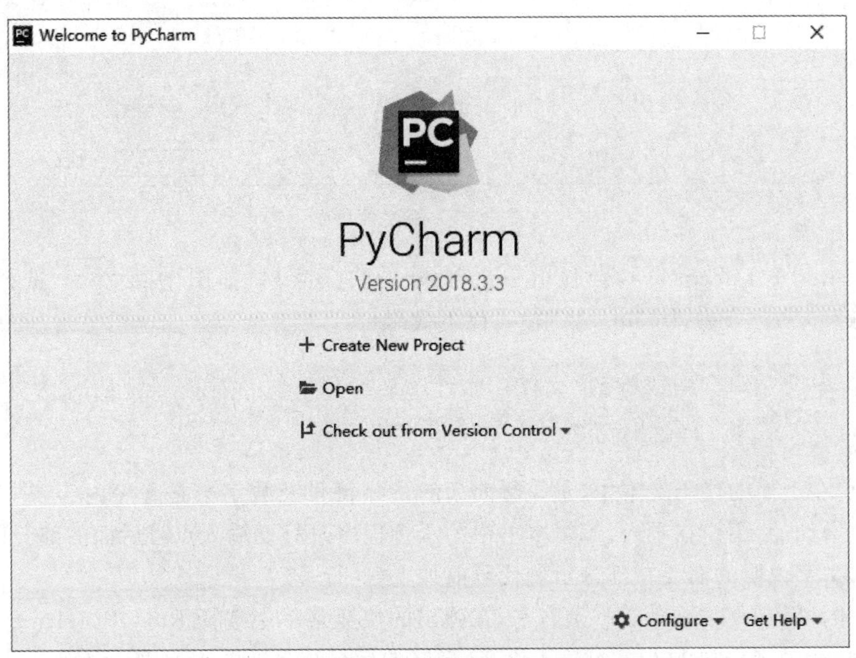

图 1-26 PyCharm 启动对话框

程序设计中的项目，是将要解决问题的过程视为一个复杂工程的管理过程，即使这个所谓的工程可能只是需要一行代码就能解决。真正复杂的问题确实需要多行代码、多个文件才能解决，所有的代码、文件和辅助资料都是项目的组成部分。PyCharm 中的项目就是把解决问题的所有内容组织在一起。一个项目对应一个文件夹，即项目内的东西都会被组织在同一个文件夹内，并通过项目文件统一管理。

选择 Create New Project 后会弹出如图 1-27 所示的 New Project 对话框，用于设置新建项目的相关参数。Location 是项目存放的文件夹位置和文件夹名，Existing interperter 是之前配置好的 Project 解释器。设置好这两项后，单击 Create 按钮，即可进入新建的 Python 项目管理窗口，如图 1-28 所示。左侧区域是当前项目内容的列表，右侧是正在编辑的项目内当前内容的显示区域。当前项目内没有任何内容。

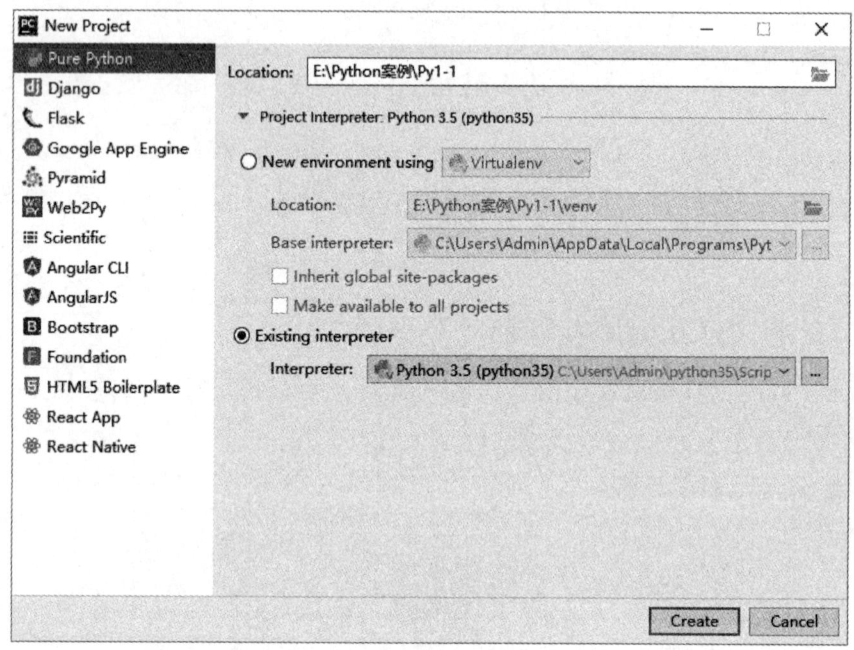

图 1-27　新建项目

选择主菜单 File→New，会弹出一个 New 的快捷菜单，如图 1-29 所示，选择 Python File 并输入文件名 Py1-1main.py。输入以下代码：

```
#1. name = input('请输入你的姓名：')
#2. print('欢迎 %s 来到 Python 的世界!' % name)
```

注意，在上面的代码文本中，每一行前面的“#”符号及数字不是程序内容，是本书为了说明方便增加的，用户在录入、编辑本书中的示例程序时只要输入点号后面的部分即可。本书会根据文字说明的需要在部分示例代码前加上“#行号.”。

在左侧栏的 Py1-1main.py 上右击，在弹出的快捷菜单中选择 Run 'Py1-1main.py'，如图 1-30 所示，在下方的执行区域输入姓名，最终的运行结果如图 1-31 所示。

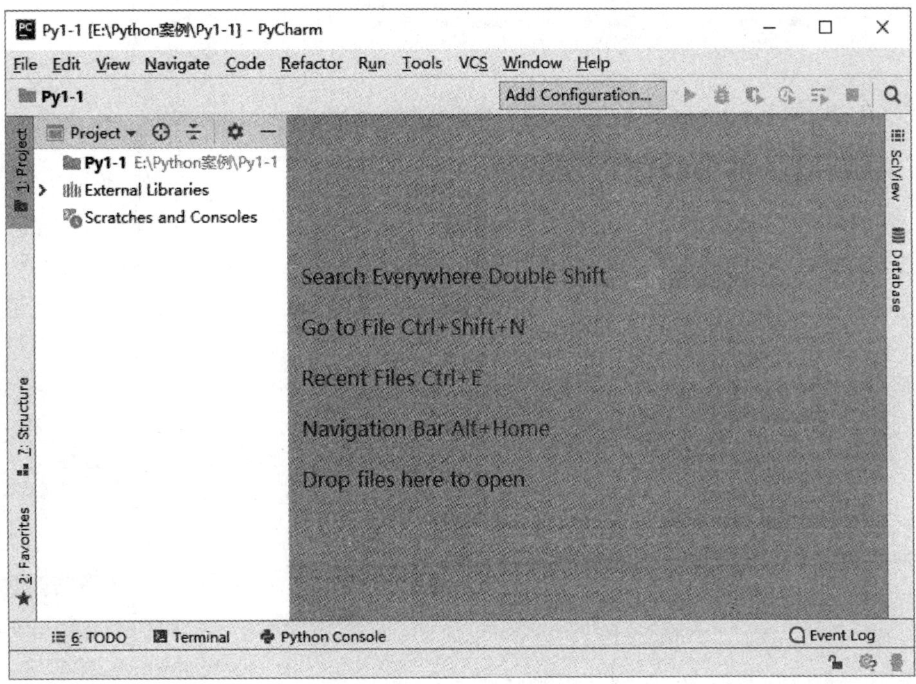

图 1-28　PyCharm 主界面

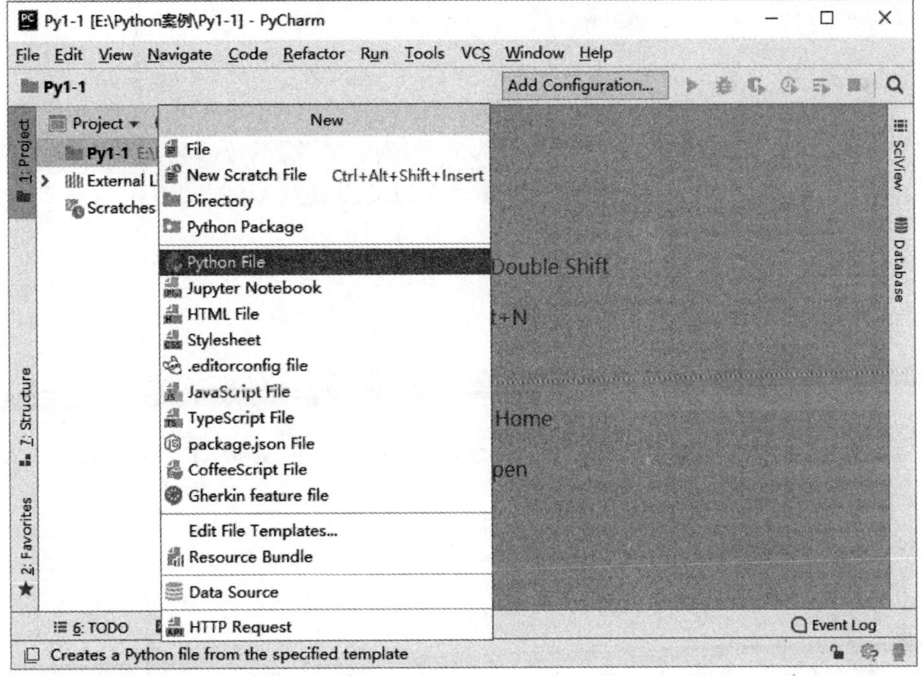

图 1-29　新建 Python 文件

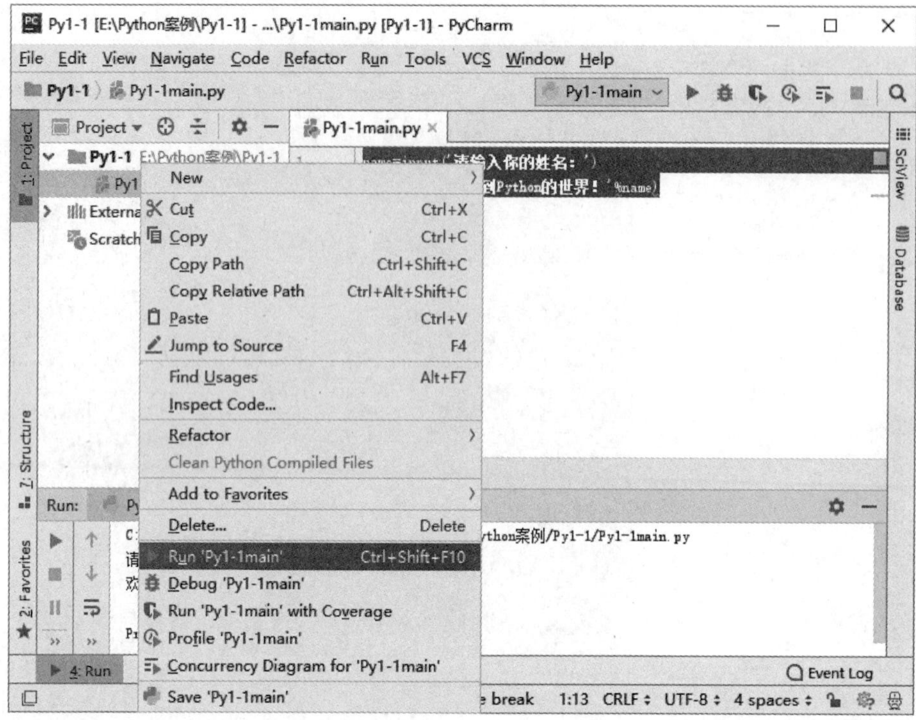

图 1-30　PyCharm 运行程序

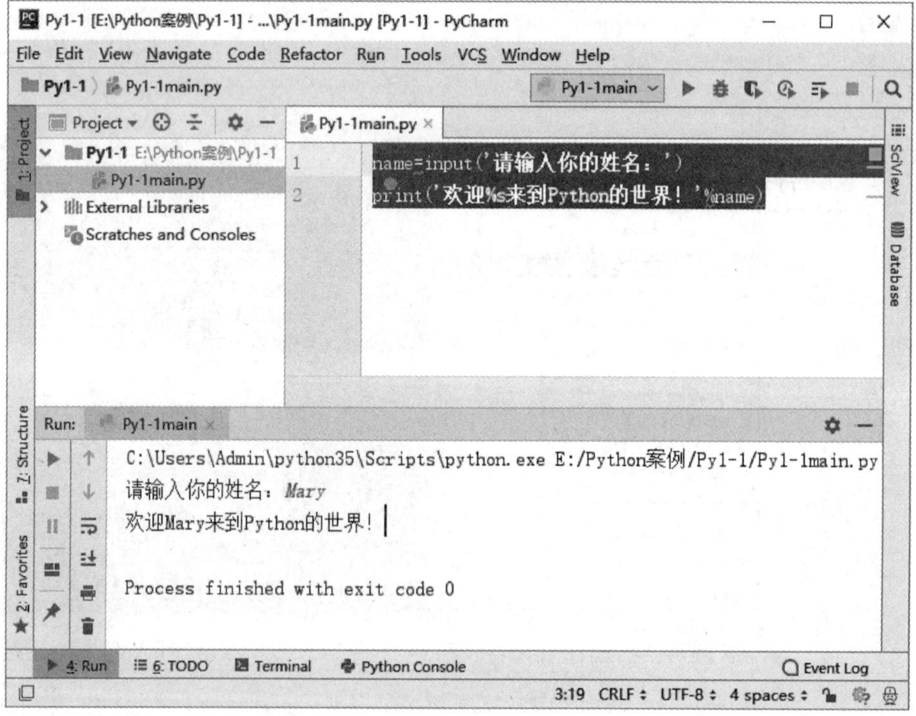

图 1-31　运行结果

1.4 安装扩展库的方法

1. 扩展库概述

早期，计算机领域的编程是通过调用官方提供的 API（Application Programming Interface，应用程序接口）来减少编程的工作量的。API 调用能够直接使用系统已有的功能，用户不需要再重复编程。随着程序开发开源理念的出现、兴起和蓬勃发展，专业人员编写程序的难度降低了，他们将各领域最优秀的研究和开发成果以开源库形式发布出来。编程人员不需要再探究不同专业中每个具体算法的逻辑功能和设计，只需要利用扩展库（又称第三方库）进行代码复用即可。

现在程序开发更普遍的方式是利用可重用资源来快速构建应用。Python 拥有大量的扩展库，这些函数库覆盖了信息技术领域所有的发展方向。Python 的扩展库不一定是采用 Python 语言编写的，很多采用 C、C++ 等语言编写，这些库经过封装就能供 Python 语言程序调用。Python 语言具有类似胶水的黏性，围绕着它迅速形成了全球范围的编程语言开放社区。因此，Python 也被称为“胶水语言”，可以作为各类编程语言的接口。

Python 可复用的代码包括库（library）、模块（module）、类（class）和程序包（package）等。这些可复用的代码就是编程时的“积木块”，也包括用户自己编写的可复用代码。编写 Python 程序，就是将这些积木块搭接在一起，形成自己需要的程序。

根据来源的不同，Python 内置的库称为标准库，其他库称为扩展库（或第三方库）。标准库在安装 Python 解释器后，就存在于用户的计算机中了，只要用正确的步骤和方法就可以调用标准库中的代码。而扩展库则需要经过安装，才能出现在用户的计算机中，才能在 Python 程序中被引用。

2. 安装扩展库

1）pip 工具安装

在 Python 中，最常用且高效的扩展库安装是通过包管理工具 pip 完成的，它是由官方提供并维护的安装工具。用户在安装 Python 解释器时，应该勾选 Add Python 3.5 to PATH 复选框。若未勾选，则可以重新运行安装程序来添加 pip。

pip 工具需要在 Windows 的命令提示符窗口下使用，而非在 Python 的命令行解释器或 IDLE 中使用。

打开 Windows 命令提示符窗口的方法：按 Win+R 快捷键打开“运行”对话框，如图 1-32 所示。在“打开”文本框中输入 cmd 命令，单击“确定”按钮后，即可打开 Windows 命令提示符窗口，如图 1-33 所示。

在 Windows 命令提示符窗口中输入 pip，并按 Enter 键确认，会显示 pip 命令的参数和含义。pip 支持安装、下载、卸载、列表、查看、查找等一系列安装和维护子命令。

pip 命令的基本格式如下：

```
pip <command> [options]
```

pip 命令的参数和含义如图 1-34 所示。

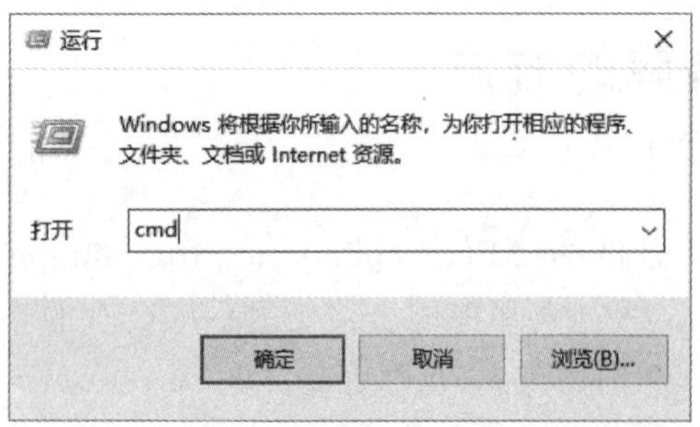

图 1-32 “运行”对话框

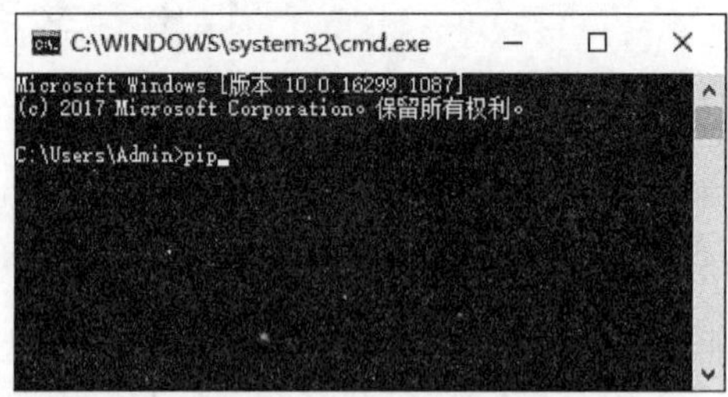

图 1-33 Windows 命令提示符窗口

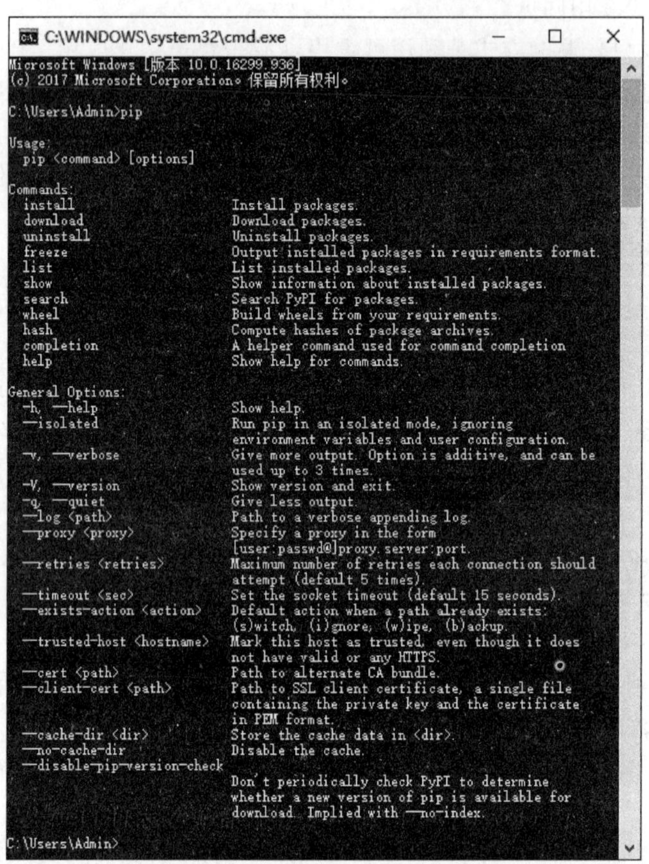

图 1-34 pip 命令的参数和含义

使用 pip 工具进行扩展库管理主要有以下方式：

- 查看已安装的扩展库。

```
pip list
```

- 安装扩展库。

```
pip install <库名 1>[ <库名 2>…]
```

表 1-2 列出了一些实用的扩展库及安装命令。

表 1-2 Python 实用的扩展库及安装命令

库 名	用 途	pip 安装命令
NumPy	矩阵运算	pip install numpy
Matplotlib	产品级 2D 图形绘制	pip install matplotlib
PIL	图像处理	pip install pillow
sklearn	机器学习和数据挖掘	pip install sklearn
Requests	HTTP 访问	pip install requests
Jieba	中文分词	pip install jieba
Beautiful Soup 或 bs4	HTML 和 XML 解析	pip install beautifulsoup4
Wheel	Python 文件打包	pip install wheel
Pyinstaller	打包 Python 源文件为可执行文件	pip install pyinstaller
Django	Python 最流行的 Web 开发框架	pip install django
Flask	轻量级 Web 开发框架	pip install flask
WeRoBot	微信机器人开发框架	pip install werobot
Networkx	复杂网络和图结构的建模和分析	pip install networkx
SymPy	数学符号计算	pip install sympy
pandas	高效数据分析	pip install pandas
PyQt5	基于 Qt 的专业级 GUI 开发框架	pip install pyqt5
PyOpenGL	多平台 OpenCV 开发接口	pip install pyopengl
PyPDF2	PDF 文件内容提取及处理	pip install pydbf2
Docopt	Python 命令行解析	pip install docopt
Pygame	简单小游戏开发框架	pip install pygame

- 更新已安装库的版本。

```
pip install -U [库名]
```

参数-U 表示更新版本,库名是被更新扩展库的名称。

- 查询已安装扩展库的详细信息。

查询一个库的命令格式:

```
pip show <库名>
```

例如以下命令可以查询 Pygame 扩展库。

```
pip show pygame
```

- 卸载已安装的扩展库。

卸载一个库的命令格式:

```
pip uninstall <库名>
```

例如,卸载 Pygame 扩展库的命令如下,输入命令后可能还需要用户再次确认卸载。

```
pip uninstall pygame
```

- 下载扩展库但不安装。

下载一个库的命令格式：

```
pip download <库名>
```

例如，以下命令可以下载 PyQt5 扩展库但不安装。

```
pip download PyQt5
```

pip 是 Python 扩展库最主要的安装方式，可以安装绝大部分扩展库。但是，因为一些历史、技术和政策等因素，有些扩展库无法用 pip 安装。此时就需要用其他方法安装了。

2）自定义安装

自定义安装是指按照扩展库提供方提供的步骤和方式安装。扩展库都有主页用于维护扩展库的代码和文档。用户可以打开扩展库的维护主页，自行下载扩展库的相关文档，并根据指示步骤安装。

当无法使用 pip 安装扩展库时，可以进行自定义安装。

3）文件安装

由于 Python 某些扩展库仅提供源代码，使用 pip 下载后无法在 Windows 系统下编译安装。美国加州大学提供了一个网页，帮助 Python 用户获得 Windows 可直接安装的第三方库文件，链接地址为 http://www.lfd.uci.edu/～gohlke/pythonlibs/。该地址列出了一批在 pip 安装中可能会出现问题的扩展库。用户下载时可以根据已装 Python 的版本和计算机的字长(32 位或 64 位)下载适用的.whl 文件。下载后使用 pip 命令的安装子命令进行安装。格式如下：

```
pip install <文件名>
```

此处的文件名应包含.whl 文件的存放路径及文件名。

1.5 习 题

1. 根据自己的理解，简述什么是程序和程序设计、它们有什么意义。
2. 根据自己的理解，简述什么是程序设计语言，它有什么功能。
3. 根据自己的理解，简述什么是低级语言和高级语言，它们各有什么特点。
4. 除了本章中介绍的集成开发环境外，还有哪些使用度较高的 Python 开发软件？选择一到二款 Python 开发软件，进行安装和试用。
5. 根据自己的理解，简述 Python 程序的运行方式。
6. 静态语言采用________方式执行，如 C 语言、Java 语言等；脚本语言采用________方式执行，如 Python 语言、JavaScript 语言等。
7. Python 自带的集成开发工具是________。

8. 什么是标准库和第三方库？以下库哪些是标准库，哪些是第三方库？并简述各库的作用。

Django	jieba	math	Matplotlib	NumPy
os	pandas	Pygame	Pyinstaller	PyQt
random	re	scrapy	time	timedate
Tkinter	turtle	wordcloud		

9. 简述如何安装和管理扩展库。

第 2 章　Python语言基础

从组成上讲，程序包括数据和对数据的操作两部分。数据是计算机程序能够处理的信息在计算机内的表现形式。用计算机解决一个实际问题时，必须先对该问题进行抽象，以恰当的方式来描述问题中的数据。程序中的数据涉及数据类型、各种类型数据的表示方法和运算规则。本章主要介绍 Python 的常量、数据类型、变量、基本运算和常用系统函数。

2.1 常　　量

先看一些常量的例子，例如 5 和 1.23 是数值，'Hello'是字符串，True 和 False 代表真和假。这些数据，直接可以从其字面了解到它们的含义。在常规的场景中，数字 2 总是表示它约定俗成的含义，所以它就是一个常量，常量的值和含义不会被改变。常量根据其书写的格式，被 Python 自动判定为相应数据类型的对象，统一进行管理。

Python 中有一个特殊的常量 None，用于表示无数据。None 不是 False、0 或空字符串，它和任何其他数据类型的值比较是否相等，永远返回的是 False。None 有自己的数据类型 NoneType，而且 NoneType 数据类型仅有 None 这唯一的一个数据。

2.2 数 据 类 型

程序中被处理的数据有多种类型。Python 中数据的类型可以分为两大类：一类是基本数据类型；另一类是复合数据类型。基本数据类型包括数值(number)、字符串(string)和布尔类型(bool)。复合数据类型一般包括列表(list)、元组(tuple)、字典(dictionary)和集合(set)。

2.2.1 数值类型

数值类型中又分为整数(int)、浮点数(float)和复数(complex)三种类型。

1. 整数

整数是可正可负，没有小数点和小数部分，也没有分数的一种表示数值的形式。例如，

9、−1002345、0 都是整数。

Python 中，整数除了使用日常生活中的十进制表示以外，也可以用其他进制表示。非十进制的整数需要加上不同的前缀，这些前缀的第一个符号都是数字 0。以下是不同进制表示的整数。

(1) 十进制整数：就是日常生活中整数的表示方式，如 19、−4、123456789012345 等。

(2) 十六进制整数：以 0X 或 0x 开头，如 0X23、0xFF、−0x9CB2 等。

(3) 八进制整数：以 0O 或 0o 开头，第 2 个符号是英文字母 O 或 o，如 0o7、−0O1735、0o735 等。

(4) 二进制整数：以 0B 或 0b 开头，如 0B101、0b1111111、−0B101010 等。

Python 中，整数类型的数据对象没有数据位数的限制，只受可用内存大小的限制。

2. 浮点

浮点数就是带小数的数值，可以是正数或负数。例如，9.03、−1073.201 都是浮点数。在 Python 中，浮点数也可以用科学计数法表示，例如，1073.201 可以表示为 1.073201E3。科学计数法中的 E 或 e 表示 10 的幂。这里的 1.073201E3 就等同于 $1.073\,201\times10^{3}$。

3. 复数

数学中，把形如 $z=a+b\mathrm{i}$ 的数称为复数，其中 a 称为实部，b 称为虚部，i 是虚数单位。Python 中也按照数学中的规则表示复数，但是虚数单位用 j 表示，例如：5+6j、−3.7−9.45j 都是复数。

2.2.2 字符串

一个字符串是一组字符的有序序列。在 Python 中用单引号'、双引号"或者三引号('''或""")括起来的文本就是字符串。例如，'a'、"my"、"""hello"""、'''123'''都是字符串。

本书将在第 8 章详细介绍字符串的相关知识，这里先简单说明一下 Python 字符串表示的基本注意事项。

(1) 单引号'或者双引号"或者三引号('''或""")被称为字符串的定界符。三引号是指连续的三个单引号'或三个双引号"。定界符总是成对出现的，它们本身不是字符串的一部分。

(2) 一对定界符之间的字符可以是除本次定界符之外的任意其他英文字符、数字字符、汉字、中英文标点符号等。如果字符串内容中含有定界符，那么就要选择其他定界符来将字符串括起来，例如，"I'm OK"中含有单引号'，所以整个字符串就应该使用双引号"作为定界符。示例如下：

```
>>> "I'm a student!"
"I'm a student!"
>>> '''你好'123'''
"你好'123"
>>> ''' abc'""123'''        # 字符 c 后输入了一个单引号和两个双引号
' abc\'""123'
```

注意，系统显示最后一个字符串的值时，以单引号作为定界符，字符 c 后的一个单引号前加了一个转义符号\，然后是两个双引号。

(3) 转义字符。并不是所有的字符都是可以很简单地输入并显示的，例如制表符、换行符等，所以字符串中除了直接出现的普通字符外，Python 语言还允许使用一种特殊形式的字符，称为转义字符。它是以反斜杠\开头的一个字符序列，采用指定形式来表示指定的特殊字符。例如，'abc\n123'中的\n 表示换行符。示例如下：

```
>>> print('abc\n123')
abc
123
```

可以看到输出结果中 abc 与 123 之间换行了。

转义字符的意思是该字符被解释为另一种含义，不再表示本来的字符。Python 中的常用转义字符如表 2-1 所示。

表 2-1　Python 中的常用转义字符

字符形式	含　义	ASCII 码
\n	换行，将当前位置移到下一行开头	10
\t	水平制表(跳到下一个 Tab 位置)	9
\v	垂直制表	11
\b	退格，将当前位置移到前一列	8
\r	回车，将当前位置移到本行开头	13
\f	换页，将当前位置移到下页开头	12
\a	响铃报警	7
\\	代表一个反斜杠字符\	92
\'	代表一个单引号字符'	39
\”	代表一个双引号字符"	34
\ooo	代表三位 8 进制数对应的字符。如\101 表示字符 A	
\xhh	代表两位 16 进制数对应的字符。如\x41 表示字符 A	
\uhhhh	代表四位 16 进制数表示的 Unicode 字符	

(4) 原始字符串。字符串的定界符和转义起始符号\的使用带来了新的麻烦。例如，要使用字符串 a\n2，此处的\n 不是一个换行符号，而是两个符号\和 n，则需要表示为 a\\n2，且这样表示还容易误解。Python 对字符串提供了一个前缀控制符 r 或 R，来简化定界符和\在字符中的使用。例如，可以用 r'a\n2'表示字符串 a\n2。带有前缀 r 的字符串称为原始字符串。示例如下：

```
>>> print(r'a\n2')
a\n2
>>> print('a\n2')
a
2
```

(5) 三引号内的字符串可以直接按 Enter 键换行，会形成一个\n 字符。单引号或双引号内的字符也可以换行，在行末输入一个\就可以换下一行输入，但是不会形成\n 字符。命令行末的\实为续行符(参考 3.1.4 节内容)。示例如下：

```
>>> '''12
34
56'''
'12\n34\n56'
>>> '12\
34'
'1234'
>>> '12       #输入 2 后按 Enter 键,会出现出错提示,缺少了第二个单引号'
SyntaxError: EOL while scanning string literal
```

2.2.3 布尔类型

布尔值通常用来判断条件是否成立,它和布尔代数中的含义一致。一个布尔值只可能是 True 和 False 中的一个,要么是 True,要么是 False。True 表示逻辑真,False 表示逻辑假。在 Python 中,标识符是区分大小写的,请读者注意 True、False 中的大小写。

在 Python 中,None、任何数值类型中的 0、空字符串""、空元组()、空列表[]、空字典{}、空集合等都被当作 False。注意,是“被当作”而不是“等于”。其他值等价于 True。

2.2.4 复合数据类型

被程序处理的数据中,有些数据是有相互联系或需要整体处理的,Python 提供了批量处理数据的方法——复合数据类型。一个复合数据类型的值是一个包含多个有特定关系的数据的集合。Python 的复合数据类型有列表、元组、字典和集合。

1. 列表

列表是写在方括号[]之间、用逗号分隔开的数据元素序列。列表中数据元素的数据类型可以不相同,也可以嵌套。列表是有序的,列表中的数据元素可重复,也可以被修改。列表中的数据元素通过序号引用。例如:

```
>>> [25, 'Hi', -9.34, 3+4j]
[25, 'Hi', -9.34, (3+4j)]
>>> x = [1, 2, 3]           #列表 x 中三个数据元素的编号是 0、1、2
>>> x[2] = -100             #修改下标为 2 的 x 列表中的数据元素的值
>>> x
[1, 2, -100]
>>> j = 2
>>> x[j]                    #引用下标为 j 的列表值
-100
```

2. 元组

元组是写在圆括号()之间、用逗号隔开的数据元素序列。元组中的数据元素类型可以不同,数据元素值不能修改、可重复、可嵌套。元组是有序的对象集合。任何一组用逗号分隔的数据,会被系统默认为元组。例如:

```
>>> (10, 20, 30)
(10, 20, 30)
>>> s = 3 + 7, 9 // 2, 'Y', True
>>> s
(10, 4, 'Y', True)
>>> workday = ('周一', '周二', '周三', '周四', '周五')
>>> workday
('周一', '周二', '周三', '周四', '周五')
>>> workday[3] = 'Thursday' #元组中的数据元素值不能修改
Traceback (most recent call last):
  File "<pyshell#45>", line 1, in <module>
    workday[3] = 'Thursday'
TypeError: 'tuple' object does not support item assignment
```

3. 字典

字典是写在花括号({})之间、用逗号分隔的数据元素集合。字典中的每个数据元素由一对关键字和值组成,中间用冒号(:)连接。字典中的元素通过关键字来存取,字典中关键字不可以重复,值可以重复,字典是无序的对象集合。例如:

```
>>> d = {'name': 'Mike', "age": 12, 'sal': 5000}       #字典 d 中包含三个数据元素
>>> d
{'name': 'Mike', 'age': 12, 'sal': 5000}
>>> d['age']                                            #显示字典 d 中关键字为 age 的值
12
>>> d['sal'] = 6000
>>> d
{'name': 'Mike', 'age': 12, 'sal': 6000}
>>> d['bonus'] = 3000                 #字典中无 bonus 关键字,本行语句使字典增加了一个新元素
>>> d
{'name': 'Mike', 'age': 12, 'sal': 6000, 'bonus': 3000}
```

4. 集合

集合是写在花括号之间、用逗号分隔的数据元素集合。集合中的数据元素是无序的、不重复的,集合的数据元素可以添加、删除。示例如下:

```
>>> s1 = {'Jim', 'Mike', 'Mary', 'Tom', 'Jim'}
>>> s1
{'Jim', 'Tom', 'Mary', 'Mike'}
```

以上仅仅是简单介绍了这些复合数据类型的基本概念,具体的使用方法、特点和作用等都会在本书的第 6~8 章中详细展开。

2.3 变　　量

介绍本节内容前,先来看这行代码:

```
>>> a = 3.012456
```

这行代码执行时，实则完成了三件事情（如图 2-1 所示）：

（1）创建了一个 float 类型的对象 3.012456；

（2）创建了一个名为 a 的变量（变量 a 其实也是一个对象）；

（3）将变量 a 与 float 类型的对象 3.012456 相连接，从变量 a 到对象 3.012456 的连接称为引用（变量 a 引用 float 类型对象 3.012456）。也可以沿用传统编程语言的说法：a 被赋值为 3.012456。

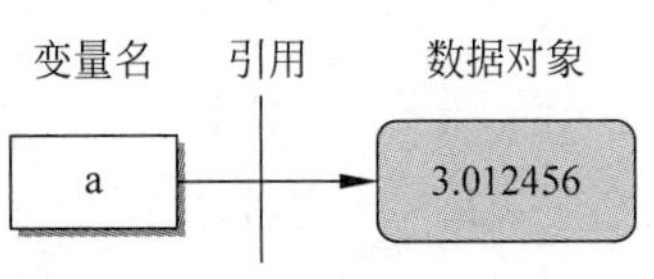

图 2-1　变量的赋值

1. 对象

Python 是面向对象的程序设计语言，它全面支持面向对象的程序设计思想，甚至传统的程序语言的基本语法元素在 Python 中也对象化了。

在面向对象的程序设计思想中，所谓的对象是指将一组数据和与这组数据有关的操作组装在一起，形成的一个实体。在语句“a＝3.012456”中，a 是一个对象，它包含了对数据 3.012456 的引用和 a 这个名字。3.012456 也是一个对象，它包含了它的数据类型 float 和值 3.012456 作为这个对象的数据。在 Python 内部实现中，a 和 3.012456 这两个对象还有其他的数据和操作。

面向对象程序中有“类”这个概念。所谓类，就是相同或相似性质的对象的抽象。对象的抽象是类，类的具体化就是对象。例如，3 和－90 都是整数，整数是一个类，而 3 和－90 则是具体的整数对象。在 2.2 节中介绍的数据类型，也是各个不同的类。

Python 中，数据对象分为两种：可变数据对象和不可变数据对象。不可变数据对象包括整数（int）、浮点数（float）、复数（complex）、字符串（str）、元组（tuple）等，可变数据对象包括列表（list）、集合（set）、字典（dictionary）等。

2. 标识符与关键字

Python 标识符用来标识一个变量、函数、类、模块或其他对象的名称。Python 中标识符命名应遵循如下规则：

（1）标识符中可用的符号有英文字母、汉字、数字或下画线；

（2）第 1 个字符不能是数字；

（3）英文字母大写和小写是有区别的，即对大小写敏感；

（4）Python 有一些标识符有固定含义和作用，被称为关键字或保留字。关键字不能用作变量名、函数名或类名等。查看 Python 关键字的方法如下：

```
>>> import keyword
>>> print(keyword.kwlist)          #查看所有 Python 关键字
['False', 'None', 'True', 'and', 'as', 'assert', 'break', 'class', 'continue', 'def', 'del', 'elif',
'else', 'except', 'finally', 'for', 'from', 'global', 'if', 'import', 'in', 'is', 'lambda', 'nonlocal',
'not', 'or', 'pass', 'raise', 'return', 'try', 'while', 'with', 'yield']
```

Python 3.5 中的关键字如下所示。

and	def	finally	in	not	True
as	del	for	is	or	try
assert	elif	from	lambda	pass	while
break	else	global	None	raise	with
class	except	if	nonlocal	return	yield
continue	False	import			

3. 变量

Python 中,变量的作用是对对象内存空间的引用。数据对象是系统分配的一块足够大的内存,用于存放该对象的数据和与之相关的操作。变量对对象的引用可以看作是从变量到对象的指针。当代码中出现变量名时,系统沿着变量的引用指针找到数据,并使用该数据。因此,在代码中使用变量名就是使用被指向的数据,多数情况下可以直接理解为变量就是代表对应的数据。变量的引用是能改变的,即变量可变。

Python 的数据类型分为不可变数据类型和可变数据类型。Python 内部对它们的管理方法是不同的。

1) 不可变数据类型

变量去引用一个不可变数据类型值时,是变量与数据之间的引用关系发生了改变。虽然原来的引用关系消失了,但原来的数据不一定消失。整数(int)、实数(float)、复数(complex)、字符串(string)和元组(tuple)是不可变数据类型。不可变的数据类型约等于是可哈希的。

变量通过赋值改变数据的示例如图 2-2 所示。图中左边方框中是执行的语句和显示结果,右边是变量引用的关系示意。

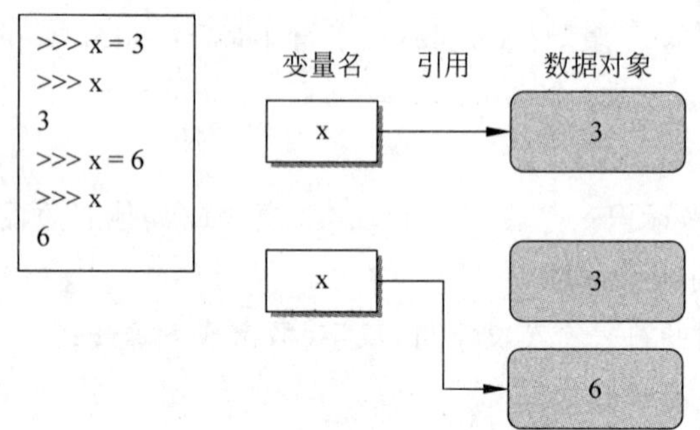

图 2-2 变量通过赋值改变数据的示例

变量 x 第一次赋值后,指向并引用整型数据 3。第二次赋值后,指向并引用整型数据 6,原来 x 与 3 之间的引用关系消失了。若没有别的对象引用整数 3,则 3 占用的存储空间就会等待系统回收。

2) 可变数据类型

通过变量改变可变数据类型的值,它们之间的引用关系不变,但存储数据的内存空间里的东西或内存空间大小会发生变化。列表(list)、字典(dictionary)和集合(set)都是可变数据类型。

引用可变类型数据对象时,有些操作会令引用数据的内存发生改变,而有些操作则是在此对象原有的内存空间上增加或减少,也就是它的内存地址会保持不变,但空间区域会变长

或者变短。详情见 3.2.2 节。

由上述变量和数据的引用关系可知，变量是没有类型的，被变量引用的数据是有类型的。

3）单独的下画线(_)

单独的下画线(_)是一个特殊变量，用于表示上一次运算的结果。例如：

```
>>> 100
100
>>> _ + 20
120
```

4. id()函数

函数格式：

```
id(obj)
```

作用：返回 obj 对象的内存地址。示例如下：

```
>>> x = 3
>>> x
3
>>> id(x)
1618018832
>>> id(3)
1618018832
>>> x = 6
>>> x
6
>>> id(x)
1618018928
```

可以通过 id()函数来了解和理解变量和值之间的关系。

2.4　基本运算

计算机的大量功能都是通过各种各样的运算来完成的，为了完成这些运算，Python 提供了丰富的运算符(operator)，这些运算符通过对数据进行处理来完成各种运算功能。由运算符、操作对象构成的式子被称为表达式(expression)。表达式是有值的，这个值就是运算符对各种数据进行处理的结果。

Python 支持算术运算符、关系运算符、逻辑运算符、位运算、成员运算符、身份运算符等。表达式中允许出现不同种类的运算，不同的运算符的优先级是不同的。本节先介绍算术运算和位运算，其他运算在后续章节中陆续介绍。

2.4.1　算术运算

Python 的基本算术运算符有以下几种：

+	正值运算符
-	负值运算符
+	加法运算符
-	减法运算符
*	乘法运算符
/	实除运算符
//	整除运算符
%	求余运算符
**	乘方运算符

1. +(正值)、-(负值)、+(加法)、-(减法)、*(乘法)

这些运算符和数学中的使用方法基本相同。对于乘法,要注意在表示 a 与 b 相乘时不能写为 ab,而应该写作 a * b,即符号 * 不能省略。示例如下:

```
>>> b = 100
>>> a = -b
>>> a
-100
>>> a = +b
>>> a
100
>>> a + b
200
>>> a - b
0
>>> a * 2
200
```

2. /(实除)、//(整除)和%(求余)

这几个运算符都是进行除法运算,但是所得的结果有所不同。

- /(实除)后一定得到一个浮点数结果,即使被除数和除数都是整数,也得到浮点数的商。示例如下:

```
>>> 4 / 7
0.5714285714285714
>>> 6.1 / 0.5, 6 / 3
(12.2, 2.0)
>>> 6 / 0.5, 6.1 / 5
(12.0, 1.22)
```

- //整除后获得除法运算结果中商的整数部分。这两个操作数可以是整数也可以是实数。示例如下:

```
>>> 4 // 7
0
>>> 6.1 // 0.5, 6 // 3
```

```
(12.0, 2)
>>> 6 // 0.5, 6.1 // 5
(12.0, 1.0)
```

- %求余获得除法运算结果中的余数部分。两个操作数可以是整数也可以是实数。示例如下：

```
>>> 4 % 7
4
>>> 6.1 % 0.5, 6 % 3
(0.09999999999999964, 0)
```

其中，6.1 % 0.5 的求余应该是 0.1，但是因为计算机内的数据是二进制存储的，转换为十进制后，就会有误差产生。

```
>>> 6 % 0.5, 6.1 % 5
(0.0, 1.0999999999999996)
>>> 6 % 5, -6 % -5
(1, -1)
>>> -6 % 5, 6 % -5
(4, -4)
>>> 7.1 % 3, -7.1 % -3
(1.0999999999999996, -1.0999999999999996)
>>> -7.1 % 3, 7.1 % -3
(1.9000000000000004, -1.9000000000000004)
```

求余运算的结果一定小于除数的绝对值，并与除数同号。

3. **（乘方）

** 运算符实现乘方运算，其优先级是最高的，仅次于括号()。

```
>>> -2 ** 4
-16
>>> 2 * 3 / 3 ** 2
0.6666666666666666
```

4. 浮点数的计算误差与相等判断

计算机内的所有数据是二进制形式存储的，在二进制和十进制相互转换后，就会有很微小的误差产生。Python 内的数值可能比理论真值略大或略小。例如：

```
>>> x = 2.3
>>> x - 1.3
0.9999999999999998
>>> x - 1.3 == 1        #运算符 == 用于判断两个数是否相等
False                   #结果为 False，表示 x - 1.3 不等于 1
>>> -7.1 % 3
1.9000000000000004
```

运算符==用于判断两个数是否相等,因为进制转换会带来误差,直接用==判断两个实数结果是否相等,可能会得出错误的结果。

在 Python 中,要判断实数 a 和 b 是否相等的方法有:

(1) 可以看 a−b 后的绝对值是否小于一个极小值。例如:

```
>>> a = 1.3
>>> b = 2.3 - 1
>>> abs(a - b) < 1e - 10          # 内置函数 abs()求参数的绝对值
True
```

(2) 使用 math 库中的 isclose()函数。

```
>>> import math
>>> 1.11 + 1
2.1100000000000003
>>> math.isclose(2.11, 1.11 + 1)
True
```

2.4.2 位运算*

Python 的位运算符号有以下几种:

&　　按位与

|　　按位或

^　　按位异或

~　　按位取反

<<　按位左移

>>　按位右移

Python 的位运算只能针对整数进行,并且是对整数的二进制逐位进行运算,运算结果也是一个整数。

先看以下代码:

```
>>> 17 & 135, 8 & 209, 97 & - 7, - 67 & 97
(1, 0, 97, 33)
```

执行结果用整数的知识根本无法理解。在开始介绍位运算前,先学习内置函数 bin()。

1. bin()函数

bin()函数可以查看整数的二进位。但计算机内的整数是用补码表示的,而用 bin()查看到的二进制码都是整数的原码值,且正数不显示符号位,负数用符号位－表示负值。例如:

```
>>> bin(17), bin(135), bin( - 7), bin( - 67)        # Python 不能显示负数的补码形态
('0b10001', '0b10000111', '- 0b111', '- 0b1000011')
```

但是可以巧用全 1 的二进制与负数按位与来查看负数的补码值。例如:

```
>>> c = -67          # -67 的 16 位补码是 1111111110111101
>>> bin(c & 0b1111111111111111)
'0b1111111110111101'
```

2. &(按位与)

按位与运算符 &,对参与运算的两个值,如果两数二进制形式的相应位都为 1,则该位的结果为 1,否则为 0。例如:

```
>>> a = 17                       #17 的 8 位二进制补码是 0001 0001
>>> bin(a)
'0b10001'
>>> b = 135                      #135 的 8 位二进制补码是 1000 0111
>>> bin(b)
'0b10000111'
>>> a & b                        #1 的 8 位二进制补码是 0000 0001
1
>>> allone = 0b11111111          #255 的 8 位二进制补码是 1111 1111
>>> a = -67                      # -67 的 8 位二进制补码是 10111101
>>> bin(a & allone)
'0b10111101'
>>> b = 97                       #97 的 8 位二进制补码是 0110 0001
>>> bin(b)
'0b1100001'
>>> c = a & b                    #a & b 的 8 位二进制补码是 0010 0001
>>> c
33
>>> bin(c & allone)
'0b100001'
```

3. |(按位或)

按位或运算符|,对参与运算的两个数,如果两数二进制形式的相应位的两个二进位至少有一个为 1 时,结果位就为 1。例如:

```
>>> a = -67                      # -67 的 8 位二进制补码是 10111101
>>> b = 97                       #97 的 8 位二进制补码是 0110 0001
>>> c = a | b
>>> c                            # -3 的 8 位二进制补码是 1111 1101
-3
>>> allone = 0b11111111
>>> bin(c & allone)
'0b11111101'
```

4. ^(按位异或)

按位异或运算符^,对参与运算的两个数,如果两数二进制形式的相应位的两个二进位相异时,结果为 1。例如:

```
>>> a = -67          # -67 的 8 位二进制补码是 10111101
>>> b = 97           #97 的 8 位二进制补码是 0110 0001
>>> c = a ^ b
>>> c                # -36 的 8 位二进制补码是 1101 1100
-36
>>> allone = 0b11111111
>>> bin(c & allone)
'0b11011100'
```

5. ～(按位取反)

按位取反运算符～,对运算数的每个二进制位取反,即把 1 变为 0,把 0 变为 1。例如:

```
>>> a = -67          # -67 的 8 位二进制补码是 1011 1101
>>> c = ~a
>>> c                #66 的 8 位二进制补码是 0100 0010
66
>>> bin(c & allone)
'0b1000010'
```

6. <<(按位左移)

左移运算符<<,将第一个运算数的全部二进位左移若干位,移动的位数由<<右边的数指定,低位则补 0。例如:

```
>>> a = 17           #17 的 8 位二进制补码是 0001 0001
>>> c = a << 2
>>> c                #68 的 8 位二进制补码 0100 0100
68
>>> bin(c & allone)
'0b1000100'
```

7. >>(按位右移)

右移运算符>>,将第一个运算数的全部二进位右移若干位,移动的位数由“>>”右边的数指定。移出到小数点右侧的二进位丢弃,正数高位补 0,负数高位补 1。例如:

```
>>> a = 17           #17 的 8 位二进制补码是 0001 0001
>>> c = a >> 2
>>> c                #4 的 8 位二进制补码 0000 0100
4
>>> bin(c & allone)
'0b100'
```

2.4.3 运算优先级

当一个表达式中包含多个运算时,运算的顺序不单纯是从左向右逐项计算的。例如,3+4+5 是按从左向右逐项计算,而 3+4 * 5 是先计算 * 后计算+。故运算符是有优先级的,优先级高的先计算,优先级低的后计算。圆括号()的优先级最高,即先计算圆括号内的

部分。例如,(3+4) * 5,是先计算+后计算 * 。Python 中运算符的优先级由高到低逐级递减,列在表 2-2 中。

表 2-2 Python 运算符的优先级

<table>
<tr><th>运 算 符</th><th>说 明</th></tr>
<tr><td>**</td><td>乘方(最高优先级)</td></tr>
<tr><td>~ + -</td><td>按位翻转、一元加号和减号</td></tr>
<tr><td>* / % //</td><td>乘、除、取模、取整除</td></tr>
<tr><td>+ -</td><td>加法、减法</td></tr>
<tr><td>>> <<</td><td>右移、左移运算符</td></tr>
<tr><td>&</td><td>按位与</td></tr>
<tr><td>^</td><td>按位异或</td></tr>
<tr><td>|</td><td>按位或</td></tr>
<tr><td>is not is in not in</td><td>身份运算符、成员运算符</td></tr>
<tr><td><= < > >= == !=</td><td>比较运算符(与身份运算符、成员运算符同级)</td></tr>
<tr><td>not</td><td>逻辑非</td></tr>
<tr><td>and</td><td>逻辑与</td></tr>
<tr><td>or</td><td>逻辑或</td></tr>
</table>

2.5 常用系统函数

2.5.1 常用内置函数

内置函数包含在模块 builtins 中,每次启动 Python 解释器时都会自动将该模块装入内存中,内置函数可以直接调用,不需要使用 import 命令引用库。Python3.5 的内置函数如下:

abs() all() any() ascii() bin()
bool() bytearray() bytes() callable() chr()
classmethod() compile() complex() copyright() credits()
delattr() dict() dir() divmod() enumerate()
eval() exec() exit() filter() float()
format() frozenset() getattr() globals() hasattr()
hash() help() hex() id() input()
int() isinstance() issubclass() iter() len()
license() list() locals() map() max()
memoryview() min() next() object() oct()
open() ord() pow() print() property()
quit() range() repr() reversed() round()
set() setattr() slice() sorted() staticmethod()
str() sum() super() tuple() type()
vars() zip()

这些内置函数可以分成以下类别。

1. 数学函数(见表 2-3)

表 2-3 内置的数学函数

函　数	说　明
abs(x)	返回 x 的绝对值
divmod(x,y)	返回一个包含商和余数的元组(x//y,x%y)
pow(x,y,z=None,)	返回 x ** y(x 的 y 次方)或 x ** y%z
round(number[,ndigits])	返回浮点数 number 的 ndigits 位小数的四舍五入值,单参数时四舍五入为整数

2. 数据类型转换函数(见表 2-4)

表 2-4 内置的数据类型转换函数

函　数	说　明
ascii(obj)	返回一个表示对象 obj 的字符串,但是对于字符串中的非 ASCII 字符则返回通过 repr()函数使用\x、\u 或\U 编码的字符
chr(x)	返回 Unicode 码值为 x 的字符,0≤x≤0x10ffff
bin(x)	将十进制整数转换成二进制整数,返回结果为字符串
hex(x)	将十进制整数转换成十六进制整数,返回结果为字符串
oct(x)	将十进制整数转换成八进制整数,返回结果为字符串
complex(real[,imag])	返回值为 real+imag * j 的复数
float([x])	将整数或字符串 x 转换为浮点数,无参时返回 0.0
int(x)	将数字字符串 x 转换为整型
bool([x])	将参数 x 转换为布尔类型,无参则返回 False
dict([x])	将参数 x 转换为字典,无参则创建空字典
list([x])	将参数 x 转换为列表,无参则创建空列表
set([x])	将参数 x 转换为集合,无参则创建空集合
str([x])	将参数 x 直接转换为字符串,无参则创建空串
tuple([x])	将参数 x 转换为元组,无参则创建空元组

3. 序列结构或可迭代数据的函数(见表 2-5)

表 2-5 内置的序列结构或可迭代数据的函数

函　数	说　明
all(x)	判断给定的序列或可迭代参数 x 中的所有元素的值是否都等价于 True,如果是则返回 True
any(x)	判断给定的序列或可迭代参数 x 中的所有元素的值是否都等价于 False,如果是则返回 True
enumerate(x[,start])	将序列或可迭代参数 x 中的所有元素的序号和元素值组合成若干元组,返回这些元组,其中元素序号从 0 或参数 start 开始
len(x)	返回给定的序列或可迭代参数 x 的长度或元素个数
max(x)	对给定的序列或可迭代参数 x,返回最大的元素值
min(x)	对给定的序列或可迭代参数 x,返回最小的元素值
next(x)	返回可迭代参数 x 的下一个元素

续表

函　　数	说　　明
range(stop) range(start,stop[,step])	返回 range 对象,其中包含左闭右开区间[start,stop)内以 step 为步长的整数
reversed(x)	返回参数 x 逆序后的序列或可迭代对象
sorted(x, key=None, reverse=False)	返回排序后的列表,参数 x 可以为序列或可迭代对象
sum(x,start=0)	返回序列 x 中所有元素之和,若有 start,则返回 start+所有元素之和
zip(iter1[,iter2[...]])	参数 iter1、iter2…为序列值或可迭代对象,返回 zip 对象,zip 对象元素为(iter1[,iter2 [...]])的元组,结果元素的个数取决于参数元素个数最少的值
map(func, * iterables)	将单参数函数的函数名作为 func 参数,参数 * iterables 为序列或可迭代对象,作用是将每个元素传递给 func 函数处理,得到各项函数值,并以 map 对象返回
filter(func or None, iterables)	将单参数函数的函数名作为 func 参数,参数 iterables 为序列或可迭代对象,作用是将每个元素传递给 func 函数处理,将返回函数值为 True 的原序列值或可迭代对象,若首参数为 None,则返回值等价于 True 的元素值

4. 其他函数(见表 2-6)

表 2-6　内置的其他函数

函　　数	说　　明
dir([object])	不带参数时,返回当前范围内的变量、方法和定义的类型列表;带参数时,返回参数的属性、方法列表
eval(s,g=None,l=None)	执行字符串 s 中表达式或代码,并返回表达式的值
exit([n])	终止 Python 程序,参数 n 表示程序退出类型,通常情况下 0 表示程序正常退出
help(x)	用于查看函数或模块用途的详细说明
id(x)	获取对象 x 的标识(即内存地址)
input(prompt=None)	从标准输入设备读入一个字符串,返回结果是字符串类型
isinstance(x,class_or_tuple)	返回 x 是否为某数据类型,或 x 是否为类的实例,参数 class_or_tuple 可以是元组
open()	用于打开一个文件,创建一个 file 对象
print()	输出信息到屏幕或指定设备
type(object)	返回 object 的类型

2.5.2　常用库函数

1. 引用库

除了内置函数外,Python 还有随编译环境一起安装的可复用代码,即标准库。标准库里往往包含常量、类和函数,在用户程序中,导入库即可使用它们。此外,Python 社区中还有数量众多的可复用代码,即第三方库,用户可以下载安装并在自己的程序中引用它们。

引用标准库或安装好的第三方库中的内容之前,必须使用以下格式之一的语句导入库。

1) import 语句

import 语句的一般格式:

```
import 模块 1 [as 别名 1] [, 模块 2 [as 别名 2] [,… 模块 N [as 别名 N]]]
```

此后，调用被引用模块中的函数时，引用格式如下：

格式一：

```
模块名.函数名(参数)
```

格式二：

```
别名.函数名(参数)
```

例如，引用内置模块 time 和 random，并调用函数的代码如下：

```
>>> import time, random as r
>>> time.sleep(3)         #程序休眠 3s
>>> r.randint(1, 10)      #生成一个 1～10 的随机整数
```

2）from-import 语句

from-import 语句的一般格式：

```
from 模块 import 函数名 1 [as 别名 1] [, … 函数名 N [as 别名 N]]
```

该命令只导入库中的指定函数，“模块”是要引用的库名。导入后可按以下格式直接调用函数：

格式一：

```
函数名(参数)
```

格式二：

```
别名(参数)
```

例如，前述调用模块 time 的 sleep()函数和模块 random 的 randint()函数也可写为：

```
>>> from time import sleep
>>> from random import randint as ri
>>> sleep(3)
>>> ri(1,10)
```

3）from-import * 语句

from-import * 语句的一般格式：

```
from 模块 import *
```

该语句导入指定模块里的所有函数，导入后可直接调用库中的所有函数。例如：

```
>>> from time import *
>>> sleep(3)
```

2. 常用标准库函数

1）math 库中的常用常量及函数(见表 2-7)

表 2-7　math 库中的常用常量及函数

常量或函数	说　明
math.pi	圆周率常量,值为 3.141592653589793
math.e	自然对数常量,值为 2.718281828459045
math.inf	正无穷大常量,负无穷大为－math.inf
math.nan	非浮点数标记常量,NaN(Not a Number)
math.fabs(x)	返回 x 的绝对值
math.fmod(x,y)	返回 x 与 y 的模
math.fsum([x,y,…])	浮点数精确求和
math.ceil(x)	向上取整,返回不小于 x 的最小整数
math.floor(x)	向下取整,返回不大于 x 的最大整数
math.factorial(x)	返回 x 的阶乘,如果 x 是小数或负数,返回 ValueError 出错
math.gcd(a,b)	返回 a 与 b 的最大公约数
math.modf(x)	返回浮点数 x 的小数和整数部分
math.trunc(x)	返回浮点数 x 的整数部分
math.isclose(a,b)	比较 a 和 b 的相似性,返回 True 或 False
math.pow(x,y)	返回 x 的 y 次幂
math.exp(x)	返回 e 的 x 次幂,e 是自然对数
math.sqrt(x)	返回 x 的平方根
math.log(x[,base])	返回 x 的 base 对数值
math.log2(x)	返回 x 的 2 对数值
math.log10(x)	返回 x 的 10 对数值
math.sin(x)	返回 x 的正弦函数值,x 是弧度值
math.cos(x)	返回 x 的余弦函数值,x 是弧度值
math.tan(x)	返回 x 的正切函数值,x 是弧度值
math.asin(x)	返回 x 的反正弦函数值,x 是弧度值
math.acos(x)	返回 x 的反余弦函数值,x 是弧度值
math.atan(x)	返回 x 的反正切函数值,x 是弧度值

2）random 库中的常用函数(见表 2-8)

表 2-8　random 库中的常用函数

函　数	说　明
seed(a=None)	初始化随机数种子,默认值为当前系统时间
random()	生成一个[0.0,1.0)的随机小数
randint(a,b)	生成一个[a,b]的整数
choice(seq)	从序列类型(例如列表)中随机返回一个元素
shuffle(seq)	将序列类型中元素随机排列,返回打乱后的序列
sample(pop,k)	从序列类型 pop 中随机选取 k 个元素,以列表类型返回

3）time 库中的常用函数（见表 2-9）

表 2-9　time 库中的常用函数

函　　数	说　　明
time. asctime([tupletime])	接收时间元组并返回一个可读的形式为"Fri Oct 11 18:07:14 2019"(2019 年 10 月 11 日周五 18 时 07 分 14 秒)的 24 个字符的字符串
time. clock()	用以浮点数计算的秒数返回当前的 CPU 时间。用来衡量不同程序的耗时，比 time. time()更有用
time. gmtime([secs])	接收时间戳并返回格林尼治天文时间下的时间元组 t，可选的参数 secs 表示从 1970-1-1 以来的秒数
time. mktime(tupletime)	与 time. gmtime 是相反的操作，接收时间元组，返回时间戳(1970-1-1 以来的浮点秒数)
time. sleep(secs)	推迟调用线程的运行，secs 指秒数
time. time( )	返回当前时间的时间戳(1970-1-1 以来的浮点秒数)

4）timedate 库中的常用常量及函数（见表 2-10）

表 2-10　timedate 库中的常用常量及函数

常量及函数	说　　明
MINYEAR	常量，值为 1，datetime 所能表示的最小年份
MAXYEAR	常量，值为 9999，datetime 所能表示的最大年份
datetime. today()	返回一个表示当前本地时间的 datetime 对象
datetime. now([tz])	返回一个表示当前本地时间的 datetime 对象，如果提供了参数 tz，则获取 tz 参数所指时区的本地时间
datetime. fromtimestamp(timestamp[,tz])	根据时间戳创建一个 datetime 对象，参数 tz 指定时区信息

2.6　Python 的帮助系统

对于初学者来说，学习 Python 语法只靠一本书是不够用的，利用 Python 的帮助系统就是一个快捷准确的途径。

1. dir()函数和 help()函数

获取 Python 帮助的一种方法是使用内置 dir()函数和 help()函数。这两个函数的一般使用格式为：

```
dir(对象名|模块名|函数名|…)
help(对象名|模块名|函数名|…)
```

读者可以输入以下代码，并观察 Python 给出的帮助信息。因帮助信息的内容很多，会占据大量篇幅，故此处不列出 Python 给出的帮助信息。

```
>>> import time
>>> dir(time)               # 以列表形式罗列 time 模块中的常量、私有函数、函数、类等信息
>>> help(time)              # 获取到 time 模块的整体帮助信息
>>> help(time.__eq__)
>>> help(time.sleep)        # 获取 time 模块中 sleep()函数的帮助信息
>>> help(max)               # 获取内置函数 max()的帮助信息
```

2. 联机帮助环境

Python 还提供了联机帮助环境，以下是使用联机帮助的方法：

```
>>> help()                          # 必须是无参的 help()函数)
...                                 # 此处省略 Python 系统给出的提示
help>                               # 出现该提示符，即表明已处在了联机帮助环境中
help> math                          # 直接输入待查询的 math 模块
Help on built - in module math:     # 本行开始是 math 模块的整体帮助信息
...                                 # 此处省略 Python 系统给出的大量帮助信息
help> quit                          # 退出联机帮助环境
```

联机帮助环境可以直接查阅所有本机已安装模块的帮助信息，不需要事先导入模块。

2.7 习　　题

1. 下列标识符中，哪些是 Python 语言中有效的标识符名称？

John	$123	_name	3D64
ab_c	2abc	char	a#3

2. Python 的数据类型分有哪两大类？它们各自包含了哪些数据类型？

3. 请解释“Python 变量是没有数据类型的”的这种说法。

4. 在以下数据中，找出不是 Python 合法数据表示的项，并分别指出合法数据的数据类型。

100	9.123	true	'False'
−3+4i	e5	3.14E-3	0xFF
0b123	'I'm 9.\n'	'''He said, "...."eg. '''	"goo\"d"
"\x6D09"	'123'	'[1,2,3]'	''

5. 程序中需要计算 a^3，写出至少两种正确的计算表达式。

6. 给出下列的数学公式对应的 Python 表达式。

(1) $x=\dfrac{-b\pm\sqrt{b^2-4ac}}{2a}$　　(2) $\dfrac{e^2+\ln 10}{\sqrt{x}+3^x}$　　(3) $10^{-5}\cos\dfrac{1}{2}(\alpha+\beta)\tan\dfrac{1}{2}(|\alpha-\beta|)$

7. 如何判定两个计算结果为实数的表达式是否相等？

8. 写出实现以下功能的 Python 表达式。

(1) 将整数 k 转换为实数。

(2) 分别取出实数 m 中的整数部分和小数部分。

(3) 求正整数 m 中的每位上的数字，比如 123 的每位数字是 1、2、3。

9. 简述 Python 的标识符命名规则。

10. 求以下表达式的值。

(1) 设 a=7、x=2.1、y=4.5，求表达式 x+a%3*(x+y)%2/4 的值。

(2) 设 a=2、b=3、x=3.6、y=2.5，求表达式(a+b)/2+x%y 的值。

(3) 设 x=2.5、a=7、y=4.7，求表达式 x+a%3*(x+y)%2//4 的值。

第3章 顺序结构

Python 的一个程序是由若干条语句组成的,这些语句用来完成一定的操作任务。语句中包含各种成分,如常量、变量、表达式、函数等。

程序中语句的基本结构包括顺序结构、选择结构和循环结构。按照语句在程序中出现的先后次序依次执行的结构为顺序结构。根据条件选择执行不同语句的结构为选择结构。根据条件重复执行相关语句的结构为循环结构。

3.1 Python 程序的编码规范

3.1.1 一个 Python 程序

下面是一个 Python 程序,用于展示 Python 的编码的基本规范。程序中涉及的语法元素会在后面各章中陆续学习,本节不一一介绍。

【例 3-1】 一个 Python 程序。

```
#1.   '''多行注释的第一行
#2.       多行注释的第二行
#3.       多行注释的第三行'''
#4.   def exam(h):
#5.       x = eval(input("输入第一个数值:"))      #输入字符串,并用 eval()函数转换
#6.       y = eval(input("输入第二个数值:"))
#7.       s = 0;    a = 1;    b = 2               #变量 s、a、b 赋值为 0、1、2
#8.       # if 语句根据 x 值选择执行不同的语句块
#9.       if x > 0:                               #当 x 大于 0 时,执行#10～#14 行代码
#10.          while h >= 0:                       #while 循环语句反复执行#11、#12 行代码
#11.              s = h + x
#12.              h = h - 1
#13.          y += h
#14.          print(y)
#15.      else:                                   #当 x 不大于 0 时,执行#16 行代码
#16.          print(x + y - h)
```

```
#17.        return h              #函数结束,并返回变量 h 的值
#18.
#19.    print('本例演示缩进,本行为程序运行的首行语句')
#20.    a = exam(5)               #调用自定义函数 exam()
#21.    print(a)                  #输出变量 a 的值
```

运行程序，并且第一个数据输入 4.6，第二个数据输入 3.2，得到输出结果如下：

```
本例演示缩进,本行为程序运行的首行语句
输入第一个数值:4.6↙
输入第二个数值:3.2↙
2.2
-1
```

上面输出结果中的第二行是 input()函数执行时的提示，带下画线部分的内容 4.6↙是运行时敲击键盘输入的内容，行末的符号↙表示的是输入结束时所按的 Enter 键。本书后面的写法与此相同。

例 3-1 的代码本身没有太多的实际用意，只是为了说明 Python 程序的编码基本规范。Python 的程序书写有严格的语法和文法要求，用户录入时如果有一点点的违规，例如大小写写错、少了一个字符或符号、符号录入成全角字符等，Python 的解释器都会报错。

3.1.2 注释

注释是对代码的说明信息，注释的存在与否不影响程序的功能，但建议在代码中增加适量的注释，以提高程序的可读性。注释有以下两种方式。

- 行末注释：在语句的行末增加#，并在其后添加注释的内容。
- 块注释：以三个单引号(''')或三个双引号(""")开头和结尾。

例 3-1 中的#1～#3 行是一个块注释；#5、#7、#9、#10、#15、#17、#20、#21 行是行末注释，在已有语句的末端添加注释，#8 行也是行末注释，但是并未包含有效语句，这也是#注释合法的用法。

在 IDLE 窗口中按 Alt+3 快捷键可以将当前行和所选代码块变为行末注释，按 Alt+4 快捷键可以取消行末注释。

3.1.3 缩进

在 Python 中，用不同的缩进表明代码块之间不同的层次关系，如图 3-1 所示。缩进默认采用 4 个空格，也可以由用户自己指定，但需保持同层代码块前的空格数量相同。缩进也可以使用 Tab 键，但不能是空格和 Tab 键混用。

3.1.4 语句续行与分隔

Python 程序中的语句通常是一行写一条语句。也可以将多条语句写在一行上，此时需要在多条语句之间加上分号(;)，但行末无须添加分号。例 3-1 中的#7 行就是一行中包含了三条赋值语句。

```
File  Edit  Format  Run  Options  Window  Help
'''第一行多行注释
   第二行多行注释
   第三行多行注释'''
def exam(h):
    x=eval(input())
    y=eval(input())
    s=0;    a=1;    b=2
    if x>0:
        while h>=0:
            s=h+x
            h=h-1
        y+=h
        print(y)
    else:
        print(x+y-h)
    return h

print('本例演示缩进,本行为程序运行的首行语句')
a=exam(5)    #调用自定义函数exam
print(a)     #输出变量a的值
```

第4层缩进
第3层缩进
第2层缩进
第1层缩进

图 3-1　缩进与代码块间的关系

当 Python 的一条语句太长时，也可以将一条语句分成多行来写，只需在该语句的每行后使用反斜杠(\)，但最后一行末无须添加反斜杠。

若在语句中的圆括号(())、方括号([])、花括号({})的内部分行，则不需要使用换行符，三引号之间的内容也可以不加换行符，直接分多行书写。例如：

```
if a == 1 and b == 2 and \
   c == 3 and d == 4 and e == 5:        #此处可添加注释,上一行的\后不能添加行末注释
    print('OK')
# 以下分多行写,是为了让字典的内容看起来更清楚明了
# 因是在花括号的内部分行,可以不使用续行符
PCounts = {'bcm':0,
           'bcf':0,
           'dcm':0,
           'dcf':0,
           'mnm':0,
           'mnf':0,
           'family':0,
           'famcount':0,
           'Normal':0,
           'Error':0}
```

3.2　变量赋值

3.2.1　赋值语句

1. 赋值的基本格式

赋值是建立变量和数据、对象、函数等之间的联系，赋值后就能通过变量使用数据、对象和函数。赋值的基本格式：

```
var = obj
```

var 是变量，等号的右侧可以是常量、变量、表达式、对象和函数等。例如：

```
>>> a = 1
>>> b = 2
>>> c = 3
```

上述三行语句，对变量 a、b、c 分别赋值为 1、2、3。

2. 复合赋值

复合赋值是指将其他运算与赋值结合在一起。复合赋值包括+=、-=、*=、/=、//=、%=、**=、<<=、>>=、&=、|=、^=。例如：

```
>>> x = 5
>>> x += 1              #等价于 x = x + 1
>>> y = -1
>>> y * = x + 0.5       #等价于 y = y * (x + 0.5)
>>> x, y
(6, -6.5)
```

注意：进行复合赋值运算时，先计算等号右侧的表达式的值，再与左侧的变量进行运算，最后结果存回左侧的变量中。

3. 多变量赋值

1）链式赋值

格式：

```
var1 = var2 = var3 = … = 表达式
```

链式赋值用于将同一个值赋给多个变量。例如：

```
>>> a = b = c = 100
>>> a, b, c
(100, 100, 100)
```

2）同步赋值

格式：

```
var1[, var2[, var3…]] = 表达式 1[, 表达式 2[, 表达式 3…]]
```

注意，等号左右两侧的变量数和表达式数要一致，然后，按位置将表达式值分别赋值给变量。例如：

```
>>> a, b, c = -2.3, 12, 'ab'
>>> a
-2.3
>>> b
```

```
12
>>> c
'ab'
```

同步赋值时,先计算出所有表达式的值后,再赋值给左侧的变量。

另外,Python 的同步赋值可以不借助第三个变量实现两个值的交换操作。例如,下面的两种方法都可以实现 a、b 两个数的内容交换。

方法一:

```
>>> a = 10
>>> b = 9.123
>>> t = a
>>> a = b
>>> b = t
>>> a
9.123
>>> b
10
```

方法二:

```
>>> a = 10
>>> b = 9.123
>>> a, b = b, a
>>> a
9.123
>>> b
10
```

方法一是借助了第三个变量 t 的实现方法,方法二则是采用同步赋值的方法,直接实现了两个数的交换。

3.2.2 变量的共享引用*

用赋值操作"="将一个变量赋值给另一个变量时,要注意两个变量的值的变化和它们所引用空间的共享现象。本节讨论共享引用中的情况,不是为了把问题复杂化,而是在 Python 中改变变量值时的情况本身就是复杂的。编程者应该了解当前程序中采用的语句会引起变量值发生什么改变。切记:不能想当然地认为是某种结果,建议在使用某些语句前进行一定测试后,再写入到程序中。只有编程者清楚改变值会带来什么结果,程序才会有正确的运行结果。

1. 数值类型和字符串的共享引用

当变量所赋的值为不可变数据类型,将该变量的值赋给别的变量时,多个变量都会指向同一个数据。下面是各种数值类型和字符串等不可变数据类型的共享引用示例。

整数 int 的共享引用示例:

```
>>> x = 1
>>> y = x
>>> x, y
(1, 1)
>>> id(x) == id(y)
True
>>> x is y
True
>>> x = 90
>>> x, y
(90, 1)
>>> id(x) == id(y)
False
```

实数 float 的共享引用示例：

```
>>> x = 3.1238
>>> y = x
>>> x, y
(3.1238, 3.1238)
>>> id(x) == id(y)
True
>>> x is y
True
>>> x = 5.678
>>> x, y
(5.678, 3.1238)
>>> id(x) == id(y)
False
```

复数 complex 的共享引用示例：

```
>>> x = 3 + 4j
>>> y = x
>>> x, y
((3 + 4j), (3 + 4j))
>>> id(x) == id(y)
True
>>> x is y
True
>>> x = -2 - 9j
>>> x, y
((-2 - 9j), (3 + 4j))
>>> id(x) == id(y)
False
```

字符串 string 的共享引用示例：

```
>>> x = 'Hi!'
>>> y = x
>>> x, y
('Hi!', 'Hi!')
>>> id(x) == id(y)
True
>>> x is y
True
>>> x = x + 'Bye!'
>>> x, y
('Hi!Bye!', 'Hi!')
>>> id(x) == id(y)
False
```

2. 元组 tuple 的共享引用

元组被称为只读列表，即数据可以被查询，但不能被修改。当各个元组值是不可变数据类型时，其共享引用的方式与数值数据类型情况相同。元组中的元素是不可变数据的示例：

```
>>> x = (1, 2, 3)
>>> y = x
>>> x, y
((1, 2, 3), (1, 2, 3))
>>> x == y
True
>>> id(x) == id(y)
True
>>> x is y
True
>>> x = (6,7,8)
>>> x, y
((6, 7, 8), (1, 2, 3))
>>> x == y
False
>>> id(x) == id(y)
False
>>> x[1] = 100
Traceback (most recent call last):
  File "<pyshell#22>", line 1, in <module>
    x[1] = 100
TypeError: 'tuple' object does not support item assignment
```

若在元组中的元素是可变数据时，则该元组元素的数据值是可变的，但变量指向的元组空间没有变化。这是因为 Python 在元组的存储空间中存放的是数据的引用而不是数据值本身。元组中的元素有可变数据的示例：

```
>>> x = (1, 3, [10, 11])
>>> y = x
>>> x, y
```

```
((1, 3, [10, 11]), (1, 3, [10, 11]))
>>> x == y
True
>>> id(x)
1501033441536
>>> id(x) == id(y)
True
>>> x is y
True
>>> a[0] = 100
Traceback (most recent call last):
  File "<pyshell#18>", line 1, in <module>
    a[0] = 100
IndexError: list assignment index out of range
>>> x[2][0] = 99
>>> x, y
((1, 3, [99, 11]), (1, 3, [99, 11]))
>>> x == y
True
>>> id(x) == id(y)
True
>>> id(x)
1501033441536
>>> x is y
True
```

图 3-2 中左边的示意图展示了上面元组是不可变数据的示例代码中第一次赋值后 x 和 y 的变量引用情况，右边的示意图展示了上面元组是可变数据的示例代码中的变量引用情况。其中，灰色的列表值“10 的地址”已经变为了“99 的地址”，从而引发了显示元组时值的改变，但元组空间本身并没有改变，因此元组值的变化是间接引用引发的，元组仍然属于不可变数据类型。

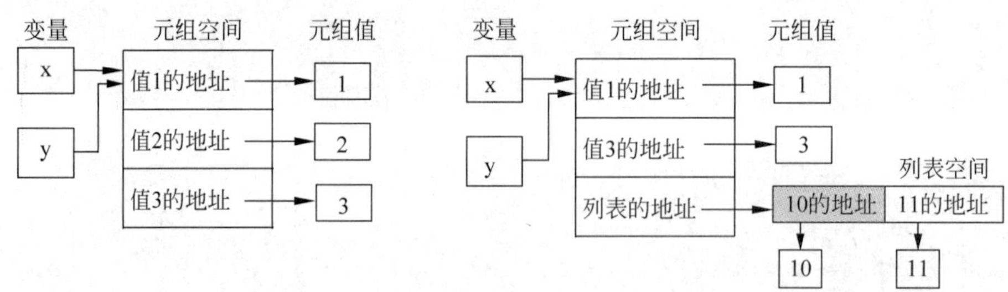

图 3-2　元组的共享引用

3. 列表、字典、集合的共享引用

列表、字典、集合的元素是不可变数据时，改变某个元素值时，数据存储空间的位置不变，数据值发生改变。

列表的共享引用示例：

```
>>> x = [1, 2, 3]
>>> y = x
>>> x, y
([1, 2, 3], [1, 2, 3])
>>> id(x), id(y)
(2349538144328, 2349538144328)
>>> x[1] = 100
>>> x, y
([1, 100, 3], [1, 100, 3])
>>> id(x), id(y)
(2349538144328, 2349538144328)
>>> x is y
True
```

字典的共享引用示例：

```
>>> i = {'F':1, 'H':2, 'Y':3}
>>> j = i
>>> i
{'Y': 3, 'H': 2, 'F': 1}
>>> j
{'Y': 3, 'H': 2, 'F': 1}
>>> id(i), id(j)
(2349538516360, 2349538516360)
>>> i['F'] = 99
>>> i
{'Y': 3, 'H': 2, 'F': 99}
>>> j
{'Y': 3, 'H': 2, 'F': 99}
>>> id(i), id(j)
(2349538516360, 2349538516360)
>>> i is j
True
```

集合的共享引用示例：

```
>>> m = {3, 4, 5}
>>> n = m
>>> m, n
({3, 4, 5}, {3, 4, 5})
>>> id(m), id(n)
(2349538945064, 2349538945064)
>>> m.add(99)
>>> m, n
({99, 3, 4, 5}, {99, 3, 4, 5})
>>> id(m), id(n)
(2349538945064, 2349538945064)
>>> m is n
True
```

列表、字典、集合的元素是可变数据时，进行赋值操作或调用相关数据类型的方法改变某个可变数据元素值时，值的变化就会各不相同。例如：

```
>>> x = [1, 2, [9, 10]]
>>> y = x
>>> id(x)
2349539132360
>>> id(y)
2349539132360
>>> x = x + [4]              #发生了浅复制
>>> x
[1, 2, [9, 10], 4]
>>> y
[1, 2, [9, 10]]
>>> id(x)
2349539131656
>>> id(y)
2349539132360
>>> x[0] = 100               #独立引用
>>> x
[100, 2, [9, 10], 4]
>>> y
[1, 2, [9, 10]]
>>> y[2][0] = -1             #共享引用
>>> x
[100, 2, [-1, 10], 4]
>>> y
[1, 2, [-1, 10]]
>>> id(x)
2349539131656
>>> id(y)
2349539132360
```

以上代码段发生了浅复制，图 3-3 所示的是语句 x=x+[4]执行前的内存状态，当执行 x=x+[4]时，Python 分配一个新的存储空间用于存储新的列表，并将原来 x 列表中的数据地址复制到新空间中，语句 x[0]=100 改变了新空间的引用值。图 3-4 中的"间接列表空间"是由 x 和 y 共享的，语句 y[2][0]=-1 改变了"间接列表空间"中的引用值，因而在显示 x 时，其值发生了改变。语句 x=x+[4]浅复制后的内存状态如图 3-4 所示。

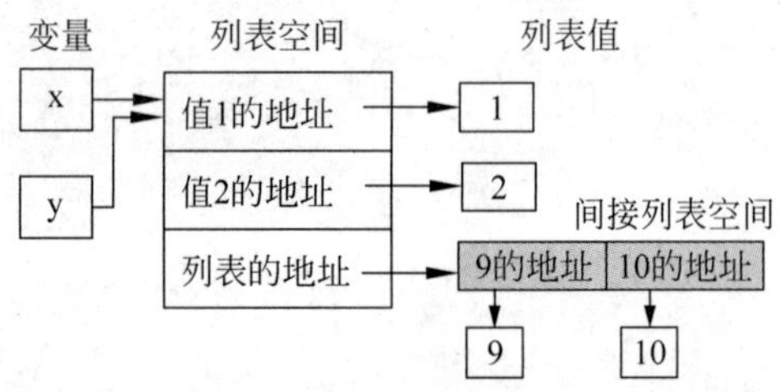

图 3-3　语句 x=x+[4]执行前的内存状态

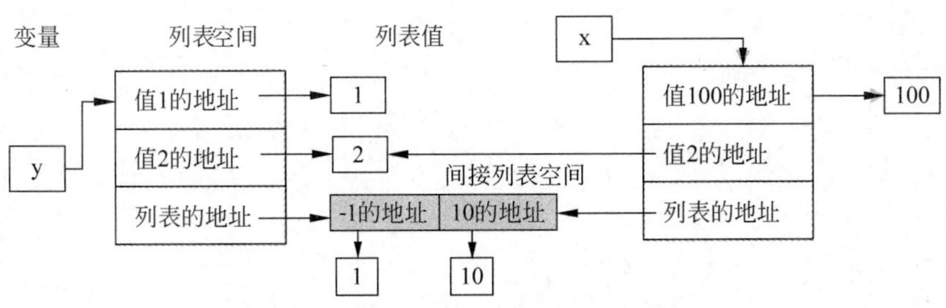

图 3-4　语句 x=x+[4]浅复制后的内存状态

下述代码也发生了浅复制：

```
>>> x = [[1, 2, 3]] * 3
[[1, 2, 3], [1, 2, 3], [1, 2, 3]]
>>> x[0][0] = 10
>>> x
[[10, 2, 3], [10, 2, 3], [10, 2, 3]]
```

执行语句 x=[[1,2,3]]*3 后，新列表的三个数据元素都指引到同一个间接列表空间，语句 x[0][0]=10 貌似只改变了一个间接值，但结果却是引发了连锁反应。

与浅复制相对应的是深复制，例如有如下代码：

```
>>> import copy
>>> names = ["小明", "小红", "小黑", ["粉色"], "小黄", "小白"]
>>> deep_names = copy.deepcopy(names)
>>> names[3][0] = "Pink"
>>> names
['小明', '小红', '小黑', ['Pink'], '小黄', '小白']
>>> deep_names
['小明', '小红', '小黑', ['粉色'], '小黄', '小白']
```

上述代码中调用 copy 模块中的 deepcopy()函数将发生深复制，使两个变量的值各自独立，其中的细节，请读者另行查阅资料或自行研究。

3.2.3　对象的垃圾回收机制

Python 中万物皆对象，在前面已介绍的内容中，每个数据都是一个对象。后面在第 11 章还将专门介绍关于对象的知识。在赋值操作中，Python 会建立变量和对象之间的引用关系(如图 2-1 所示)。程序中需要使用数据或对象时，就会在内存中开辟一块内存空间存放该数据或对象。

1. Python 对象的存储问题

- 对于整数和短小的字符串等，Python 会执行缓存机制，即将这些对象进行缓存，不会为相同的对象分配多个内存空间。
- 容器对象(如列表、元组、字典等)存储的其他对象，仅仅是其他对象的引用，即记录了对象的地址，并不是这些对象本身。例如：

```
>>> import sys
>>> sys.getrefcount(3)        #3 在 Python 内部已经被多次引用,故引用计数大于 2
184
>>> h = 3
>>> x = [3, 3, 3]
>>> sys.getrefcount(3)
188
>>> id(h), id(x[0]), id(x[1]), id(x[2])
(1900216848, 1900216848, 1900216848, 1900216848)
>>> sys.getrefcount('OK')
21
>>> sys.getrefcount(123)
4
>>> sys.getrefcount(3.1)
2
```

上述代码中的 3、'OK'、123 属于整数和短小字符,Python 执行缓存机制。实数 3.1 被 getrefcount()查看引用计数时,3.1 作为参数传递给了 getrefcount(),参数实际上创建了一个临时的引用。因此,getrefcount()所得到的结果,会比期望的多 1。

2. 关于引用计数器

在 Python 中,每个对象都有指向该对象的引用总数,即引用计数。每增加一个引用,引用计数增加 1;每减少一个引用,引用计数减少 1。

会增加引用计数的几种情况有:

- 对象被创建,计数增加 1;
- 对象被引用,计数增加 1;
- 对象被当作参数传入函数,计数增加 2,因为调用函数中有两个属性在引用该对象;
- 对象存储到容器对象中,计数增加 1。

会减少引用计数的几种情况有:

- 对象的别名被销毁,计数减少 1;
- 对象的别名被赋予其他对象,计数减少 1;
- 对象离开自己的作用域,计数减少 1;
- 对象从容器对象中删除,或者容器对象被销毁,计数减少 1。

使用 sys 模块中的 getrefcount()函数可以查看对象的引用计数。例如:

```
import sys
class Person(object):
    pass
p = Person()
p1 = p
print(sys.getrefcount(p))
p2 = p1
print(sys.getrefcount(p))
p3 = p2
print(sys.getrefcount(p))
del p1
print(sys.getrefcount(p))
```

利用引用计数器方法，在检测到对象引用个数为 0 时，对普通的对象进行释放内存的机制处理(该机制如何处理，本书不展开讨论)。

3. 垃圾回收

当 Python 中的对象越来越多时，它们将占据越来越大的内存。Python 会在适当的时候，启动垃圾回收(garbage collection)，将没用的对象清除。

垃圾回收时，Python 不能执行其他的任务。频繁的垃圾回收将大大降低 Python 的工作效率。如果内存中的对象不多，就没有必要总启动垃圾回收。所以，Python 只会在特定条件下，自动启动垃圾回收。

3.3　数据的输入/输出

3.3.1　标准输入/输出

被程序处理的数据可以从键盘输入，也可以从文件读入。程序的处理结果则可以显示在屏幕上，或存入文件。所谓的标准输入/输出是指从键盘输入和在屏幕显示，又叫控制台输入/输出。

1. 标准输入

Python 中的 input()函数用于实现标准输入，其格式为：

```
input(prompt = None)
```

参数 prompt 是输入时的提示文字，属于可选项。input()函数将接收标准输入设备键盘输入的一行信息，并返回一个字符串。返回的字符串是去除行末回车符后的输入内容。例如：

```
>>> input('Please input your name:')
Please input your name:Sam↙
'Sam'
```

上述示例中，第 2 行前面的文字是 input()函数执行时的提示，Sam 是运行时敲击键盘输入的内容。第 3 行是函数的返回值，两个单引号表示返回值是一个字符串。

如果输入的内容是整数或浮点数，则需要使用 int()或 float()函数进行转换。例如：

```
#1.  >>> input('Please input your age:')
#2.  Please input your age:19↙
#3.  '19'
#4.  >>> int(input('Please input your age:'))
#5.  Please input your age:19↙
#6.  19
#7.  >>> float(input('Please input your score:'))
#8.  Please input your score:75.5↙
#9.  75.5
```

上述示例中#6 行和#9 行显示的返回值中无单引号，即其返回值分别为整数类型和浮点数类型。

2. 多数据同时输入并转换

单独使用 int()或 float()函数只能输入一个数据并进行数据类型转换,若想要一次输入多个数据并转换成整型或浮点数,则可以用以下几种方法。

1) 利用 eval()函数实现多数据同时输入

eval()函数可以计算参数字符串中的表达式或通过 compile()执行一个代码对象,其格式为:

```
eval(source, globals = None, locals = None)
```

参数 source 是一串待计算的表达式或待执行的代码。例如:

```
>>> eval('help(eval)')
Help on built - in function eval in module builtins:

eval(source, globals = None, locals = None, /)
    Evaluate the given source in the context of globals and locals.

    The source may be a string representing a Python expression
    or a code object as returned by compile().
    The globals must be a dictionary and locals can be any mapping,
    defaulting to the current globals and locals.
    If only globals is given, locals defaults to it.
```

通过函数 eval()执行字符串'help(eval)'中的 help(eval)函数,help()函数返回 eval()函数的帮助信息。又如:

```
>>> a = 100
>>> b = eval('a / 2.0')
>>> b
50.0
```

上述代码中,b=eval('a/2.0')等价于 b=a/2.0,所以 b 的值变为 50.0。

再比如,可用如下代码输入多个数据到多个变量:

```
#1.  >>> a, b, c = eval(input('a,b,c = '))
#2.  a,b,c = 1,2,3↙
#3.  >>> a
#4.  1
#5.  >>> b
#6.  2
#7.  >>> c
#8.  3
```

上述代码中,#2 行中输入的 1,2,3 使得#1 行的代码等价于 a,b,c=1,2,3。

2）利用字符串的切片和 map()函数实现多数据同时输入

字符串的切片格式：

```
S.split(sep = None, maxsplit = -1) -> list of strings
```

S 是被处理的字符串，参数 sep 是切片字符，maxsplit 是切片的次数。函数返回一个包含切片后子串的列表。若省略 sep，则切片字符是空白字符（包括空格、Tab 和回车符\n），若省略 maxsplit，则不限制切片次数，即遇到参数 sep 指定的字符都切片。例如：

```
>>> '1 2 3'.split(' ',1)          #'1 2 3'的 1、2、3 之间有个空格，共切片 1 次
['1', '2 3']
>>> '1 2\t3\n4 5'.split()         #字符串的 1、2 之间和 4、5 之间有个空格
['1', '2', '3', '4', '5']
>>> '1,2,3,4,5'.split(',')
['1', '2', '3', '4', '5']
>>> input('Please input 5 number:').split()
Please input 5 number:1 2 3 4 5↙
['1', '2', '3', '4', '5']
```

从上述示例代码中，可以观察到通过字符串切片函数可以将同时输入的整数或浮点数分离出来，但是分离出来的内容还是字符串，而不直接是整数或浮点数。int()或 float()函数只能转换一个数，如果要将多个字符串转换成同种数据类型结果则可以使用 map()函数。

map()可以让单参数的函数作用到序列或可迭代对象上，返回一系列的处理结果。其格式为：

```
map(func, *iterables)
```

调用 map()函数时，func 参数应设为单参数函数的函数名，参数 *iterables 为序列或可迭代对象，作用是将每个元素传递给单参数处理，得到各项函数值，并以 map 对象返回。例如：

```
>>> x = input('Please input 5 number:')
Please input 5 number:1;2;3;4;5↙
>>> y = x.split(';')
>>> y
['1', '2', '3', '4', '5']
>>> map(int, y)
<map object at 0x000001DE8A273390>
>>> z = map(int, y)
>>> z      #返回的 map 对象是可迭代对象，但不能直接显示其内部各元素值
<map object at 0x000001DE8A273438>
>>> w = list(z)
>>> w
[1, 2, 3, 4, 5]
>>> w = list(map(int, input('Please input 5 number:').split(';')))
Please input 5 number:1;2;3;4;5↙
>>> w
[1, 2, 3, 4, 5]
```

3. 标准输出

程序执行中产生的处理结果，需要以一定方式展示出来，其中最常用的方式是显示在屏幕上。Python 中的标准输出函数是 print()，其格式为：

```
print(value, ..., sep = ' ', end = '\n', file = sys.stdout, flush = False)
```

其作用为显示参数 value 到输出流或标准输出设备（即屏幕）sys. stdout。参数 file 用于指定输出流，若缺省 file 则输出到屏幕。参数 sep 指定多输出项之间的间隔字符，若省略 sep 则以空格间隔。参数 end 指定显示最后一项 value 后显示的字符，若省略 end 则显示\n，即默认情况，显示数据后会换行。例如：

```
>>> print(1, 'OK', 98.12, [1, 2, 3], None)
1 OK 98.12 [1, 2, 3] None
>>> print(1, 'OK', 98.12, [1, 2, 3], None, sep = '!'); print('----')
1!OK!98.12![1, 2, 3]!None
----
>>> print(1, 'OK', 98.12, [1, 2, 3], None, sep = '!', end = ''); print('----')
1!OK!98.12![1, 2, 3]!None ----
```

3.3.2 格式化输出

很多应用中，对输出内容是有格式要求的。例如，很多实验数据需要保留指定位数的小数，而使用 print()函数直接输出时，小数位数是 Python 内部自动控制的。例如：

```
>>> a = 19 / 7
>>> a
2.7142857142857144
```

Python 中，可以用以下方法控制输出内容的格式：

- 利用字符串格式化运算符%；
- 利用内置函数 format()；
- 利用字符串的 format()方法。

1. 字符串格式化运算符%

这是 Python 的早期版本提供的一种输出格式化方法。字符串格式化运算符%的使用格式：

```
格式字符串 % (数据项 1, [数据项 2, [数据项 3, …]])
```

格式字符串可以由普通字符和格式字符组成，普通字符按原样输出，而一组格式字符与一个数据项对应，由以下内容组成：

```
% [-] [+] [0] [m] [.n] 数据类型说明符
```

格式字符串由%开始，数据类型说明符则根据数据项的数据类型来指定，如表 3-1

所示。

表 3-1 格式字符串中不同符号的含义

格式符号	格式化结果
%%	字符百分号%
%c	单个字符
%s	字符串,等价于 str()的返回值
%r	字符串,等价于 repr()的返回值
%d 或%i	十进制整数
%o	八进制整数
%x 或%X	十六进制整数,其中的字符用小写或大写
%e 或%E	科学计数法表示的浮点数,用 e 或 E 表示
%f 或%F	非科学计数法表示的浮点数
%g 或%G	浮点数,系统自动根据值的大小采用%e、%E、%f 或%F
-	左对齐输出
+	对正数加正号
0	空位用 0 填充
m	m 是数字,指定最小宽度
.n	n 是数字,指定精度,采用%e、%E、%f、%F、%g 或%G 时含义不同

下面的示例展示字符串格式化运算符%的用法。

```
>>> print('%%\t%c\t%s\t%r' % ('A', 'abc', 'abc'))
%	A	abc	'abc'
```

这里的%%将输出一个%,后面紧跟着一个\t,表示跳过一个制表位,接着%c 对应第一个输出项'A',以单个字符形式显示为 A,后面又是一个\t,继续跳过一个制表位,接着%s 对应的是第二个输出项'abc',以%s 格式化字符串时不显示字符串的定界符,然后又是跳过一个制表位后,%r 对应了第三个输出项'abc',用%r 格式化字符串时会显示字符串的定界符。

```
>>> print('%d,%i,%o,%x,%X' % (299, 299, 299, 299, 299))
299,299,453,12b,12B
```

这个示例中 5 个输出项分别对应了 299 的十进制、十进制、八进制、十六进制的小写形式和十六进制的大写形式。

```
>>> print("Name: %s Age: %d Height: %f" % ("Aviad", 25, 1.83))
Name: Aviad Age: 25 Height: 1.830000
```

上面 3 个输出项都是根据各自的数据类型采用了 Python 默认的输出格式。

```
>>> print("Name: %10s Age: %8d Height: %8.2f" % ("Aviad", 25, 1.83))
Name:      Aviad Age:       25 Height:     1.83
```

这里的输出项都指定了宽度，当指定的宽度大于数据长度时，将在前面补空格填满指定宽度。输出 1.83 时，还规定了小数点后保留 2 位，即%8.2f 表示宽度为 8 位，精度为 2 位。

```
>>> print("Name: % - 10s Age: % - 8d Height: % - 8.2f" % ("Aviad", 25, 1.83))
Name: Aviad       Age: 25       Height: 1.83
```

格式字符串中的一代表左对齐，当指定宽度时，补的空格是在数据的右边。

```
>>> print("Name: % 010s Age: % 08d Height: % 08.2f" % ("Aviad", 25, 1.83))
Name:      Aviad Age: 00000025 Height: 00001.83
```

格式字符串中含有 0，表示填充字符是 0，而不是空格，0 仅对数值类型有效。

```
>>> print("Name: % 010s Age: % 0 + 8d Height: % + 08.2f" % ("Aviad", 25, 1.83))
Name:      Aviad Age: + 0000025 Height: + 0001.83
```

格式字符串中含有+，表示正数前面要有+。

```
>>> print("Name: % (name)010s Age: % (age)0 + 8d Height: % (height) + 08.2f" % \
        {'name':"Aviad", 'height':1.83, 'age':25})     # 输出字典数据时的用法
Name:      Aviad Age: + 0000025 Height: + 0001.83
```

格式字符串中出现在括号内的是字典的键，输出时会在括号处替换为与键对应的值。

```
>>> '% g' % 12345.456789901234          # 自动根据数据大小选择小数形式或指数形式
'12345.5'
>>> '% f' % 12345.456789901234          # 小数形式
'12345.456790'
>>> '% e' % 12345.456789901234          # 指数形式
'1.234546e + 04'
>>> '% 14.5g' % 12345.456789901234      # 自动形式中的精度指有效数字数
'         12345'
>>> '% 14.5f' % 12345.456789901234      # 小数形式中的精度指小数点后的位数
'   12345.45679'
>>> '% 14.5e' % 12345.456789901234      # 指数形式中的精度指前面数字的小数位数
'   1.23455e + 04'
>>> '% -+ 0 * . * f' % (16, 2, 100.93)  # 在运算符 % 后指定最小宽度和精度
'+ 100.93        '
```

上面最后一个示例比较特殊，里面出现了 *. *，这两个 * 分别对应的是括号中的前两项 16 和 2，相当于是 16.2，所以虽然括号中有三个数字，但输出项只有最后的 100.93。

2. 内置函数 format()

format()函数用于将单项数据格式化，其格式为：

```
format(输出项[, 格式字符串])
```

当省略第二个参数时，format 函数等价于 str()，即将输出项转换为字符串。格式字符

串中的基本格式控制符如下：

- d、b、o、x、X 分别用十进制、二进制、八进制和十六进制输出整数。例如：

```
>>> print(format(95, 'X'), format(95, 'o'), format(95, 'b'))
5F  137  1011111
```

- f 或 F、e 或 E、g 或 G 分别用小数形式、科学计数和自动判定来输出浮点数。例如：

```
>>> print(format(162.28193, 'e'), format(162.28193, 'g'), format(162.28193, 'f'))
1.622819e+02  162.282  162.281930
```

- c 输出字符，字符的 ASCII 码由参数输出项指定。
- %输出百分数，数值由输出项指定。
- 输出浮点数时，带千分位符，。例如：

```
>>> print(format(31416.123, ',f'))
31,416.123000
```

注意，小数点后 123 与 000 之间是没有千分位符的，因为这里的 000 不是小数点后的有效位数，只是将空白区填充满 0，真正的有效小数位数只有 3 位。

- 用形如 m.n 的格式来控制输出宽度和精度，m 和 n 都是数字。
- 输出整数或浮点数时，可以使用＋表示正数带正号。
- 在指定输出宽度时，在输出宽度前可以使用 0、＜、＞、^表示用 0 填充空位(默认用空格填充空位)、左对齐、右对齐和居中对齐。

以上格式控制符根据数据类型的不同，可以部分同时使用。例如：

```
>>> print(format(2.11, '10'), format(2.11, '010'), format(2.11, '+10'))
      2.11 0000002.11      +2.11
```

这个示例中输出了三次 2.11，它们的宽度都是 10，第一个是左边补空格，第二个是左边补 0，第三个是 2.11 前要出现＋。

```
>>> print(format('aaa', '<10'), '|', format('aaa', '^10'), '|', format('aaa', '>10'), '|')
aaa        |    aaa    |        aaa|
```

这个示例是左对齐、居中和右对齐的示例。

```
>>> print(format(3.1416, '8.3f'), '|', format(3.1416, '08.3f'), '|', format(3.1416, '+08.3f'))
   3.142 | 0003.142 | +003.142
>>> print(format(3.1416, '<8.3f'), '|', format(3.1416, '<08.3f'), '|', format(3.1416, '<+08.3f'))
3.142    | 3.142000 | +3.14200
```

上面两个示例都是浮点数的输出示例，可以控制宽度和精度，也可以控制对齐方式。

3. 字符串的 format()方法

Python 中的字符串类型有一个 format()方法，利用该方法可以格式化字符串。字符串

format()方法的调用格式为：

```
格式字符串.format([键名0=]输出项0, [键名1=]输出项1, [键名2=]输出项2,…)
```

格式字符串中可以包括普通字符和格式说明模板，可以有多个格式说明模板，普通字符原样输出。格式说明模板的格式为：

```
{[输出项序号|键名][:格式说明符]}
```

其中，{}是输出模板的定界符，输出项序号为0、1、2、…，分别对应输出项0、输出项1、输出项2…。格式说明模板中的键名与输出项前的键名匹配。省略输出项序号和键名时，多个格式说明模板与多个输出项按自然位置对应显示。除输出项序号以外的格式说明符与内置函数format()中的格式说明符含义基本一致。例如：

```
>>> print('Name: {0} Age: {2} Height: {1}'.format("Aviad", 1.83, 25))
Name: Aviad Age: 25 Height: 1.83
```

这个示例中{}内的是序号，0对应第一个输出项"Aviad"，1对应第二个输出项1.83，2对应第三个输出项25。

```
>>> print('Name: {name} Age: {height} Height: {age}'.format(name = "Aviad",
      height = 1.83, age = 25))
Name: Aviad Age: 1.83 Height: 25
```

这个示例中{}内的是键名，name对应"Aviad"，height对应1.83，age对应25。

```
>>> print('{0:010b}|{0:>10o}|{0:^10x}|{0:<10X}'.format(95))
0001011111|       137|    5f    |5F
>>> print( '{0:018}|{0:>18}|{0:^18.2}|{0:<18.3}'.format(3.14159))
000000000003.14159|           3.14159|       3.1        |3.14
```

这两个例子都是同时规定序号和格式的例子。在“:”前面的是序号，本例中都是0，对应的是第一个输出项；在“:”后面的是格式控制。

```
>>> print('{:14}|{:>14}|{:<14}'.format('test', 'test', 'test'))
test          |          test|test
```

“:”前面的序号可以省略，当省略序号时，自动根据格式说明模板的顺序，与输出项按照自然顺序相对应。

```
>>> print( '{0:*>18}|{0:?^18}|{0:-<18}'.format('test'))
**************test|???????test???????|test--------------
```

字符串类型的format()方法对于填充字符，若输出项是整数或浮点数，填充字符只能是0或空格，默认为空格；若输出项是字符串则可以指定任意填充字符。

3.4 顺序结构程序举例

1. 程序编写的一般方法

看到一个问题，到最终编写出正确的程序来处理这个问题，一般需要经历以下步骤：①分析问题；②确定算法；③编写代码；④测试代码；⑤提交并发布代码。

大多数程序的基本功能框架如下：

- 获取原始数据；
- 对数据进行处理；
- 输出或存储处理结果。

2. 顺序结构程序举例

程序的主结构是顺序结构，即程序总是按照语句出现的先后顺序依次执行的。以下是一些顺序结构的示例，通过它们可以对顺序结构、编程的一般步骤和程序基本功能框架有一定的了解。

【例 3-2】 A 汽车从甲地开往乙地，以平均速度 45km/h 行驶，B 汽车从乙地开往甲地，以平均速度 53km/h 行驶，两辆车行驶了 2 小时 13 分钟后相遇。编写程序，输入 A、B 的速度和行驶的时间，求甲乙两地相距多少公里。

以下是本例按编程的一般步骤示范的解题过程。本书后续的其他示例一般只给出问题的解题思路和程序代码。

(1) 分析问题：这是个数学问题，找到基本的数学公式"距离＝(A 速度＋B 速度) * 行驶时间"就能求解。

(2) 确定算法：算法流程如图 3-5 所示，按程序三部曲(输入、处理、输出)结合本问题的特点，确定算法的每一步。

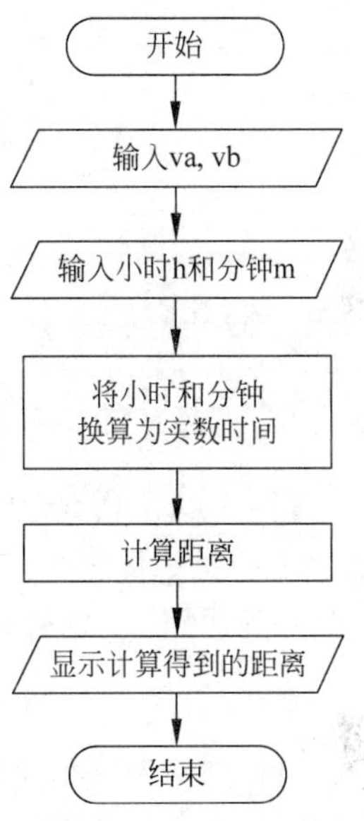

图 3-5 例 3-2 的流程图

(3) 编写代码：根据算法，将每个步骤落实为具体的代码。本题的程序代码如下：

```
#1.  va, vb = eval(input('输入 A 车和 B 车的速度:'))
#2.  h, m = eval(input('输入行驶时间:'))
#3.  time = h + m / 60
#4.  s = time * (va + vb)
#5.  print('甲乙两地相距{}公里。'.format(s))
```

(4) 测试代码：在 IDLE 中，输入上述代码，并参考本书第 12 章中的介绍，先改正语法错误、运行时错误后，输入若干测试数据，观察每次运行结果的正确性。以下是某次测试的结果。

```
输入 A 车和 B 车的速度: 45,53↙
输入行驶时间: 2,13↙
甲乙两地相距 217.23333333333335 公里。
```

如果发现运行结果不正确则程序必然存在逻辑错误，需要逐行分析代码或采用 12.4 节的调试工具来发现错误点，并改正。若所有测试数据都有正确的运行结果，则可以进行最后一步——提交并发布代码。

【例 3-3】 解析几何中，求点(x,y)到直线$Ax+By+C=0$的距离公式是$\frac{|Ax+By+C|}{\sqrt{A^2+B^2}}$，编写程序输入点的坐标$(x,y)$值和直线方程的参数$A$、$B$、$C$的值，求点到直线的距离。

解题过程：距离公式中涉及求绝对值、求平方和求开平方，可以使用内置 abs()函数求绝对值，平方就是一个数乘以自身，开平方可以用乘方运算 ** 求解。

程序代码如下：

```
x, y = eval(input('x,y:'))
a, b, c = eval(input('方程系数 A,B,C:'))
s = abs(a * x + b * y + c) / (a * a + b * b) ** 0.5
print('点到直线的距离：{}'.format(s))
```

以下是某次测试结果：

```
x,y:0,1↙
方程系数 A,B,C:2,3,4↙
点到直线的距离：0.04142011834319527
```

【例 3-4】 从键盘输入一个三位整数，计算该数中各位数字之和。例如，输入 392，各位数字之和是 3+9+2=14。

解题思路：本题的难点是如何将整数中的各位数字提取出来，以下是三种提取数字的方法。

方法一：

```
x = input('请输入一个三位数:')
x = int(x)
a = x // 100              #获取百位数
b = x // 10 % 10          #获取十位数
c = x % 10                #获取个位数
print(a + b + c)
```

方法二：

```
x = input('请输入一个三位数:')
x = int(x)
a, b = divmod(x, 100)     #a 得到百位数,b 得到后两位数
b, c = divmod(b, 10)      #b 得到十位数,c 得到个位数
print(a + b + c)
```

方法三：

```
x = input('请输入一个三位数:')
a, b, c = map(int, x)     #采用 map()函数依次得到百、十、个位数
print(a + b + c)
```

这三种方法都可以得到同样的结果。下面是某次的测试结果：

```
请输入一个三位数：392↙
14
```

【例 3-5】 从键盘输入一个三位整数，将该整数转换为英文表达。例如，输入 392，输出 three hundred and ninety two。

有人设计了如下代码：

```
#1.   x = input('请输入一个三位数:')
#2.   a, b, c = map(int, x)
#3.   eng1 = ['','one','two','three','four','five','six','seven','eight','nine']
#4.   eng2 = ['','ten','twenty','thirty','forty','fifty','sixty','seventy','eighty','ninety']
#5.   print('{} hundred and {} - {}'.format(eng1[a],eng2[b],eng1[c]))
```

上述代码的解题思路：列表 eng1 中存放单个数字对应的英文单词，eng2 中存放 10、20 等整十数的英文单词，a、b、c 是分离出来的各位数字，用 a、b、c 作为列表下标去获取数字对应的英文单词。

运行程序，输入如下数据测试代码：

```
请输入一个三位数：392↙
three hundred and ninety - two
```

以上数据测试正确。但是，实际上本题的解法是有缺陷的，当末两位是 11～19 或末尾为 0 时翻译结果是不正确的，要解决这个问题就需要用到选择结构。以下是错误的运行结果：

```
请输入一个三位数：312↙
three hundred and ten - two
```

3.5 习 题

1. 简述 Python 程序中注释的格式。

2. 简述 Python 程序中缩进的作用。

3. Python 的语句是如何将多条语句写在一行上的？Python 对将一条语句写到多行上有哪些规定？

4. Python 有哪几种赋值语句？简述各自的格式。

5. 简述 Python 是如何实现输入和输出的。

6. 求 x 的值：

(1) 已知 x=3、y=2，执行表达式 x*=y+8 后 x 的值。

(2) 已知 x=10，执行表达式 x+=x 后 x 的值。

(3) 执行表达式 y,z,x=4,16,32 后，x 的值。

7. 运行以下程序时，输入“1,2,3”，写出运行结果。

```
i = input('Please input:')
a, b, c = eval(i)
m, n, r = i.split(',')
x, y, z = map(int, i.split(','))
print(a, b, c, m, n, r, x, y, z)
```

8. 运行以下程序时，输入“123”，写出运行结果。

```
x = input('Please input:')
i, j, k = map(int, x)
print(i, j, k)
```

9. 写出下列程序的运行结果。

(1)

```
print('Hi,world', end = '')
print("I'm...")
```

(2)

```
a = 'Hi,world'
b = "I'm ..."
print(a, b, a, b, a, b, sep = '!\n')
print(b)
print('too tied!')
```

(3)

```
a = '甲'
b = '乙'
c = '丙'
print('第一名：{}，第二名：{}，第三名：{}.'.format(a, b, c))
print('第一名：{2}，第二名：{0}，第三名：{1}.'.format(a, b, c))
print('第一名：{s2}，第二名：{s1}，第三名：{s3}.'.\
    format(s1 = a, s2 = b, s3 = c))
```

10. 请计算出下列语句中各个赋值运算符左边的变量的值。注意，并不是按顺序执行这些语句，假定在每条前都已安排下列语句：

```
i = 3;
j = 5;
x = 4.3;
y = 58.209;
```

(1) k=j * i;

(2) k=j/i;

(3) z＝x/i；

(4) k＝x//i；

(5) z＝y/x；

(6) k＝y//x；

(7) i＝3＋2 * j；

(8) k＝j%i；

(9) k＝j%i * 4；

(10) i＋＝j；

(11) j－＝x；

(12) i%＝j。

11. 编写程序，实现从键盘输入学生的平时成绩、期中成绩、期末成绩，计算学生的学期总成绩。学生的学期总成绩＝平时成绩 * 15%＋期中成绩 * 25%＋期末成绩 * 60%。

12. 编写程序，从键盘输入一个三位整数，计算该数的逆序数。例如，输入 392，输出 293。

13. 对于一元二次方程 $ax^2+bx+c=0$，输入其三个系数 a、b、c，输出方程的根。注：Python 有复数类型，且可以用 sqrt()直接求得复数结果。

14. 有 4 个进水管(A、B、C、D)可以往水箱里注水，如果单开 A，则 a 小时注满；如果单开 B，则 b 小时可以注满；如果单开 C，则 c 小时注满；如果单开 D，则 d 小时可以注满。编写程序，输入 a、b、c、d 的值，计算 4 个水管同时注水，注满水箱需要多少小时。

第4章 选择结构

能自动根据不同情况选择执行不同的程序功能是对计算机程序的一个基本要求。这样的控制可以用选择结构来实现。Python 提供了条件运算符和选择控制语句两种选择结构。条件运算符是一种简单的选择结构,复杂的选择结构则要通过选择结构的控制语句 if 语句来实现。

4.1 条件表达式

在选择结构和循环结构中,程序的执行是根据条件表达式的运算结果来选择下一步如何执行的。Python 中条件表达式可以是单个常量、变量或合法的任意表达式。条件表达式中可以出现前面介绍过的所有运算符,本节还将介绍与条件判断相关度更高的关系运算符、逻辑运算符、测试运算符和一些测试函数。

在进行条件判断时,条件表达式的计算结果对应到布尔型(bool)的两个值 True 或者 False。一般来说,True 表示条件成立,False 表示条件不成立。当条件表达式的结果值不直接为 True 或 False 时,None、任何数值类型中的 0(或 0.0、0j 等)、空字符串""、空元组()、空列表[]、空字典{}、空集合和结果为空的迭代对象等都等价于 False,其他值则等价于 True。

4.1.1 关系运算

关系运算符用于比较两个操作数的大小关系。Python 提供了以下 6 种关系运算符:

<　　小于

<=　小于或等于

>=　大于或等于

>　　大于

==　等于

!=　不等于

关系运算符中,被比较的数一般为相同类型的可比较数据,不同数据类型间比较会出

错，但整型和浮点型之间可以进行比较。例如：

```
>>> print('abc' == 'abcd')
False
>>> print(0 < 12.5)
True
>>> print(4 > 'abc')
Traceback (most recent call last):
  File "<pyshell#0>", line 1, in <module>
    4 > 'abc'
TypeError: unorderable types: int() > str()
>>> print(10 > -3+5j)
Traceback (most recent call last):
  File "<pyshell#3>", line 1, in <module>
    10 > -3+5j
TypeError: unorderable types: int() > complex()
>>> print([1, 2, 3] > [1, 2])
True
>>> print((1, 2, 3) < (2, 3, 4))
True
>>> print({1, 2, 3} >= {2, 3, 4})
False
```

Python 允许在一个关系表达式中比较多个值，但大小关系不具有传递性，仅当表达式中多个关系运算的计算结果都为 True 时，才显示 True 的结果。例如：

```
>>> a, b, c = 1, 2, 3
>>> print(a<b>c)          #判断是否 a<b 并且 b>c
False
>>> print(a<b<c)          #判断是否 a<b 并且 b<c
True
```

4.1.2 逻辑运算

逻辑运算是对多个布尔型值进行运算，一般用于表达多个条件之间的相互关系。Python 提供了以下 3 种关系运算符：

not　　取反运算

and　　与运算

or　　或运算

Python 中参与逻辑运算的操作数可以为非布尔型数据，逻辑运算的结果也可以为非布尔型数据。逻辑运算符的运算规则和注意事项如下。

- 取反运算 not：将 True 或与 True 等价的数据变为 False，False 或与 False 等价的数据则变为 True。例如：

```
>>> a = True
>>> not a
```

```
False
>>> print(not (9 % 3), not (9//3))
True False
```

- 与运算 and：仅当两个操作数的值都等价于 True 时，运算结果为第二个操作数的值，即可能结果为等价于 True 的非布尔型数据；若有至少一个操作数等价于 False，运算结果就是第一个等价于 False 的操作数的值。例如：

```
>>> 3 < 4 and 3 + 6          #两个操作数都等价于 True
9
>>> 3 + 2 and list()         #无参的 list()函数返回一个空列表，等价于 False
[]
```

- 或运算 or：有一个或两个的操作数的值等价于 True，运算结果就为第一个等价于 True 的操作数的值，即可能结果为等价于 True 的非布尔型数据；两个操作数都等价于 False，运算结果为第二个等价于 False 的操作数的值。例如：

```
>>> '' or 6 / 7
0.8571428571428571
>>> print(9 % 3 or None)
None
```

- 逻辑运算中的短路现象：假设表达式“a 逻辑运算 b”，则在计算 a 后，已经能确定整个表达式结果时，系统不再计算 b 的结果，以提高程序的运行效率。例如：

```
>>> 1 < 0 and tuple()        #无参的 tuple()函数返回一个空元组，等价于 False
False
```

上述示例中，因为 1<0 的结果为 False，则 and 运算的第二个结果无论是什么，结果都是条件不成立，故系统不再执行第二个操作数对应的操作，即不会生成空元组。

```
>>> 3 + 6 or set()           #无参的 set()函数返回一个空集合，等价于 False
9
```

上述示例中，因为 3 + 6 的结果为 9，等价于 True，则 or 运算的第二个结果无论是什么，结果都是条件成立，故系统不再执行第二个操作数对应的操作，即不会生成空集合。

4.1.3 测试运算及函数

1. 成员运算符

Python 中存在序列数据类型和可迭代对象，一个序列数据或可迭代对象中包含若干个数，用户需要测试某数据是否存在于序列或可迭代对象中，就需要使用成员运算符来进行测试。Python 提供了两个成员运算符：in 和 not in。

a in b　　　在序列或可迭代对象 b 中找到值 a，就返回 True，否则返回 False。

a not in b　在序列或可迭代对象 b 中没有找到值 a，就返回 True，否则返回 False。

示例如下：

```
>>> 8 not in [1, 2, 3, 4, 5]
True
>>> 100 in range(100)       #range()生成范围为[0,100)的整数,包括 0 但不包括 100
False
```

2. 身份运算符

Python 的身份运算符用于比较两个操作数是否为同一个对象。Python 提供了两个身份运算符：is 和 is not。

a is b　　　判断 a、b 是否引用了同一个对象，是就返回 True，否则返回 False。

a is not b　判断 a、b 是否引用了不同的对象，是就返回 True，否则返回 False。

Python 还提供了一个内置函数 id()用来返回变量所引用对象的 id 值，该值就是被引用对象的内存地址。参见 2.3 节的介绍。示例如下：

```
>>> x = 20
>>> id(x)
1707017264
>>> y = 20
>>> id(y)
1707017264
>>> x is y
True
>>> a = list()          #a 指向新生成的空列表
>>> id(a)
2271570384968
>>> b = list()          #b 指向新生成的空列表
>>> id(b)
2271570367048
>>> a is not b
True
>>> c = a               #c 执行 a 所指向的空列表,所以 c 和 a 指向同一个对象
>>> c is not b
True
```

注意：变量被赋予不可变数据和可变数据时，是否引用同一个对象的情况比较复杂，读者可以查阅 3.2.2 节和 3.2.3 节的内容。

3. 几个内置的测试函数

1) all()函数

all 函数的格式：

```
all(iterable)
```

all()函数用于检测序列或可迭代对象 iterable 中的所有元素值是否都不等价于 False，如果是则返回 True，否则返回 False。iterable 为空也返回 True。例如：

```
>>> all(['a', 'b', 'c', 'd'])          #列表元素都不为空或 0
True
>>> all(['a', 'b', '', 'd'])           #列表存在一个为空的元素
False
>>> all(('a', 'b', '', 'd'))           #元组中存在一个为空的元素
False
>>> all({0, 1, 2, 3})                  #集合中存在一个为 0 的元素
False
```

2) any()函数

any 函数的格式：

```
any(iterable)
```

any()函数用于检测序列或可迭代对象 iterable 中至少有一个元素值等价于 True，如果是则返回 True，否则返回 False。iterable 为空则返回 False。例如：

```
>>> any(['a', 'b', 'c', 'd'])
True
>>> any(('a', 'b', '', 'd'))
True
>>> any({})        #{}表示空集合
False
```

3) isinstance()

格式：

```
isinstance(obj, class_or_tuple)
```

isinstance()函数用来判断一个对象 obj 是否是参数 class_or_tuple 列举出的类型。例如：

```
>>> isinstance(3, int)
True
>>> isinstance(3, (int, complex, str))
True
```

4.2 条件运算符

当程序控制只需要根据条件选择不同计算结果时，可以使用条件运算符。Python 的条件运算符的格式为：

```
表达式 1 if 条件表达式 else 表达式 2
```

执行时先计算条件表达式，当条件计算结果为 True 时，返回表达式 1 的计算结果；当

条件计算结果为 False 时，则返回表达式 2 的计算结果。

【例 4-1】 输入三个数，输出其中最大的数。

程序代码如下：

```
a, b, c = eval(input('a,b,c = '))
max = a if a > b else b
max = max if max > c else c
print('Max = ', max)
```

测试一的结果：

```
a,b,c = 24,56,89↙
Max = 89
```

测试二的结果：

```
a,b,c = 50.3,32.9,21.3↙
Max = 50.3
```

测试三的结果：

```
a,b,c = 20,68.3,52↙
Max = 68.3
```

4.3 选择结构的实现

Python 只提供了一种选择结构语句：if 语句。if 语句可分为单分支、双分支和多分支三种格式，还可以进行 if 语句的嵌套。

4.3.1 单分支选择结构

单分支结构的 if 语句格式为：

```
if 条件表达式:
    语句块
```

当满足条件只需执行一条语句时，也可以写成如下格式：

```
if 条件表达式: 单语句
```

计算条件表达式时，若结果为 True 或等价于 True，则执行语句块或单语句；若结果为 False 或等价于 False，则执行单分支结构后的后续语句。

注意：

- 条件表达式多数为比较表达式或逻辑表达式，但也可以是其他计算结果的表达式。

- 条件表达式后必须加冒号。
- 相对于 if 所在行，语句块中的所有语句行都应向右缩进对齐，并保持一致的缩进方式。

【例 4-2】 编写程序，从键盘输入整数，判定它是否为大于 100 的数。

```
print('The program gets a number, and shows if it is larger than 100.')
print('The number: ', end = '')
x = int(input('x = '))
if x > 100:
    print('The number ', x, ' is larger than 100.')
```

某次的测试结果：

```
The program gets a number, and shows if it is larger than 100.
The number: x = 200↙
The number 200 is larger than 100.
```

【例 4-3】 输出三个整数中的最大数。

```
a, b, c = eval(input('Please input a,b,c:'))
max = a
if b > max:
    max = b
if c > max:
    max = c
print('max = ', max)
```

测试一的结果：

```
Please input a,b,c:1,2,3↙
max = 3
```

测试二的结果：

```
Please input a,b,c:2,3,1↙
max = 3
```

测试三的结果：

```
Please input a,b,c:3,1,2↙
max = 3
```

【例 4-4】 输入两个整数，按从小到大的排序输出。

```
a, b = eval(input('Please input a,b:'))
if a > b:
    a, b = b, a
print(a, b)
```

测试一的结果：

```
Please input a,b:10,20↙
10 20
```

测试二的结果：

```
Please input a,b:20,10↙
10 20
```

4.3.2 双分支选择结构

双分支结构的 if 语句格式为：

```
if 条件表达式:
    语句块 1
else:
    语句块 2
```

计算条件表达式时，若结果为 True 或等价于 True，则执行语句块 1；若结果为 False 或等价于 False，则执行语句块 2。

需注意的事项与单分支 if 一致，此外还需注意：

- else 后必须加冒号。
- 语句块 1 和语句块 2 的缩进方式要保持一致。

【例 4-5】 使用 if-else 语句改写例 4-4，输入两个整数，按从小到大的排序输出。

```
a, b = eval(input('Please input a,b:'))
if a < b:
    print(a, b)
else:
    print(b, a)
```

测试一的结果：

```
Please input a,b:10,20↙
10 20
```

测试二的结果：

```
Please input a,b:20,10↙
10 20
```

【例 4-6】 使用 if-else 语句改写例 4-3，求三个整数的最大值。

```
a, b, c = eval(input('Please input a,b,c:'))
if a > b:
    max = a
```

```
#4.  else:
#5.      max = b
#6.  if max < c:
#7.      print('max = ', c)
#8.  else:
#9.      print('max = ', max)
```

测试一的结果：

```
Please input a,b,c:10,20,30↙
max = 30
```

测试二的结果：

```
Please input a,b,c:20,30,10↙
max = 30
```

测试三的结果：

```
Please input a,b,c:30,10,20↙
max = 30
```

4.3.3 多分支选择结构

多分支结构的 if 语句格式为：

```
if 条件表达式 1:
    语句块 1
elif 条件表达式 2:
    语句块 2
…
else:
    语句块 n
```

首先计算条件表达式 1，若条件表达式 1 成立，则执行语句块 1，并结束多分支结构；若条件表达式 1 不成立，则计算条件表达式 2，若条件表达式 2 成立，则执行语句块 2，并结束多分支结构……若所有条件表达式都不成立，则执行 else 后的语句块 n，结束多分支结构。

注意事项与双分支 if 一致，另外还需注意：

- 每个 elif 后的表达式必须加冒号。
- else 子句应书写在最后，并可省略。当省略 else 时，若所有条件表达式都不成立，则不执行任何语句。
- 语句块 1，语句块 2，……，语句块 n 的缩进方式都应保持一致。

【例 4-7】 某大型超市为了促销，采用购物打折优惠方法，每位顾客一次购物：

① 在 500 元以上者，按九五折优惠；

② 在 1000 元以上者，按九折优惠；

③ 在 1500 元以上者，按八五折优惠；

④ 在 2000 元以上者，按八折优惠。

编写程序，计算所购商品优惠后的价格。

```
m = eval(input('总金额 = '))
if m < 500:
    d = 1
elif m < 1000:
    d = 0.95
elif m < 1500:
    d = 0.9
elif m < 2000:
    d = 0.85
else:
    d = 0.8
amount = m * d
print('优惠价 = ', amount)
```

测试一的结果：

```
总金额 = 300↙
优惠价 = 300
```

测试二的结果：

```
总金额 = 800↙
优惠价 = 760.0
```

测试三的结果：

```
总金额 = 1200↙
优惠价 = 1080.0
```

测试四的结果：

```
总金额 = 1800↙
优惠价 = 1530.0
```

测试五的结果：

```
总金额 = 3000↙
优惠价 = 2400.0
```

4.3.4　选择结构的嵌套

控制结构的嵌套是指一个控制结构的内部有另一个控制结构。此处的选择嵌套特指一个选择语句的内部包含另一个选择结构。以下是选择结构嵌套的一种情况：

```
#1.  if 条件表达式 1:
#2.      语句块 1
#3.      if 条件表达式 2_1:
#4.          语句块 2_1
#5.      elif 条件表达式 2_2:
#6.          语句块 2_2
#7.      …
#8.      else:
#9.          语句块 2_n
#10.     语句块 2
#11. elif 条件表达式 3:
#12.     语句块 3
#13. …
#14. else:
#15.     语句块 n
```

内层if语句（#3～#9行）

上述选择结构嵌套中，当条件表达式1成立时，执行语句块1、内层if语句和语句块2，若不成立则继续执行外层if语句的其他部分(#11行及其后的语句)。

在选择嵌套中，外层if语句和内层if语句可以是单分支、双分支或多分支结构。任何一个语句块中都可以再包含更内层的if语句。因if语句本身的格式较多，内外层if结构的组合可能性也很多，故此不一一列举。

在选择结构嵌套中，因Python编程格式要求用缩进来表示同层结构，故前示代码中的#1、#11、#13和#14行的缩进对齐是一致的，其中#13的省略号代表可能包含的多个elif，也需要和这些行对齐。#2～#10行相对外层if向右缩进一层。内层if语句#3～#9行，语句块1、内层if语句和语句块2是并列的同一层的语句。

Python的缩进既代表了代码间的层次关系，也增强了程序的可读性。

【例4-8】 使用if嵌套改写例4-3，求三个整数的最大值。

```
a, b, c = eval(input('Please input a,b,c:'))
if a > b and a > c:
    print('max = ', a)
else:
    if b > c:
        print('max = ', b)
    else:
        print('max = ', c)
```

测试一的结果：

```
Please input a,b,c:1,2,3↙
max = 3
```

测试二的结果：

```
Please input a,b,c:1,3,2↙
max = 3
```

测试三的结果：

```
Please input a,b,c:3,2,1↙
max = 3
```

4.4 选择结构程序举例

【例 4-9】 编写程序，输入一个百分制的成绩，要求根据不同分数输出成绩等级 A、B、C、D、E。90 分以上为 A，80～89 分为 B，70～79 分为 C，60～69 分为 D，60 分以下为 E。

```
s = eval(input('Please input score = '))
if s > 100 or s < 0:
    print('Input Error!')
else:
    if s >= 90:
        g = 'A'
    elif s >= 80:
        g = 'B'
    elif s >= 70:
        g = 'C'
    elif s >= 60:
        g = 'D'
    else:
        g = 'E'
    print('Grade is', g)
```

测试一的结果：

```
Please input score = -1↙
Input Error!
```

测试二的结果：

```
Please input score = 200↙
Input Error!
```

测试三的结果：

```
Please input score = 40↙
Grade is E
```

测试四的结果：

```
Please input score = 65↙
Grade is D
```

测试五的结果：

```
Please input score = 78↙
Grade is C
```

测试六的结果：

```
Please input score = 83↙
Grade is B
```

测试七的结果：

```
Please input score = 92↙
Grade is A
```

【例 4-10】 输入三个整数，按从小到大的排序输出。

```
a, b, c = eval(input('Please input a,b,c:'))
if a > b:
    a, b = b, a
if a > c:
    a, c = c, a
if b > c:
    b, c = c, b
print(a, b, c)
```

测试一的结果：

```
Please input a,b,c:1,3,2↙
1 2 3
```

测试二的结果：

```
Please input.a,b,c:3,2,1↙
1 2 3
```

【例 4-11】 改写例 3-5，使之能完全正确地转换。从键盘输入一个三位整数，将该整数转换为英文表达。例如，输入 392，输出 three hundred and ninty－two。

```
eng1 = ['', 'one', 'two', 'three', 'four', 'five', 'six', 'seven', 'eight', 'nine']
eng2 = ['', 'ten', 'twenty', 'thirty', 'forty', 'fifty', 'sixty', 'seventy', 'eighty', 'ninety']
eng3 = ['ten', 'eleven', 'twelve', 'thirteen', 'fourteen', 'fifteen',
        'sixteen', 'seventeen', 'eighteen', 'nineteen']
x = input('请输入一个三位数: ')
if len(x) != 3:
    print('Input Error!')
else:
    a, b, c = map(int, x)
```

```
s = ''                                  #结果字符串初始为空
# 直接转换百位,百位不会为 0
s = eng1[a] + ' hundred '
if b != 0 or c != 0:                    #不是整百的数字
    s += 'and '
    if b == 0:                          #十位数为 0 的数字
        s += eng1[c]
    elif b == 1:                        #十位数为 1 的数字
        s += eng3[c]
    else:
        s += eng2[b]
        if c != 0:                      #个位数为非 0 的数字
            s += '-' + eng1[c]
print(s)
```

测试一的结果：

```
请输入一个三位数: 392↙
three hundred and ninety-two
```

测试二的结果：

```
请输入一个三位数: 512↙
five hundred and twelve
```

4.5 习　　题

1. Python 有哪些关系运算符?

2. 求下列表达式的值。

(1) 已知 x=3、y=4、z=5,求表达式(x+y)+z−1 and y+z/2 的值。

(2) 已知 x=3、y=4、z=5,求表达式 not(x+y)+z−1 and y+z/2 的值。

(3) 已知 x=1、y=2,求表达式 x<y and y−1 的值。

3. 设 x 的值是 21,y 的值是 4,z 的值是 8,c 的值是'A',d 的值是'H',请写出下列表达式的值。

(1) x+y>=z

(2) y==x−2*z−1

(3) 6*x!=x

(4) c>d

(5) x=y==4

(6) 2*c>d

4. 设 x 的值是 11,y 的值是 6,z 的值是 1,c 的值是'k',d 的值是'y',请写出下列表达式的值。

(1) x>9 and y!=3

(2) x==5 or y!=3

(3) not(x>14)

(4) not(x>9 and y!=23)

(5) x<=1 and y==6 or z<4

(6) 'a'<=c<'z'

(7) c>='A' and c<='Z'

(8) c!=d and c!='\n'

(9) 5 and y!=8 or 0

(10) y!=8 and 5 or 0

5. 继续改写例 4-11,使之能将 4 位数转换成英文表达。例如,1543：one thousand five hundred and forty-three,2043：two thousand and forty-three。

6. 编写程序,判断输入的正整数是否为平方数。例如,144 是平方数,因为 $144=12^2$,123 则不是平方数。

7. 编写程序,接收用户通过键盘输入的 1～13 的整数,将其转换成扑克牌张输出,1 转换为字符'A',2～9 转换为对应的字符,10 转换为'T',11 转换为'J',12 转换为'Q',13 转换为'K'。要求使用 if 语句实现。

8. 编写程序,接收用户输入的年份和月份,输出该月天数。要求使用 if 语句实现。

9. 编写英寸和厘米之间的双向转换程序。

10. 输入三角形的三条边 a,b,c,编程判断是否能构成三角形。若可以构成三角形,则求出三角形面积并判断三角形类型(等边三角形、等腰三角形、直角三角形或一般三角形)。

第5章 循环结构

现代的计算机每秒可以完成亿万次的运算和操作，用户不可能为此写亿万条指令去让计算机运行，解决的方法是将一个复杂功能变成若干个简单功能的重复，然后让计算机重复执行这些简单功能来最终完成这个复杂功能。

循环结构是实现让计算机重复执行一件工作的基本方法，也是程序的一种基本结构。所谓循环，就是重复地执行某些操作。例如，小王 2011 年每个月收入 3000 元，他的收入每年增长 10%，房价每年增长 5%，他想买上 2011 年价值 50 万元的房子需要到哪一年？如果他想在 2020 年前买房，他的年收入增长最少应达到多少？这样的问题用计算机的循环结构去求解是最方便的。在 Python 语言中，可以实现循环结构的语句有两种：while 语句和 for 语句。

5.1 while 循环结构

while 循环结构是根据条件来判断是否需要继续重复执行语句块，故可以称为条件循环。无论循环的次数是否预知，都可以使用 while 语句来循环执行语句块。

while 语句包括两种形式：

- 基本 while 语句；
- 扩展 while 语句。

1. 基本 while 语句

格式：

```
while 条件表达式:
    语句块
```

while 语句的执行过程：先计算条件表达式的值，若条件表达式的值为 True，则执行语句块，并返回条件处，重新计算条件表达式值后决定是否重复执行语句块；若条件表达式的值为 False，则循环结束，执行 while 语句之后的后续语句。其中的语句块称为循环体。

注意：

- 条件表达式多数为比较表达式或逻辑表达式，但也可以是其他计算结果的表达式；

- 条件表达式后必须加冒号；
- 相对于 while 所在行，循环体中的所有语句行都应向右缩进对齐，并保持一致的缩进方式；
- 先计算条件表达式的值，再执行循环体，故 while 的循环体有可能一次也不被执行；
- 如果条件表达式的值永远为 True，则循环将无限次的执行下去(俗称死循环)。若正在执行的程序中包含死循环时，需要按 Ctrl+C 快捷键来中断程序执行。编写循环代码时应在循环体内改变条件表达式中各变量的值，从而使条件表达式的结果为 False，以避免死循环的发生。

【例 5-1】 编写程序求 1+2+3+…+100 的值。

解题步骤：

Step1：初始化变量，i=1，sum=0。i 表示被加数 1～100，sum 存放 1～100 的累加值。

Step2：判断 i<=100 的值是否为真，若为真，将 i 累加到 sum，然后 i 加 1。

Step3：重复 Step2 直到 i<=100 为假，退出循环。

Step4：输出累加值 sum。

代码如下：

```
i = 1
sum = 0
while i <= 100:
    sum += i
    i = i + 1
print(sum)
```

运行程序，结果如下：

```
5050
```

【例 5-2】 编写程序，求令 1 * 2 * 3 * …n>=100 000 成立的最小 n 值。

解题步骤：

Step1：初始化变量，i=1，r=1。整型变量 i 用于存放乘数，变量 r 存放乘积。

Step2：判断 r<100 000 的值是否为真，若为真，转 Step4，若为假，转 Step6。

Step3：将 i 加 1，然后 r=r * i。

Step4：转 Step3。

Step5：循环结束，输出最后的乘数 i。

代码如下：

```
i = 1
r = 1
while r <= 100000:
    r * = i
    i = i + 1
print(i)
```

运行程序，结果如下：

```
10
```

【例 5-3】 输入一个整数，求它的各位数字之和。

```
n = int(input())
sum = 0
while n:
    r = n % 10
    n = n // 10
    sum += r
print('sum = ', sum)
```

测试程序，运行结果如下：

```
请输入一个整数:293↙
sum = 14
```

2. 扩展 while 语句

格式：

```
while 条件表达式:
    语句块 1
else:
    语句块 2
```

扩展 while 语句增加的 else 子句与将在 5.3 节中介绍的 break 语句有关。当 while 语句是因为某次条件值为 False 而结束循环时，程序会执行 else 之后的语句块 2。如果循环体语句块 1 中，因为执行了 break 语句而结束循环时，就不会执行 else 后的语句块 2。

例 5-2 的代码也可以这么编写，执行效果是相同的。

```
i = 1
r = 1
while r <= 100000:
    r *= i
    i = i + 1
else:
    print(i)
```

5.2 for 循环结构

for 循环结构中，循环的控制需要有序列或可迭代对象参与，循环过程中对序列或可迭代对象中的元素逐一处理，故又称为遍历循环。

for 循环结构适用的情况主要有：

• 循环次数已知；
• 需要遍历处理 Python 的序列结构或可迭代对象中的每个元素。

for 语句的格式为：

```
for 循环变量 in 遍历结构:
    语句块 1
[else:
    语句块 2]
```

for 循环的执行过程：从遍历结构中逐一提取元素，放入循环变量，循环次数就是元素的个数，每次循环中的循环变量值就是遍历结构中提取的当前元素值。

可选的 else 部分执行方式和 while 语句类似。如果全部元素被遍历后，结束执行循环体，则执行 else 后的语句块 2；若因在语句块 1 中执行了 break 语句而结束循环时，不会执行 else 后的语句块 2。

注意：

(1) for 循环的循环次数等于序列结构或可迭代对象的元素个数。

(2) 若需要按指定次数循环，可以使用 range()函数产生的 range 对象来配合控制循环。range()函数的格式：

格式一：

```
range(stop)
```

格式二：

```
range(start, stop[, step])
```

格式一生成从 0 开始到 stop－1 的连续整数，格式二生成从 start 开始到 stop－1 的间隔为 step 的整数。函数返回的是 range 序列对象。例如：

```
>>> range(5)
range(0, 5)
>>> range(3,10,3)
range(3, 10, 3)
```

(3) 若循环的处理内容是序列中的元素，或处理内容与序列结构中的元素相关，则非常适合采用 for 循环。

(4) 循环变量的取值是对序列结构或可迭代对象的当前元素值的复制，而不是元素值本身，故修改循环变量的值，无法改变序列结构和可迭代对象的值，因此循环变量的变化次数是恒定不变的。例如：

```
#1.  x = [1, 2]
#2.  for i in x:
#3.      print(i, end = ' ')
#4.      i = i - 3
#5.      print(i)
#6.  print(x)
```

运行结果为：

```
1 -2
2 -1
[1, 2]
```

(5) for 循环中，若控制用的序列结构的元素增加或减少，则循环的执行情况就比较复杂。下面列举了几种情况。

代码一：

```
#1.  x = [1, 2, 3, 4]
#2.  for i in x:
#3.      print(i, end = ' ')
#4.      print(x.pop())
#5.      print(x)
#6.  print('The loop end!')
#7.  print(x)
```

运行结果：

```
1 4
[1, 2, 3]
2 3
[1, 2]
The loop end!
[1, 2]
```

上述代码的#3 行输出的是从序列中依次取得的元素值，#4 行的 pop()方法是弹出列表的最后一个元素，返回值就是弹出值。由于第二次循环执行后，列表中只剩下了两个元素。而遍历循环的执行次数只与序列的元素个数有关，因此执行两遍循环后就结束了。

代码二：

```
#1.  x = [1, 2]
#2.  for i in x:
#3.      print(i, end = ' ')
#4       if i != 5: x.append(5)             # 列表原地增加元素
#5.      print(x)
#6.  print('The loop end!')
#7.  print(x)
```

运行结果：

```
1 [1, 2, 5]
2 [1, 2, 5, 5]
5 [1, 2, 5, 5]
5 [1, 2, 5, 5]
The loop end!
[1, 2, 5, 5]
```

上述代码的#3行是输出从序列中依次取出的元素值，#4行是当这个取出的值不为5时将在末尾增加一个5。最初的列表共有两个不为5的元素，所以在执行前两次循环时，都会在末尾添加一个5，最后总共存在4个元素，所以循环总共执行了4次。

代码三：

```
#1.  x = [1, 2]
#2.  for i in x:
#3.      print(i, end = '')
#4.      if i != 5: x = x + [5]              # 列表非原地增加元素
#5.      print(x)
#6.  print('The loop end!')
#7.  print(x)
```

运行结果：

```
1 [1, 2, 5]
2 [1, 2, 5, 5]
The loop end!
[1, 2, 5, 5]
```

上述代码与代码二的区别仅在于#4行的列表添加元素方式不同。代码二的列表添加元素是原地添加，将会影响到原有的循环次数；而代码三中的列表添加元素是非原地添加，不会影响到循环次数。

【例5-4】 用for语句求1+2+3+…+99+100。

```
#1.  sum = 0
#2.  for i in range(1, 101):                 # range()函数产生的数不包括101
#3.      sum += i
#4.  print(sum)
```

运行程序，结果如下：

```
5050
```

注意：#2行中range()函数的第2个参数是101，而不是100，因为range()函数的范围有“左闭右开”的特点。

【例5-5】 用for语句求一个整数的各位数字之和。

```
n = input("请输入一个整数：")
sum = 0
for i in n:
    sum += int(i)
print(sum)
```

测试程序，运行结果如下：

```
请输入一个整数：382↙
13
```

注意：字符串也是序列结构，for 循环会遍历字符串中的每个字符，再利用 int()转换每个字符即可获得各位上的数字。

【例 5-6】 编写程序找出所有三位水仙花数。所谓水仙花数是指其各位数字的立方和等于该数本身。例如，$153=1^3+5^3+3^3$，所以 153 是水仙花数。

```
for i in range(100, 1000):
    a, temp = divmod(i, 100)
    b, c = divmod(temp, 10)
    if a ** 3 + b ** 3 + c ** 3 == i:
        print(i)
```

运行程序，结果如下：

```
153
370
371
407
```

5.3 循环控制语句

与循环结构相关的语句还有 break、continue 和 pass 语句，它们可以改变循环执行的流程。其中，break 和 continue 语句只能用于循环体内，pass 语句还可用于其他控制结构。

5.3.1 break 语句

循环体中使用 break 语句，可以跳出包含 break 语句的那层循环，从而提前结束该循环。跳出循环后，继续执行当前层循环的后续语句。

break 语句一般是和 if 语句、循环的 else 子句一起结合使用的。

【例 5-7】 输入一个正整数 n，判断它是否为素数。素数就是只能被 1 和自身整除的数。

解题思路：判断 n 是否为素数，可以按素数的定义进行判断，用 n 依次除以 $2\sim n-1$ 的所有数，只要发现有一个数能够被 n 整除，马上可以结束循环，判定 n 不是素数。如果没有一个能够被 n 整除的数，则 n 为素数。

```
n = int(input('请输入一个整数：'))
for i in range(2, n):
    if n % i == 0:
        print(n, '不是素数')
        break
else:
    print(n, '是素数')
```

测试一的结果：

```
请输入一个整数：13↙
13 是素数
```

测试二的结果：

```
请输入一个整数：24↙
24 不是素数
```

5.3.2 continue 语句

循环体中使用 continue 语句，可以提前结束本次循环体代码的执行，不再执行本语句后循环体中的其他语句，跳回到循环结构首行，重新判断循环条件，并根据重判结果决定是否继续循环。

与 break 语句类似，continue 语句一般也是和 if 语句结合使用。continue 语句只是结束本次循环，而不终止整个循环的执行；break 语句则是使整个循环提前终止。

【例 5-8】 改用 continue 语句找所有三位水仙花数。

```
#1.  for i in range(100, 1000):
#2.      a, temp = divmod(i, 100)
#3.      b, c = divmod(temp, 10)
#4.      if a ** 3 + b ** 3 + c ** 3 != i:
#5.          continue
#6.      print(i)
```

运行程序，结果如下：

```
153
370
371
407
```

程序中#4 行的条件成立时，就会执行#5 行中的 continue 语句，并让程序转回到循环结构的开始，即#6 行的代码被跳过了。而当#4 行中的条件不成立时，#6 行的 print()函数会被执行，即输出水仙花数。

5.3.3 pass 语句

pass 语句又称空语句，执行 pass 语句时不做任何操作。需要使用 pass 语句的情况：

- 用 pass 语句保证控制结构的完整性。在某些情况下，代码的某处必须要有至少一个语句，但是实际无事可做，这时就可以使用 pass 语句，相当于一个占位语句。
- 模块化设计时，用 pass 语句占位。Python 提供了模块设计手段，用户可以先建立程序的主模块，而每个模块代码的细化需要逐渐完成，在初期可以先在各模块中用 pass 语句占位，然后再一个一个模块细化代码。

5.4 循环的嵌套

循环语句是允许嵌套的。一个循环体内的语句中包含另一个循环语句,称为循环的嵌套。根据处在包含关系中的不同位置,一个循环嵌套中包括外层循环和内层循环。内层循环可以继续循环嵌套,即为多层循环。较常用的循环嵌套是双重循环和三重循环。

使用循环嵌套应注意以下几个问题:

(1) 外循环每执行一次,内循环就要执行一个完整的循环;

(2) 可以使用不同的循环语句相互嵌套,来解决复杂问题;

(3) 使用 break 语句,只能跳出 break 语句所在那层的循环,而不能跳出整个嵌套循环中的所有层循环;

(4) 嵌套循环中,应注意语句的缩进,错误的缩进会使语句属于错误的循环层。

【例 5-9】 编制程序,打印如下九九乘法表。

```
1*1=1
1*2=2 2*2=4
1*3=3 2*3=6  3*3=9
1*4=4 2*4=8  3*4=12 4*4=16
1*5=5 2*5=10 3*5=15 4*5=20 5*5=25
1*6=6 2*6=12 3*6=18 4*6=24 5*6=30 6*6=36
1*7=7 2*7=14 3*7=21 4*7=28 5*7=35 6*7=42 7*7=49
1*8=8 2*8=16 3*8=24 4*8=32 5*8=40 6*8=48 7*8=56 8*8=64
1*9=9 2*9=18 3*9=27 4*9=36 5*9=45 6*9=54 7*9=63 8*9=72 9*9=81
```

解题思路:程序使用双重循环,使用两个循环变量 i 和 j,i 用于控制外循环,即控制打印九九乘法表的行数,j 用于控制内循环,即控制九九乘法表每一行打印的内容。

```
#1.  for i in range(1, 10):
#2.      for j in range(1, i + 1):
#3.          s = str(j) + '*' + str(i) + '=' + str(i * j)
#4.          print(s, end = '')
#5.      print()
```

请仔细体会一下为什么#3 行要把 str(j)放在 str(i)的前面?

【例 5-10】 求 100 以内的全部素数。并将找到的素数按每行 5 个的形式输出在屏幕上。

解题思路:程序使用二重循环,使用两个循环变量 i 和 j,i 用于控制外循环,依次判断 2~99 是否为素数,j 用于控制内循环,判断 i 是否能被 j 整除。

```
n = 0
for i in range(2, 100):
    for j in range(2, i):
        if i % j == 0:
            break
```

```
        else:
            print(i, end = '\t')
            n += 1                  #n用来记录是否需要换行,每发现一个素数n便加1
            if n == 5:              #若n值为5,则需要换行,并将n清零后,重新计数
                n = 0
                print()
```

运行程序,结果如下:

```
2   3   5   7   11
13  17  19  23  29
31  37  41  43  47
53  59  61  67  71
73  79  83  89  97
```

5.5 循环结构程序举例

循环结构是在主程序顺序结构中,部分使用了循环结构语句,使得程序执行时根据条件选择性地反复执行某一段代码。

【例 5-11】 设计采用欧几里得算法求两个自然数的最大公约数的程序。

欧几里得算法求最大公约数的原理如下:假设用 gcd(m,n)表示 m 和 n 的最大公约数,则 gcd(m,n)必定等于 gcd(n,m%n),因为 m%n 的结果必定小于 n,则求最大公约数的等价数对(n,m%n)会越来越小,直到 m%n 的结果为 0。而 m%n==0 则意味着 n 就是最初两个数的最大公约数。例如:

```
gcd(14,35)→gcd(35,14)→gcd(14,7)→gcd(7,0)
              ↑             ↑          ↑
            14%35         35%14       14%7
```

程序代码如下:

```
m, n = eval(input("请输入一对整数 m,n:"))
while n:
    m, n = n, m % n
print(m)
```

测试一的结果:

```
请输入一对整数 m,n:14,35↙
7
```

测试二的结果:

```
请输入一对整数 m,n:32,15↙
1
```

【例 5-12】 猜数游戏。随机生成 20 以内的整数，用户输入整数猜测该数，程序提示输入的数是偏大、偏小，还是正确。

解题思路：本题要用到随机生成数，需要先导入模块 random，并利用其中的 randint() 函数生成指定范围的随机整数。

```
import random
goal = random.randint(1, 20)
x = int(input('你猜:'))
n = 0
while x != goal:
    n += 1
    if x > goal:
        x = int(input('偏大!再猜:'))
    elif x < goal:
        x = int(input('偏小!再猜: '))
print('恭喜你,猜对了!共猜了{}次'.format(n))
```

某一次的测试结果如下：

```
你猜:10↙
偏大!再猜:5↙
偏小!再猜:8↙
偏小!再猜:9↙
恭喜你,猜对了!共猜了 3 次
```

【例 5-13】 买房计划。2011 年张三年收入为 8 万元，其中 70%用于存款购房，此时的房价为 50 万元，张三准备贷款购房，首付 50%。假定张三的年收入每年以固定速度增长，房价也以每年 10%的固定速度增长。张三如果想在 6 年内买房，他的年收入增长最少要达到多少，要求增长率精确到小数点后两位，即精确到 xx.xx%。

解题思路：假设收入增长率为 r，则初始化 r=1，然后令 r=r+0.0001，计算张三 6 年内能否存够首付，不断修改 r 值直到能存够首付为止。

```
r = 1
while True:
    sr = 8 * 0.7                         #首年的存入金额
    sum = 0                              #总存款
    fj = 50 * 0.5                        #第一年房子的首付
    r += 0.0001
    for i in range(0, 6):
        sum += sr                        #年底的总存款
        sr = sr * r                      #下一年度的存入的金额
        fj = fj * 1.1                    #下一年度的房子首付金额
    if sum >= fj:
        print('最低年收入增长率是{:.2%}'.format(r - 1))
        break
```

运行程序，结果如下：

```
最低年收入增长率是 10.98%
```

5.6 习　　题

1. Python 有哪些循环控制语句？简述各自的执行过程。

2. 简述 break 语句和 continue 语句的作用。

3. 假设 abcd 是一个 4 位整数，将它分成两段，即 ab 和 cd，使之相加求和后再平方后的值等于原数 abcd。编写程序，找出满足该关系的所有 4 位整数。

4. 一个球从某个高度 h 米处落下，每次落地反弹回原来高度的一半，再落下。编写程序，求该球第 10 次落地时，共经过了多少米？第 10 次反弹高度是多少米？

5. 某镇现有人口 x 万(x 为浮点数)，按每年 0.1%的增长速度，n 年后将有多少人？输出结果时保留小数点后 4 位。

6. 现有某路口连续一小时内的 60 个监测数据，每个监测数据是一分钟内通过路口的车辆数。假定一分钟内的车辆数超过 30 辆视为繁忙，低于 30 辆视为空闲。现编程统计，这一小时内，该路口的空闲状态最长持续了多少分钟？注：检测数据可以输入，也可以用随机函数生成。

7. 任意整数 a 和 b，求 a/b 转换为小数后，小数点后第 n 位的数字是多少？编写程序，输入 a、b 和 n 后，输出第 n 位的数字。

8. 编程统计某个给定范围[a, b]的所有整数中，数字 3 出现的次数。

9. 输出所有满足以下条件的 3 位整数：该数是素数，该数的个位和十位数之和被 10 除，所得余数正好就是该数的百位数。例如，293 是素数并且(3+9)被 10 除的余数是 2，所以 293 是满足条件的 3 位数整数。

10. 编写程序，输入一个正整数和一个 n，求比该正整数的第 n 个小的素数。例如，输入 60，n=3，则应输出 47。

11. 已知大鱼 5 元一条，中鱼 3 元一条，小鱼 1 元三条。编写程序，用 100 元买 100 条鱼，求能买大鱼、中鱼、小鱼各多少条。

12. 编写程序，统计 100 元人民币兑换成 1 元、2 元和 5 元的所有兑换方案个数。

第6章　列表与元组

6.1　序　　列

第 2 章中已经详细介绍了 Python 语言中的基本数据类型。但是基本数据类型仅仅描述了事物的某一方面的特性，而事物往往具有多方面的属性，例如一个学生有学号、姓名、性别、年龄等属性。在解决一些较复杂的问题时，基本数据类型就显得效率不高，所以大部分的程序设计语言都引入了复合数据类型(也有的称为组合数据类型)。复合数据类型，其本质上就是利用基本数据类型去组合、构造出适合解决具体问题的数据类型。数据类型也和数据结构相关，数据结构是抽象的概念，是计算机存储、组织数据的方式，而数据类型是数据结构在程序中的实现。

Python 提供了一些内置的数据结构，如列表、元组、字典、集合及字符串等，这些也称为序列结构，掌握这些序列结构就可以有效地提高程序开发效率。序列结构的分类如图 6-1 所示。从是否有序这个角度看，Python 序列又可以分为有序序列和无序序列两类，其中，列表、元组和字符串属于有序序列，而字典和集合则属于无序序列。从是否可变来看，Python 序列可以分为可变序列和不可变序列两大类，其中，列表、字典和集合属于可变序列，而元组和字符串则属于不可变序列。

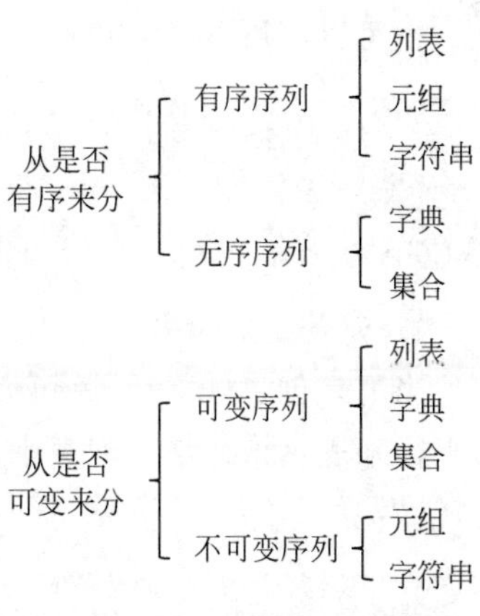

图 6-1　序列结构的分类

- 列表(list)：可修改的任意类型数据的有序序列，例如，[1,2,3]。
- 元组(tuple)：不可修改的任意类型数据的有序序列，例如，(1,2,3)。
- 字典(dictionary)：可修改的若干“键:值”对元素的无序序列，例如，{a: 1,b: 2,c: 3}。
- 集合(set)：可修改的不重复的无序序列，例如，{1,2,3}。
- 字符串(string)：不可修改的 Unicode 字符有序序列，例如，"Python"。

本章将详细介绍列表和元组两种序列结构，字典和集合将在第 7 章做详细介绍，第 8 章则介绍关于字符串的内容。

6.2 列　　表

列表是一种最具灵活性的有序集合对象类型，可以随时添加和删除其中的元素。

6.2.1 列表的创建、元素引用及删除

1. 列表的创建

创建一个列表，只要把逗号分隔的不同数据项使用方括号括起来即可，也可以直接使用“=”创建一个列表并赋值给其他变量。格式为：

格式 1：

```
列表名 = list()
```

格式 2：

```
列表名 = [元素 1, 元素 2, …, 元素 n]
```

例如：

```
>>> list1 = []                                    #创建空列表
>>> list2 = [1, 2, 3, 4, 5]
>>> list3 = ["a", "b", "c"]
```

也可以调用 list()函数，返回一个空列表。例如：

```
>>> list4 = list()
>>> list4
[ ]
```

2. 列表元素的引用

当列表创建好之后，就可以使用列表中的元素了。引用列表中的元素可以使用整数作为下标来表示该元素在列表中的位置。列表下标是从 0 开始的，第一个元素的下标为 0，第 2 个元素为 1，第 n 个元素的下标为 $n-1$，以此类推。格式为：

```
列表名[下标]
```

下面的代码演示列表元素的引用。

```
>>> list1 = [1, 2, 3, 4, 5]
>>> list1
[1, 2, 3, 4, 5]
>>> list1[0]                          #引用下标为 0 的元素，即 list1 的第一个元素
```

```
1
>>> list1[2]                #引用下标为 2 的元素,即 list1 的第三个元素
3
>>> list1[1] = 0            #直接修改列表元素的值
>>> list1
[0, 2, 3, 4, 5]
```

除了使用正向下标之外,列表还支持反向(逆向)引用元素,最后一个元素的下标为−1,倒数第二个元素的下标为−2,以此类推。例如(以上面的 list1 为例):

```
>>> list1[ - 1]             #反向引用,下标为 - 1 的元素,即 list1 的最后一个元素
5
>>> list1[ - 3]             #反向引用,下标为 - 3 的元素,即 list1 的倒数第三个元素
3
```

列表中的元素数据类型没有严格的限制,可以各不相同,甚至可以是另一个列表,即嵌套列表。例如:

```
>>> list2 = [1, 'a', 3.5, ["hello", "world"]]
>>> list2
[1, 'a', 3.5, ['hello', 'world']]
```

其中,list2[0]为 1,list2[1]为'a',list2[2]为 3.5,list2[3]为一个列表,即["hello","world"]。

需要注意的是,不管是正向引用还是反向引用列表的元素,其下标都不能越界,即不能超出列表的大小,否则将出现 list index out of range 的错误。例如:

```
>>> list3 = [1, 3, 5, 5, 7, 9]
>>> list3[6]                            #下标越界,会抛出异常
Traceback (most recent call last):
  File "<pyshell#1>", line 2, in <module>
    list3[6]
IndexError: list index out of range
>>> list3[ - 7]                         #下标越界,会抛出异常
Traceback (most recent call last):
  File "<pyshell#2>", line 2, in <module>
    list3[ - 7]
IndexError: list index out of range
```

3. 列表的删除

当列表不用时,可以使用 del 命令将其删除。格式为:

```
del 列表名
```

例如:

```
>>> list1 = [1, 2]
>>> del list1                          #删除列表 list1
>>> list1                              #list1 已被删除,访问时会抛出异常
```

```
Traceback (most recent call last):
  File "<pyshell#6>", line 1, in <module>
    List1
NameError: name 'list1' is not defined
```

6.2.2 运算符对列表的操作

可用于列表操作的运算符有+、+=、*、*=、in、<、<=、>、>=、==及!=。其中,+和+=用于列表的连接(增加元素),*和*=用于列表的重复,in用于列表的成员测试,<、<=、>、>=、==及!=用于比较列表的关系。

1. +和+=

+和+=可实现列表元素的增加。需要注意的是,+运算不属于原地操作,而是返回一个新列表,效率比较低,而+=运算则属于原地操作,与append()方法(后面将介绍该方法)一样高效。例如:

```
>>> list1 = [1, 2]
>>> id(list1)                        #列表对象 list1 在内存中的地址
17948232
>>> list1 = list1 + [3, 4]           #连接两个列表,返回新列表
>>> list1
[1, 2, 3, 4]
>>> id(list1)                        #观察 list1 的内存地址,与前一次已不同
17974728
>>> list1 += [5, 6]                  #增加元素,原地操作
>>> list1
[1, 2, 3, 4, 5, 6]
>>> id(list1)                        #再次观察 list1 的内存地址,没有发生变化
17974728
```

2. *和*=

可以用于列表和整数相乘,表示序列重复,不属于原地操作,返回新列表。=也可用于列表元素的重复,与+=一样也属于原地操作。例如:

```
>>> list2 = [1, 2, 3]
>>> id(list2)                        #列表对象 list2 在内存中的地址
10608200
>>> list2 = list2 * 2                #元素重复两次,返回新列表
>>> list2
[1, 2, 3, 1, 2, 3]
>>> id(list2)                        #观察 list2 的内存地址,与前一次已不同
10634568
>>> list2 * = 2                      #元素重复,原地操作
>>> list2
[1, 2, 3, 1, 2, 3, 1, 2, 3, 1, 2, 3]
>>> id(list2)                        #再次观察 list2 的内存地址,没有发生变化
10634568
```

3. in

成员测试运算符 in 可用于测试列表中是否包含某个元素，运算结果为 bool 型。例如：

```
>>> list3 = [1, 2, 3, 4, 5]
>>> 2 in list3
True
>>> 2 not in list3
False
```

4. <、<=、>、>=、==、!=

关系运算符<、<=、>、>=、==及!=可用于比较两个列表的大小关系。例如：

```
>>> list1 = [1, 2]
>>> list2 = [1, 2]
>>> list3 = [1, 2, 3]
>>> list4 = [3, 2, 1]
>>> list1 < list2
False
>>> list1 >= list2
True
>>> list1 == list2
True
>>> list3 != list4
True
>>> list3 >= list4
False
>>> list4 > list3
True
```

6.2.3 内置函数对列表的操作

在第 2 章中介绍过 Python 常用的内置函数，其中很多函数都可适用于序列，且是通用的。这里介绍几个常用于序列的内置函数。

1. len()

格式为：

```
len(列表)
```

功能：返回列表中的元素个数。该函数同样适用于后面章节要介绍的元组、字典、集合和字符串等。例如：

```
>>> list1 = [1, 2, 3, 4, 5]
>>> len(list1)
5
```

2. max()、min()

格式为：

```
max(列表)、min(列表)
```

功能：max()返回列表中的最大元素，min()返回列表中的最小元素。这两个函数同样适用于元组、字典、集合和字符串等，前提是所有元素之间可以进行比较大小。注意，对于字典，用 max()和 min()函数(包括后面介绍的 sum()、sorted()、zip()、enumerate())时，默认是对字典的"键"进行计算，这点在后面介绍到字典时会详细介绍。示例如下：

```
>>> list2 = [1, 2, 3, 4, 5]
>>> max(list2)
5
>>> min(list2)
1
```

3. sum()

格式为：

```
sum(列表)
```

功能：返回列表中的元素之和，前提是元素为数值型，非数值型元素则会出错。该函数同样适用于数值型元组、字典和集合等。例如：

```
>>> list3 = [1, 2, 3, 4, 5]
>>> sum(list3)
15
>>> list3 = ['a', 'b', 'c']
>>> sum(list3)                        #非数值型列表元素求和会出错
Traceback (most recent call last):
  File "<pyshell#2>", line 1, in <module>
    sum(list3)
TypeError: unsupported operand type(s) for +: 'int' and 'str'
```

4. sorted()

格式为：

```
sorted(列表)
```

功能：返回排序后的新列表，同样适用于元组、字典、集合和字符串等。默认是升序排序，如果需要降序排序，需要增加一个 reverse 参数，其值为 True 时表示降序。例如：

```
>>> list4 = [3, 5, 1, 2, 8, 7]
>>> sorted(list4)                     #默认升序
[1, 2, 3, 5, 7, 8]
>>> list4                             #sorted()排序并不改变原来列表内容
[3, 5, 1, 2, 8, 7]
>>> sorted(list4, reverse = True)     #reverse = True 表示降序
[8, 7, 5, 3, 2, 1]
```

5．reversed()

格式为：

```
reversed(列表)
```

功能：返回逆序后的迭代器 reversed 对象。该函数同样适用于元组和字符串等有序序列。例如：

```
>>> list5 = [1, 2, 3, 4]
>>> list(reversed(list5))          #将 reversed()函数得到的迭代器对象转换为列表
[4, 3, 2, 1]
```

6．zip()

格式为：

```
zip(列表 1, 列表 2,…)
```

功能：将多个列表对应位置的元素拉链式组合成元组，并返回 zip 对象。该函数同样适用于字典、集合和字符串等。例如：

```
>>> list_a = [1, 2, 3]
>>> list_b = ['a', 'b', 'c']
>>> list6 = zip(list_a, list_b)          #zip()返回的是 zip 对象,不能直接输出
>>> list6
<zip object at ox0000000000A24AC8>
>>> list(list6)                          #使用 list()方法将 zip 对象转换为列表
[(1, 'a'), (2, 'b'), (3, 'c')]
```

7．enumerate()

格式为：

```
enumerate(列表)
```

功能：返回包含若干个由下标和值组合成元组的 enumerate 对象。该函数同样适用于元组、字典、集合和字符串等。例如：

```
>>> list7 = [1, 2, 3, 4, 5]
>>> enumerate(list7)                  #enumerate ()返回的是 enumerate 对象,不能直接输出
<enumerate object at ox0000000000A29120>
>>> list(enumerate(list7)))           #使用 list()方法将 enumerate 对象转换为列表
[(0, 1), (1, 2), (2, 3), (3, 4), (4, 5)]
```

8．all()、any()

格式为：

```
all(列表)、any(列表)
```

功能：all()用来测试列表中是否所有的元素都等价于 True，any()用来测试列表中是否有元素等价于 True，这两个函数都返回一个 bool 型的值。例如：

```
>>> list8 = [0, 1, 2, 3, 4]
>>> all(list8)                  #元素 0 等价于 False，所以返回值为 False
False
>>> any(list8)
True
```

6.2.4 列表对象的常用方法

Python 序列的很多方法是通用的，但是不同的序列也会有一些特有的方法。列表对象常用的方法见表 6-1。

表 6-1 列表对象的常用方法

方　法	功能说明
list.append(obj)	在列表末尾添加新的元素 obj
list.count(obj)	统计某个 obj 在列表中出现的次数
list.extend(L)	将列表 L 中所有的元素添加到列表尾部(用新列表扩展原来的列表)
list.index(obj)	返回列表中第一个值为 obj 的元素的下标，如果不存在此元素，则抛出异常
list.insert(index, obj)	将 obj 插入列表指定位置 index 处
list.pop([index=−1])	删除列表中的指定位置的元素(默认位置为−1，即最后一个元素)，并且返回该元素的值
list.reverse()	对原列表进行逆序排列
list.sort(key=None, reverse=False)	对原列表进行排序
list.clear()	清空列表所有元素，但列表对象保留
list.copy()	复制并返回一个新列表
list.remove(obj)	删除列表中第一个值为 obj 的元素，如果列表中不存在 obj，则抛出异常

下面详细介绍这些方法的用法。

1. 添加元素 append()、insert()、extend()

在 6.2.2 节中介绍了使用＋和＋＝对列表添加元素，除此之外，列表的 append()、insert()和 extend()三个方法也可以实现对列表添加元素，而且这三个方法都属于原地操作。所谓原地操作，是指用处理后的数据替换原来的数据，该操作结果不影响原来列表对象在内存中的起始地址，而列表中原来的元素顺序会被新的结果替代。例如：

```
>>> list1 = [2, 3]
>>> list1.append(4)            #在 list1 尾部追加一个元素 4
>>> id(list1)                  #查看 list1 的内存地址
10635848
>>> list1
[2, 3, 4]
>>> list1.insert(0, 1)         #在 list1 下标位置为 0 处插入元素 1，且位置 0 后的元素后移
```

```
>>> list1
[0, 1, 2, 3, 4]
>>> list1.insert(8, 5)          #下标位置 8 大于列表长度,则在列表尾部插入元素 5
>>> list1
[0, 1, 2, 3, 4, 5]
>>> list1.insert(-8, -1)        #下标位置 -8 小于反向列表长度,则在列表头部插入元素 -1
>>> list1
[-1, 0, 1, 2, 3, 4, 5]
>>> list1.extend([6, 7, 8])     #在列表尾部追加另一个列表的所有元素
>>> list1
[-1, 0, 1, 2, 3, 4, 5, 6, 7, 8]
>>> id(list1)                   #查看 list1 的内存地址,未发生变化
10635848
```

2. 删除元素 pop()、remove()、clear()

pop()、remove()、clear()这三个方法都可以实现对列表元素的删除,且属于原地操作。另外,在 6.2.1 节介绍的 del 命令也可以用来删除列表指定位置的元素,同样属于原地操作。例如:

```
>>> list2 = [1, 2, 3, 4, 5, 6]
>>> list2.pop()                 #默认弹出并返回 list2 的尾部元素 6
6
>>> list2
[1, 2, 3, 4, 5]
>>> list2.pop(2)                #弹出并返回指定下标位置 2 的元素
3
>>> list2
[1, 2, 4, 5]
>>> list2.pop(5)                #指定位置不合法或是空列表,pop()返回会抛出异常
Traceback (most recent call last):
  File "<pyshell#3>", line 1, in <module>
    List2.pop(5)
IndexError: pop index out of range
>>> list2.extend([4, 5])        #在列表 list2 后添加多个元素
>>> list2
[1, 2, 4, 5, 4, 5]
>>> list2.remove(4)             #删除 list2 中首个值为 4 的元素
>>> list2
[1, 2, 5, 4, 5]
>>> del list2[2]                #删除下标位置为 2 的元素
>>> list2
[1, 2, 4, 5]
>>> x.clear()                   #删除 list2 中所有元素,list2 变为空列表
>>> list2
[]
```

3. 元素位置 index()

列表方法 index()返回用于返回指定元素在列表中首次出现的下标位置,如果列表中没

有该元素,则会抛出异常。例如:

```
>>> list3 = [1, 2, 3, 2, 1]
>>> list3.index(2)                    #元素 2 在 list3 中首次出现的位置
1
>>> list3.index(4)                    #list3 中没有元素 4,抛出异常
Traceback (most recent call last):
  File "<pyshell#4>", line 1, in <module>
    list3.index(4)
ValueError: 4 is not in list
```

4. 元素统计 count()

列表方法 count()用于统计并返回列表中某元素出现的次数。例如:

```
>>> list4 = [1, 2, 3, 3, 2, 4, 2]
>>> list4.count(2)                    #元素 2 在 list4 中出现的次数
3
>>> list4.count(6)                    #在 list4 中没有元素 6,返回 0
0
```

5. 元素逆序 reverse()

列表方法 reverse()可实现对列表元素进行逆序,也属于原地操作。例如:

```
>>> list5 = [1, 2, 3, 4, 5, 6, 7, 8, 9, 10]
>>> list5.reverse()                   #对 list5 逆序(翻转)
>>> list5
[10, 9, 8, 7, 6, 5, 4, 3, 2, 1]
```

6. 元素排序 sort()

列表方法 sort()可实现对列表元素进行排序,属于原地操作。该方法默认是将所有元素的值从小到大排序。也可以通过改变参数来改变排序规则,其中参数 key 用来指定排序规则,reverse 参数用来指定升序还是降序,reverse 默认值是 False,表示升序,如果指定为 True 则表示降序。例如:

```
>>> list6 = [10, 4, 2, 6, 1, 7, 3, 9, 8, 5]
>>> list6.sort()                              #默认按元素的值进行升序排序
>>> list6
[1, 2, 3, 4, 5, 6, 7, 8, 9, 10]
>>> list6 = [10, 4, 2, 6, 1, 7, 3, 9, 8, 5]
>>> list6.sort(reverse = True)                #reverse = True,表示降序排序
>>> list6
[10, 9, 8, 7, 6, 5, 4, 3, 2, 1]
>>> list6 = [23, 21, 345, 6, 98, 110]
>>> list6.sort(key = str, reverse = True)     #将列表元素转换为字符串后再降序排序
[98, 6, 345, 23, 21, 110]
```

7. 列表复制 copy()

列表复制方法 copy()可复制并返回一个新列表,即实现列表的浅复制。所谓浅复制,

就是指生成一个新的列表并且把原列表中所有元素的引用都复制到新的列表中。例如：

```
>>> x = [1, 2, 3, 4, 5]
>>> list7 = x.copy()                    #复制列表到 list7
>>> list7
[1, 2, 3, 4, 5]
>>> x[0] = 10                           #改变元素 x[0]的值,不影响 list7
>>> x
[10, 2, 3, 4, 5]
>>> list7
[1, 2, 3, 4, 5]
```

对于列表的复制还可以使用赋值运算符=来实现，但是该方法与 copy()方法意义不同。例如：

```
>>> x = [1, 2, 3, 4, 5]
>>> list7 = x                          #赋值运算,x 和 list7 指向同一个列表
>>> x[0] = 10                          #x 发生改变,list7 也立刻发生改变
>>> x
[10, 2, 3, 4, 5]
>>> list7
[10, 2, 3, 4, 5]
>>> list7[2] = 30                      #list7 发生改变,x 也立刻发生改变
>>> list7
[10, 2, 30, 4, 5]
>>> x
[10, 2, 30, 4, 5]
```

出现上述现象的原因是，把一个列表变量 x 赋值给另一个变量 list7 时，这两个变量就指向了同一个列表对象，对其中任何一个做修改自然就会立刻在另一个变量中得到体现。

8. 列表的遍历

在解决一些问题时，经常需要遍历列表的元素。列表的遍历通常和循环结合起来使用，一般有两种写法。

第一种写法是使用 in 运算符，无须知道列表的长度。例如：

```
>>> list8 = [1, 2, 3, 4, 5, 6, 7, 8]
>>> for i in list8:
    if i % 2 == 1:
        print(i, end = '')


1 3 5 7
```

第二种写法是使用 len()函数确定列表长度后再进行遍历。例如：

```
>>> for i in range(len(list8)):
    if i % 2 == 0:
        print(list8[i],end = '')


1 3 5 7
```

6.2.5 列表的切片

列表的切片操作，就是截取列表的一部分。该操作同样适用于元组、字符串以及 range 对象。切片操作非常灵活且功能强大，可以实现添加、修改、删除列表的元素以及获取列表中的任意部分元素构成新列表。对于一个列表 x，切片操作的基本形式如下。

格式一：

```
x[start: end: step]
```

格式二：

```
x[start: end]
```

其中，start 表示切片的开始位置，默认为 0；end 表示切片结束（不包含）的位置，默认为列表的长度；step 表示切片的步长，默认为 1。

切片操作的灵活在于，单 start 为 0 时可以省略不写，当 end 为列表长度时可省略不写，单 step 为 1 时也可省略不写。切片操作还可以反向切片，即从后往前截取列表的元素，此时 step 为负整数，且 start 在 end 的右侧（start 要大于 end）。

下面举例说明切片的用法。

```
>>> list1 = [1, 2, 3, 4, 5, 6, 7, 8, 9, 10]
>>> list1[0:10:1]           #正向截取列表所有元素
[1, 2, 3, 4, 5, 6, 7, 8, 9, 10]
>>> list1[0:10]             #正向截取列表所有元素，默认步长为 1
[1, 2, 3, 4, 5, 6, 7, 8, 9, 10]
>>> list1[::]               #正向截取列表所有元素，默认 start 为 0，end 为 len(list1)，步长为 1
[1, 2, 3, 4, 5, 6, 7, 8, 9, 10]
>>> list1[::2]              #正向截取，步长为 2
[1, 3, 5, 7, 9]
>>> list1[2::2]             #正向截取，start 为 2，步长为 2
[3, 5, 7, 9]
>>> list1[2:5]              #正向截取，start 为 2，end 为 5，步长为 1
[3, 4, 5]
>>> list1[::-1]             #反向截取，步长为 -1
[10, 9, 8, 7, 6, 5, 4, 3, 2, 1]
>>> list1[5:0:-1]           #反向截取，start 为 5，end 为 0(不包含)，步长为 -1
[6, 5, 4, 3, 2]
>>> list1[-2:-6:-1]         #反向截取，start 为 -2，end 为 -6(不包含)，步长为 -1
[9, 8, 7, 6]
>>> list1[20::]             #正向截取，start 为 20(大于列表长度，返回空列表)
[]
>>> list1[-15:5]            #正向截取，start 为 -15(小于首元素位置 -10，从首元素截取)
[1, 2, 3, 4, 5]
>>> list1[0:20]             #正向截取，end 为 20(大于列表长度，截取到列表尾部)
[1, 2, 3, 4, 5, 6, 7, 8, 9, 10]
```

除了以上介绍的利用切片来截取列表中部分元素外，还可以用切片实现列表元素的增加、删除、修改及复制功能。下面举例说明。

```
>>> list1 = [1, 2, 3, 4, 5]
>>> list1[len(list1):] = [9]        #在列表的尾部添加一个元素
>>> list1
[1, 2, 3, 4, 5, 9]
>>> list1[len(list1):] = [12, 10]   #在列表的尾部添加多个元素
>>> list1
[1, 2, 3, 4, 5, 9, 12, 10]
>>> list1[:0] = [7, 8]              #在列表的首部添加多个元素
>>> list1
[7, 8, 1, 2, 3, 4, 5, 9, 12, 10]
>>> list1[2:2] = [11]               #在列表的指定位置添加(插入)一个元素
>>> list1
[7, 8, 11, 1, 2, 3, 4, 5, 9, 12, 10]
>>> list1[:3] = [-2, -1, 0]         #使用切片替换列表中的元素,等号两边列表长度相等
>>> list1
[-2, -1, 0, 1, 2, 3, 4, 5, 9, 12, 10]
>>> list1[8:] = [6, 7]              #使用切片替换列表中的元素,等号两边列表长度不等
>>> list1
[-2, -1, 0, 1, 2, 3, 4, 5, 6, 7]
>>> list1[::2] = [8] * 5            #隔一个修改一个,切片不连续时等号两边列表长度必须相等
>>> list1
[8, -1, 8, 1, 8, 3, 8, 5, 8, 7]
>>> list1[:2] = []                  #删除列表中的前两个元素
>>> list1
[8, 1, 8, 3, 8, 5, 8, 7]
>>> del list1[6:]                   #使用 del 命令结合切片删除列表最后两个元素
>>> list1
[8, 1, 8, 3, 8, 5]
>>> del list1[::2]                  #使用 del 命令结合切片删除列表偶数下标位置的元素
>>> list1
[1, 3, 5]
>>> list2 = list1[::]               #利用切片复制,为浅复制
>>> list2 == list1                  #两个列表得到值相同
True
>>> list2 is list1                  #两个列表不是同一个对象,与用"="直接复制不同
False
>>> list2[1] = 2                    #改变 list2 的元素值,不会影响 list1
>>> list2                           #list2 发生改变
[1, 2, 5]
>>> list1                           #list1 没有任何改变
[1, 3, 5]
```

6.2.6 列表推导式

列表推导式也称为列表解析式或列表生成式，格式简单但又功能强大，可以用来生成满足特定条件的新列表，是 Python 程序开发中应用最多的技术之一。列表推导式的语法形

式为：

```
[expr for i₁ in 序列 1 if condition1
      for i₂ in 序列 2 if condition2
      for i₃ in 序列 3 if condition3
      ⋮
      for i_N in 序列 N if conditionN]
```

表达式 expr 使用每次的迭代内容 $i_1 \cdots i_N$，计算生成一个列表，如果指定了条件表达式 condition，则只有满足条件的元素参与迭代。

列表推导式在逻辑上等价于循环语句，只是形式上更加简洁。下面举例说明。

```
>>> list1 = [i ** 2 for i in range(10)]     #不带条件表达式的列表推导式，求平方值
>>> list1
[0, 1, 4, 9, 16, 25, 36, 49, 64, 81]
```

当然也可以用一重循环来实现该列表推导式，如下所示：

```
>>> list1 = []
>>> for i in range(10):
    list1.append(i ** 2)
>>> list1
[0, 1, 4, 9, 16, 25, 36, 49, 64, 81]
```

对比两种写法，很明显，列表推导式更加简洁。而且 Python 的内部实现对列表推导式做了大量的优化，从而可以保证更快的运行速度。

下面，再看一些较复杂的例子。

```
>>> list1 = [i for i in range(10) if i % 2 == 0]     #带条件表达式的列表推导式，取偶数
>>> list1
[0, 2, 4, 6, 8]
>>> [[i, j] for i in [1, 2, 3] for j in [4, 5, 6]]       #同时遍历两个列表，相当于二重循环
[[1, 4], [1, 5], [1, 6], [2, 4], [2, 5], [2, 6], [3, 4], [3, 5], [3, 6]]
```

同时遍历两个列表等价于：

```
>>> list1 = []
>>> for i in [1, 2, 3]:
        for j in [4, 5, 6]:
            list1.append([i, j])
>>> list1
[[1, 4], [1, 5], [1, 6], [2, 4], [2, 5], [2, 6], [3, 4], [3, 5], [3, 6]]
```

再比如：

```
>>> [[i, j] for i in [1, 2, 3] if i != 1 for j in [1, 2, 3] if i == j]
[[2, 2], [3, 3]]
```

该列表推导式等价于：

```
>>> list1 = []
>>> for i in [1, 2, 3]:
    if i != 1:
        for j in [1, 2, 3]:
            if i == j:
                list1.append([i, j])
>>> list1
[[2, 2], [3, 3]]
```

对于有多个循环的列表推导式，切记要搞清楚循环的执行顺序。关于序列推导式的应用，在后面的章节还会有介绍。

6.3 元　　组

元组和列表十分相似，也是一组有序序列，但元组是不可变的，也就是说，不能对元组对象进行添加、删除或是修改操作。虽然列表使用灵活，功能强大，但是由于列表在进行插入、删除等操作(尤其是在列表中间位置操作)时，其插入或删除位置之后的元素在列表中的索引也会发生变化，且列表还要具有内存的自动收缩和扩展功能，所以列表的操作效率较低。元组实际上可以看成是将列表的许多效率低下的功能去掉或简化了，可以认为是一个轻量级的列表。

6.3.1 元组的创建、元素引用与删除

1. 元组的创建

在形式上，元组的所有元素放在一对圆括号中，元素之间使用逗号分隔，如果元组中只有一个元素则必须在最后增加一个逗号。元组的创建格式如下。

格式一：

```
元组名 = tuple()
```

格式二：

```
元组名 = (元素 1, 元素 2, … , 元素 n)
```

例如：

```
>>> tuple1 = (1, 2, 3, 4)            #直接把元组赋值给变量 tuple1
>>> typle(tuple1)
<class 'tuple'>
```

如果元组中只包含一个元素时，需要在元素后面添加逗号，否则括号会被当作运算符使用。例如：

```
>>> tuple1 = (1,)                #元组中只包含一个元素时,后面要加逗号
>>> tuple1
(1,)
>>> tuple1 = (1)                 #不加逗号,(1)被认为是整数 1
>>> tuple1
1
>>> type(tuple1)                 #tuple1 被认为是整型
<class 'int'>
```

也可以调用 tuple()方法,返回一个空列表,例如:

```
>>> tuple1 = tuple()
>>> tuple1
()
```

2. 元组元素的引用

元组支持使用下标访问特定位置的元素。其格式为:

```
元组名[下标]
```

例如:

```
>>> tuple1 = (1, 2, 3, 4)
>>> tuple1[0]
1
```

元组也支持双向索引。例如:

```
>>> tuple1[-1]
4
```

元组属于不可变序列,不可以修改、添加、删除元素。例如:

```
>>> tuple1[0] = 10
Traceback (most recent call last):
  File "<pyshell#123>", line 1, in <module>
    tuple1[0] = 10
TypeError: 'tuple' object does not support item assignment
```

3. 元组的删除

与列表的删除一样,当不再使用元组时,可以使用 del 命令将其删除。其格式为:

```
del 元组名
```

例如:

```
>>> tuple1 = (1, 2, 3, 4)
>>> del tuple1                          # 删除元组 tuple1
>>> tuple1                              # tuple1 已被删除,访问时会抛出异常
Traceback (most recent call last):
  File "<pyshell#3>", line 1, in <module>
    tuple1
NameError: name 'tuple1' is not defined
```

6.3.2 元组的常用操作

由于元组的最大特点是其元素不可改变,所以在6.2节中介绍的对列表的操作里,凡是改变元素值的方法都不能用于元组。

1. 运算符对元组的操作

在6.2.2节中介绍的可用于列表的运算符,例如+、+=、*、*=、in、<、<=、>、>=、==、!=,均可应用于元组,具体的使用方法和列表类似,可参考6.2.2节的内容,这里不再详细举例说明。

2. 内置函数对元组的操作

在6.2.3节中介绍的可用于列表的内置函数,例如len()、max()、min()、sum()、sorted()、reversed()、zip()、enumerate()、all()、any(),均可应用于元组,具体的使用方法和列表类似,可参考6.2.3节的内容,这里不再详细举例说明。

3. 元组对象的常用方法

在6.2.4节中介绍的列表的常用方法中,大部分都不能应用于元组,只有count()和index()可用于元组对象,其用法和列表类似,可参考6.2.4节的相关内容。

4. 元组的切片

元组支持切片操作,但是仅限于通过切片来访问元组中的元素值,凡是试图通过切片来修改元组中元素值的操作都是无效的。

6.3.3 生成器推导式

生成器推导式非常类似于6.2.6节中介绍的列表推导式。从形式上看,生成器推导式只是将列表推导式的方括号换成了圆括号。但是,生成器推导式和列表推导式有本质的区别,最大的区别就在于,列表推导式的结果是列表,而生成器推导式的结果是一个生成器对象,既不是元组,也不是列表。

当得到一个生成器对象后,可以通过tuple()、list()方法将生成器对象转换为元组或列表再使用,也可以直接将其看作迭代器对象来使用,通过生成器对象的__next__()方法或者内置函数next()进行遍历,又或者直接使用在循环中。但不管怎么使用,只能从前往后访问其中的元素,当元素访问完了后,无法回头重新访问,而只能重新创建该生成器对象。例如:

```
>>> gen = (i ** 2 for i in range(10))     # 生成器推导式,创建生成器对象 gen
>>> gen
<generator object <genexpr> at 0x0000000003363FC0>
```

```
>>> list1 = list(gen)                       #将 gen 转换为列表并赋予 list1
>>> list1
[0, 1, 4, 9, 16, 25, 36, 49, 64, 81]
>>> list(gen)                               #gen 已经遍历结束(转换为列表时),没有元素了
[]
>>> gen = (i ** 2 for i in range(10))       #重新创建生成器对象 gen
>>> gen.__next__()                          #使用生成器对象的__next__()方法获取元素
0
>>> gen.__next__()                          #按从前往后的顺序获取下一个元素
1
>>> gen.__next__()
4
>>> next(gen)                               #使用内置函数 next()接着获取下一个元素
9
>>> next(gen)
16
>>> gen = (i ** 2 for i in range(10))
>>> for i in gen:                           #使用循环遍历 gen 中的元素
    print(i, end=' ')
0 1 4 9 16 25 36 49 64 81
```

6.3.4 元组与列表的异同点

1. 相同点

元组和列表都属于有序序列,都支持使用双向索引访问其中的元素。

2. 不同点

(1) 元组的创建使用圆括号,而列表使用方括号,当声明只有一个元素的元组时,需要在这个元素的后面添加英文逗号。

(2) 列表属于可变序列,而元组属于不可变序列。因此,元组没有 append()、extend()、insert()、pop()、remove()、sort()、reverse()、clear()和 copy()方法,同时,元组也不支持对元素进行 del 操作,不能从元组中删除元素,而只能使用 del 删除整个元组。

(3) 元组也支持切片操作,但只能通过切片来访问元组中的元素,不能使用切片改变元组中的元素值。

(4) Python 的内部实现对元组做了大量优化,访问速度比列表快。

6.4 应用举例

【例 6-1】 编写程序,接收一个数字的列表;计算得到一个新的列表,其中第 i 个元素是原先列表的前 i 个元素的积(第一个元素不变)。例如原列表 x=[1,2,3,4,5],则新列表为[1,2,6,24,120]。

解题思路:首先将列表 a 的第一个元素存入列表 b 中,然后依次求出 a 中的前 i(i 从第二个元素开始,即 i=1 开始)个元素的累积乘的结果,并添加到 b 的尾部。计算结束,输出列表 b。

程序代码如下：

```
a = input('Please input a list:')
a = eval(a)
b = [a[0]]                          # 第一个元素不变
for i in range(1, len(a)):
    s = 1                           # 每次内循环开始前,s初始化为1
    for j in range(i + 1):
        s *= a[j]
    b.append(s)
print(b)
```

运行程序,测试结果如下：

```
Please input a list:[1,2,3,4,5]↙
[1, 2, 6, 24, 120]
```

【例6-2】 编写程序,模拟列表的reverse()方法。

解题思路：首先输入一个列表,然后以列表长度的一半(即n//2)为中间点,利用循环,将a[i]和a[n−1−i]对调(i从0到n//2),即可实现逆序功能,最后输出逆序后的结果。

程序代码如下：

```
a = input('Please input a list:')
a = eval(a)
n = len(a)
i = 0
while i < n // 2:                    #将a中的元素依次首尾对调
    t = a[i]
    a[i] = a[n - 1 - i]
    a[n - 1 - i] = t
    i = i + 1
print(a)
```

运行程序,测试结果如下：

```
Please input a list:[1,2,3,4,5]↙
[5, 4, 3, 2, 1]
```

【例6-3】 编写程序,模拟列表的insert()方法。

解题思路：首先输入一个待插入元素的列表、要插入元素的下标位置及要插入元素的值；然后判断插入位置是否大于等于列表长度,如果是,则该元素超出列表的尾部,如果否,则先将下标位置及之后的元素向后移一位(注意,这里应从后往前操作移位,否则列表内容将被改变),然后将元素放入要插入的位置；最后输出插入新元素的列表。

程序代码如下：

```
a = eval(input('请输入一个列表:'))
n = len(a)
```

```
index = eval(input('请输入要插入的下标位置:'))
value = eval(input('请输入要插入的元素:'))
if index >= n:
    a.append(value)                    #插入列表尾部
else:
    a.append([])                       #先在列表尾部添加一个元素
    m = n
    while m > index:                   #将下标 index 及之后的元素依次后移一位
        a[m] = a[m - 1]
        m -= 1
    a[index] = value                   #插入元素 value
print(a)
```

程序的一个测试结果如下：

```
请输入一个列表:[1,2,3,4,5]↙
请输入要插入的下标位置:2↙
请输入要插入的元素:6↙
[1, 2, 6, 3, 4, 5]
```

【例 6-4】 编写程序，模拟列表的 sort()方法。

排序就是使一串记录按照其中的某个或某些关键字的大小，递增或递减排列起来。排序算法在很多领域得到相当的重视，尤其是在大量数据的处理方面。

排序算法有很多经典的算法，例如冒泡排序、选择排序、插入排序等。限于篇幅，这里重点介绍冒泡排序算法。

冒泡排序(bubble sort)是最常见的一种数据排序方法，它的基本原理是：依次比较相邻的两个数，将较小的数放在前面，较大的数放在后面。即第一趟排序：首先比较第 1 个数和第 2 个数，将较小的数放到前面，较大的数放到后面(位置对调)。然后比较第 2 个数和第 3 个数，仍将较小的数放到前面，较大的数放到后面，如此继续，直至比较到最后两个数，将较小的数放到前面，较大的数放到后面，至此第一趟排序结束，最大的数必然放到了最后面。再进行第二趟排序：仍从第一对数开始比较(因为可能由于第 2 个数和第 3 个数的交换，使得第 1 个数不再小于第 2 个数)，将较小的数放到前面，较大的数放到后面，一直比较到倒数第二个数(倒数第一的位置上已经是最大的了)，第二趟排序结束，倒数第二的位置上得到一个新的最大数(其实在整个数列中是第二大的数)。如此下去，重复以上过程，直至最终完成排序。由于在排序过程中总是小数往前放，大数往后放，相当于气泡往上升，所以称为冒泡排序。

例如，23、45、12、35、7 的排序过程示意如下：

第一趟排序：[23 45 12 35 7]，这 5 个数从前往后，两两比较。首先比较 23 和 45，由于 23<45，所以两个数不用交换，接着比较 45 和 12，由于 45>12，将其交换位置变为[23 12 45 35 7]，然后比较 45 和 35，将其交换位置后变为[23 12 35 45 7]，最后比较 45 和 7，将其交换位置，最后变为[23 12 35 7 45]，这样一趟排序就完成了，最大数 45 到了序列的最后位置。

第二趟排序：由于最大数 45 在第一趟排序时已经确定了位置，所以第二趟排序就无须考虑 45 了，只要对前 4 个数[23 12 35 7]进行相同的方法，两两比较决定是否交换，经

过第二趟排序后变为[12　23　7　35]。

第三趟排序：对[12　23　7]做相同排序，得到结果[12　7　23]。

第四趟排序：对[12　7]做相同排序，得到结果[7　12]。

至此，排序工作全部完成。

程序代码如下：

```
a = input('请输入一个待排序的列表:')
a = eval(a)
n = len(a)
for i in range(n - 1):                           # 共进行 n-1 趟排序
    for j in range(n - 1 - i):
        if a[j] > a[j + 1]:                      # 前面元素值比后面大,交换
            t = a[j]
            a[j] = a[j + 1]
            a[j + 1] = t
    # print('第', i + 1, '趟排序结果:', a)         # 测试语句,观测每趟排序结果
print('最终排序结果:', a)
```

一个测试结果如下：

```
请输入一个待排序的列表:[23,45,12,35,7]↙
最终排序结果: [7, 12, 23, 35, 45]
```

【例 6-5】　编写程序，求出给定列表中相差最小的两个数字。

解题思路：首先将列表降序排序。求出排序后列表的第一个和第二个元素的差值 diff，在 for 循环中，依次将列表中相邻两个元素的差值与 diff 比较，如果有更小的差值，则更新 diff，同时记录下这两个元素值，循环结束后，diff 为最小的差值，num1 和 num2 就是要找的两个元素。

程序代码如下：

```
a = eval(input('请输入一个列表:'))
a.sort(reverse = True)                 # 首先对这组数进行从大到小的排序
# print(a)                             # 输出降序排序结果
num1 = a[0]
num2 = a[1]
diff = num1 - num2                     # 前两个数的差值
for i in range(1, len(a) - 1):         # 从第 2 个元素开始计算差值
    if a[i] - a[i + 1] < diff:         # 差值小于 diff 的值时, 更新最小值以及 num1 和 num2
        diff = a[i] - a[i + 1]
        num1 = a[i]
        num2 = a[i + 1]
print('差值最小的两个数为:', (num1, num2))
```

程序的一个测试结果：

```
请输入一个列表:[6,19,31,15,40]↙
差值最小的两个数为: (19, 15)
```

【例 6-6】 编写程序,实现矩阵的转置功能。

程序代码如下：

```
a = eval(input('请输入一个二维列表:'))
print('转置前:')
for i in range(len(a)):
    print(a[i])
for i in range(len(a)):                          #对二维列表转置
    for j in range(0, i):                        #只要将对角线以下部分交换
        t = a[i][j];
        a[i][j] = a[j][i]
        a[j][i] = t
print('转置后:')
for i in range(len(a)):
    print(a[i])
```

本程序中用了 3 个并列的 for 循环。第 2 个 for 循环用于矩阵的转置,每循环一次使矩阵的第 i 行元素和第 j 列元素进行交换。注意内层 for 循环中的循环变量 j 的取值范围,因为只需要将对角线以下的元素和对角线以上的元素交换,所以每一行的要交换元素为第一个元素到对角线之前的元素,对角线以上的元素是不需要交换的。

程序的一个测试结果：

```
请输入一个二维列表:[[1,2,3],[4,5,6],[7,8,9]]↙
转置前:
[1, 2, 3]
[4, 5, 6]
[7, 8, 9]
转置后:
[1, 4, 7]
[2, 5, 8]
[3, 6, 9]
```

【例 6-7】 编写程序,生成具有 20 个元素值互不相等的列表,并给定一个整数 n,以 n 为界,然后将列表中的小于 n 的元素全部放到列表前面,大于 n 的元素放到列表后面。

程序代码如下：

```
import random
a = list(range(20))
random.shuffle(a)                       #将列表 a 中元素随机打乱
print(a)
n = eval(input('请输入一个整数[0, 20):'))
b = []
i = len(a) - 1
while i >= 0:
    if a[i] < n:                        #将小于 n 的元素插入 b 的首部
        b.insert(0, a[i])
    i -= 1
```

```
b.append(n)                    # 将 n 插入 b 的首部
i = 0
while i < len(a):
    if a[i] > n:               # 将大于 n 的元素插入 b 的尾部
        b.append(a[i])
    i += 1
print(b)
```

本例程序中，首先将列表元素随机打乱。第一个 while 循环将列表中小于 n 的数找出来并放到列表 b 的首部，第二个 while 循环则将列表中大于 n 的元素找出来并放入列表 b 的尾部。

程序的一个测试结果：

```
[16, 3, 11, 4, 12, 19, 9, 17, 10, 6, 7, 1, 2, 8, 5, 18, 13, 15, 0, 14]
请输入一个整数[0,20):8↙
[3, 4, 6, 7, 1, 2, 5, 0, 8, 16, 11, 12, 19, 9, 17, 10, 18, 13, 15, 14]
```

思考：本例程序是借助列表 b 来完成的，如果只允许在列表 a 上操作，该如何实现？

【例 6-8】 编写程序，删除列表中所有重复的指定元素。例如，有个列表 a=[1,2,1,1,2]，将 a 中重复出现的元素 1 删除后变为[2,2]。

要删除所有重复出现的元素，自然想到的方法是循环遍历列表，使用 remove()将所要删除的元素逐个删除。下面代码演示了该方法。

```
a = [1, 2, 1, 1, 1, 1]
for i in a:
    if i == 1:
        a.remove(i)
print(a)
```

上面的代码运行的结果是[2,1,1]。从运行结果来看，并没有删除全部的 1，导致这个错误的原因是这段代码的逻辑是错误的。由于列表在内存中是自动管理的，当 remove()方法删除一个元素时，Python 会自动对列表内存进行收缩并移动列表元素，来保证所有元素之间不会出现空隙。也就是说，当删除某个元素后，该元素所在位置之后的所有元素的位置都会向前移动，其索引都被改变了。

可以在上面这段代码中加入一些输出语句，来观察整个删除的过程，就很容易明白列表元素的变化了。代码、运行结果及运行过程如下所示：

代码：

```
a = [1, 2, 1, 1, 1, 1]
for i in a:
    print(i)
    if i == 1:
        a.remove(i)
        print(a)
```

代码运行结果：

```
1
[2, 1, 1, 1, 1]
1
[2, 1, 1, 1]
1
[2, 1, 1]
```

代码执行过程：

```
a: [1, 2, 1, 1, 1, 1]
     ↑(第一次循环,取第一个元素)
a: [2, 1, 1, 1](内存收缩后的 a)
        ↑(第二次循环,取第二个元素)
a: [2, 1, 1](内存收缩后的 a)
           ↑(第三次循环,取第三个元素)
a: [2, 1](内存收缩后的 a)
```

要解决这个逻辑错误,可以从后往前遍历列表来删除指定重复的元素。例如：

```
a = [1, 2, 1, 1, 1]
for i in range(len(a) - 1, -1, -1):
    print(i)
    if a[i] == 1:
        del a[i]
        print(a)
```

程序的运行结果如下：

```
4
[1, 2, 1, 1]
3
[1, 2, 1]
2
[1, 2]
1
0
[2]
```

【例 6-9】 在有序序列中增加数据,使之仍保持有序(不使用列表的 insert()方法)。

解题思路：要将输入的数据 v 添加到一个有 n 个数的有序数据序列中,可以从左往右根据大小关系找到 v 的位置 i,然后从最后一个数开始将 n−i 个数依次后移一位,直到位置 i 空出,再将 v 放入位置 i。

程序代码如下：

```
a = eval(input('请输入有序(升序)列表:'))
# print('有序列表为:', a)          # 测试语句,可输出查看列表元素
```

```
n = len(a)
v = eval(input('请输入要插入的数:'))
a.append(v)                              #先将 v 加入到 a 的尾部
for i in range(n):
    if v < a[i]:                         #找到列表中第一个大于 v 的元素,下标为 i
        for j in range(n, i, -1):        #将下标从 n 开始,到下标为 i 的元素依次后移
            a[j] = a[j - 1]
        a[i] = v                         #将 v 放到位置 i 处
        break
print('插入后的列表为:', a)
```

程序的一个测试结果:

```
请输入有序(升序)列表:[1,3,5,7,9]↙
请输入要插入的数:4↙
插入后的列表为: [1, 3, 4, 5, 7, 9]
```

【例 6-10】 编写程序,找出矩阵中的马鞍点。所谓马鞍点,即对于矩阵 $\boldsymbol{a}$ 的 $m \times n$ 中的某个元素 a_{ij} 是第 i 行的最大值,同时又是第 j 列中的最小值,则称此元素为该矩阵中的一个马鞍点。

例如,对于矩阵 $\begin{bmatrix} 2,3,3 \\ 4,5,6 \\ 7,5,4 \end{bmatrix}$,其马鞍点的位置为(0,1)、(0,2)。

程序代码如下:

```
#1.  a = [[2, 3, 3], [4, 5, 6], [7, 5, 4]]       #3*3 的矩阵
#2.  n = len(a)
#3.  for i in range(n):                           #输出矩阵
#4.      print(a[i])
#5.  num = 0                                      #num 用于统计马鞍点个数
#6.  for i in range(n):
#7.      row_max = max(a[i])                      #求出第 i 行的最大值
#8.      for j in range(n):
#9.          if a[i][j] == row_max:
#10.             column = j                       #找到最大值所在列号
#11.             col_min = a[i][j]
#12.             for k in range(n):               #求出该列的最小值
#13.                 if a[k][column] < col_min:
#14.                     col_min = a[k][column]
#15.             if col_min == row_max:           #行最大值和列最小值相等,则马鞍点出现
#16.                 num += 1
#17.                 print('马鞍点:', (i, j))
#18. if num == 0:
#19.     print('没有马鞍点!')
```

本程序中,从#6～#17 行用了三层嵌套的 for 循环来找出矩阵的马鞍点。最外层的 for 循环是对矩阵的每一行求出其最大值 row_max,第二层 for 循环用于找到每行最大值所

在的列号 column,最内层的 for 循环则是找出第 column 列的最小值 col_min,最后判断 row_max 和 col_min 是否相等,相等则找到一个马鞍点。所有循环结束,可以找出该矩阵中所有出现的马鞍点。

程序的运行结果:

```
[2, 3, 3]
[4, 5, 6]
[7, 5, 4]
马鞍点: (0, 1)
马鞍点: (0, 2)
```

6.5 习　题

1. 什么叫序列?哪几种属于有序序列?哪几种属于无序序列?

2. 用列表推导式生成包含 10 个数字 5 的列表。

3. 编写程序,模拟列表的 index()方法。

4. 编写程序,模拟列表的 count()方法。

5. 编写程序,模拟列表的 remove()方法。

6. 编写程序,输入一个列表 a,计算得到一个元组 t,该元组 t 的第一个元素为列表 a 的最大值,其余元素为该最大值在列表 a 中的下标。

7. 编写程序,打印 10 行的杨辉三角。

8. 编写程序,打印九九乘法表。

9. 编写程序,输入两个正整数,计算得到一个元组,该元组第一个元素为两个整数的最大公约数,第二个元素为最小公倍数。

10. 编写程序,实现将矩阵顺时针旋转 90°。

11. 编写程序,随机生成一个包含 20 个元素的列表,将该列表的前 10 个元素按降序排序,后 10 个元素按升序排序。

12. 编写程序,随机生成[0,100]范围内的 20 个不重复的随机数,存入列表中,并将该列表奇数下标的元素升序排序,偶数位置不变。

第7章　字典与集合

7.1　字　　典

7.1.1　字典概述

字典(dictionary)是包含若干"键：值(key：value)"对元素的无序且可变的序列。有些书籍认为字典和集合不是序列,因为它们的元素不是有序的,而本书把字典和集合归类为无序序列。

字典可以看成是元素对构成的列表,其中一个元素是"键"(key),另一个元素是"值"(value),两者之间存在一种映射或对应关系,即通过 key 可以找到其映射的值 value。在定义字典时,字典的每个元素包含的键值对用冒号(：)分隔,每个对之间用逗号(,)分隔,整个字典包括在花括号中。

字典中的"键"可以是任意不可变数据,且"键"不允许重复,而"值"是可以重复的。对字典的所有操作默认都是通过"键"来完成的,例如,在搜索字典时,首先查找"键",当"键"找到后就可以直接获取该"键"对应的"值"了,效率很高。

7.1.2　字典的创建、元素引用及删除

1. 字典的创建

字典的创建方法很多。创建一个字典,只要把逗号分隔的不同的键值对使用花括号括起来即可,也可以使用 dict 类的构造函数创建一个空字典,或者直接使用"＝"创建一个字典并赋值给其他变量。格式如下。

格式一：

```
字典名 = dict()
```

格式二：

```
字典名 = {元素 1, 元组 2, … , 元素 n}
```

例如：

```
>>> dict1 = {}                                  # 创建空字典
>>> dict2 = {'a': 1, 'b': 2, 'c': 3}            # 用"="将一个字典赋值给一个变量
```

也可以调用构造函数 dict()，返回一个空字典。例如：

```
>>> dict3 = dict()                              # 创建空字典
>>> dict3
{}
>>> dict4 = dict(name='Tom', age=20)            # 以参数的形式创建字典
>>> dict4
{'age': 20, 'name': 'Tom'}
```

另外，还可以根据现有数据，通过调用内置函数或字典方法来创建字典。例如：

```
>>> keys = ['a', 'b', 'c', 'd']                 # 存储"键"的列表
>>> values = [1, 2, 3, 4]                       # 存储"值"的列表
>>> dict5 = dict(zip(keys, values))             # 调用 zip()函数
>>> dict5
{'a': 1, 'd': 4, 'b': 2, 'c': 3}
>>> dict6 = dict.fromkeys(keys)                 # 以给定的 keys 内容为"键","值"为空
>>> dict6
{'a': None, 'd': None, 'b': None, 'c': None}
>>> dict7 = dict.fromkeys(keys, 10)             # 以给定的 keys 内容为"键","值"为 10
>>> dict7
{'a': 10, 'd': 10, 'b': 10, 'c': 10}
```

2. 字典元素的引用

当字典创建好之后，就可以使用字典中的元素了。由于字典属于无序序列，所以不能像列表和元组一样使用序号下标来表示该元素在字典中的位置。字典中的每个元素存在一种映射或者对应关系，可以使用“键”作为下标来访问对应的“值”，如果该“键”不在字典中，则访问会抛出异常。其格式为：

```
字典名[键]
```

例如：

```
>>> dict1 = {'name': 'Tom', 'age': 20}
>>> dict1['age']                                # 通过"键"来引用其对应的"值"
20
>>> dict1['age'] = 21                           # 直接修改字典元素的值
>>> dict1
{'name': 'Tom', 'age': 21}
>>> dict1['sex'] = 'male'                       # 'sex'键不存在,此时直接添加元素'sex': 'male'
>>> dict1
{'age': 20, 'name': 'Tom', 'sex': 'male'}
>>> dict1['addr']                               # 没有'addr'键,抛出异常
```

```
Traceback (most recent call last):
  File "<pyshell#64>", line 1, in <module>
    dict1['addr']
KeyError: 'addr'
```

使用字典对象的 get()方法也可以获得指定“键”对应的“值”。例如：

```
>>> dict1.get('age')
20
```

get()方法在获得指定“键”对应值时，即使该“键”不存在，也不会抛出异常，而且可以指定该“键”不存在时返回指定的“值”。例如：

```
>>> dict1.get('addr', "No Key")                    #指定'No key'作为"键"不存在时的返回值
'No Key'
```

3. 字典的删除

当字典不用时可以使用 del 命令将其删除。其格式为：

```
del 字典名
```

例如：

```
>>> dict1 = {'a': 1, 'b': 2, 'c': 3}
>>> del dict1
>>> dict1                                          #dict1 已被删除，访问时会抛出异常
Traceback (most recent call last):
  File "<pyshell#69>", line 1, in <module>
    dict1
NameError: name 'dict1' is not defined
```

7.1.3 运算符对字典的操作

在 6.2.2 节中，我们知道，可用于列表操作的运算符非常多，有+、*、in、<、>等。对于字典来说，只有成员测试符 in 可以使用，且是通过“键”来判断的。例如：

```
>>> dict1 = {'a': 1, 'b': 2, 'c': 3}
>>> 'a' in dict1                                 #判断字典中是否有键'a'
True
>>> 'd' not in dict1
True
>>> 1 in dict1                                   #判断字典中是否有键"1",而不是值"1"
False
```

7.1.4 内置函数对字典的操作

在 6.2.3 节介绍了很多适用于序列的通用的内置函数。对于字典，除了 reversed()，其

余函数都可以应用于字典。由于这些内置函数在6.2.3节中以及第2章中都有详细的介绍,这里不再一一详细介绍了,而是直接把这些函数的使用融入到例子中。以下是这些函数的示例。

```
>>> dict1 = {'a': 1, 'b': 2, 'c': 3}
>>> dict1
{'a': 1, 'b': 2, 'c': 3}
>>> len(dict1)                    #字典元素个数
3
>>> max(dict1)                    #字典元素(默认都是对"键"的操作)最大值
'c'
>>> min(dict1)                    #字典元素(默认都是对"键"的操作)最小值
'a'
>>> sum(dict1)                    #由于"键"是非数值型,求和会出错
Traceback (most recent call last):
  File "<pyshell#111>", line 1, in <module>
    sum(dict1)
TypeError: unsupported operand type(s) for +: 'int' and 'str'
>>> sum(dict1.values())           # values()方法获取的是字典元素的"值"(数值型)的迭代器
6
>>> sorted(dict1)                 #对"键"排序,返回的是排序后的列表
['a', 'b', 'c']
>>> sorted(dict1.values())        #对"值"排序,返回的是排序后的列表
[1, 2, 3]
>>> dict2 = {'d': 4, 'e': 5, 'f': 6}
>>> zip(dict1, dict2)             #zip()返回的是zip对象,不能直接输出
<zip object at 0x0000000003351C48>
>>> dict(zip(dict1, dict2))       #使用dict()方法将zip对象转换为字典
{'a': 'e', 'b': 'f', 'c': 'd'}
>>> enumerate(dict1)              #enumerate()返回的是enumerate对象,不能直接输出
<enumerate object at 0x000000000335ECF0>
>>> dict(enumerate(dict1))        #使用dict()方法将enumerate对象转换为字典
{0: 'a', 1: 'b', 2: 'c'}
>>> all(dict1)                    #所有元素的"键"都为True
True
>>> any(dict1)
True
```

7.1.5 字典对象的常用方法

字典对象的常用方法见表7-1。

表7-1 字典对象的常用方法

方法	功能说明
dict.fromkeys(seq[, value])	用于创建一个新字典,以序列seq中元素做字典的键,value为字典所有键对应的初始值
dict.get(key, default=None)	返回指定键的值,如果键不在字典中则返回默认值

续表

方　　法	功 能 说 明
key in dict	用于判断键是否存在于字典中，如果键在字典 dict 中则返回 True，否则返回 False。而 not in 操作符刚好相反，如果键在字典 dict 中则返回 False，否则返回 True
dict.items()	以列表形式（并非直接的列表，若要返回列表值还需调用 list()函数）返回可遍历的（键，值）元组数组
dict.keys()	返回一个可迭代对象，可以使用 list()来转换为列表，列表内容为字典中的所有键
dict.values()	返回一个可迭代对象，可以使用 list()来转换为列表，列表内容为字典中的所有值
dict.setdefault(key,default=None)	和 get()方法类似，如果键不在字典中，将添加键并设置值为默认值
dict.update(dict2)	把字典参数 dict2 的 key：value（键：值）对更新到字典 dict 中
dict.pop(key[，default])	删除字典给定键 key 所对应的值，返回值为被删除的值。key 值若不存在则返回 default 值
dict.popitem()	随机返回并删除字典中的一对键和值（一般删除末尾对）。如果字典为空，调用此方法会抛出 KeyError 异常。
dict.clear()	清空字典所有元素，但字典对象仍保留
dict.copy()	复制并返回一个新字典

表 7-1 列出的字典方法中，fromkeys()和 get()方法已在 7.2.1 节介绍过，in 操作符也在 7.2.2 节介绍过，这里就不再赘述。下面详细介绍其他方法的用法。

1. items()、keys()、values()

这三个方法都可以返回一个可迭代对象（可使用 list()将其转换为列表），其中 items()获取的是由字典元素的“键”和“值”构成的所有元组的可迭代对象，keys()返回的是字典所有元素的“键”构成的可迭代对象，values()返回的是由字典元素的“值”构成的可迭代对象。例如：

```
>>> dict1 = {'a': 1, 'b': 2, 'c': 3}
>>> dict1.items()                                    #获取字典元素(键值对)
dict_items([('a', 1), ('b', 2), ('c', 3)])
>>> list(dict1.items())
[('a', 1), ('b', 2), ('c', 3)]
>>> dict1.keys()                                     #获取字典的键 key
dict_keys(['a', 'b', 'c'])
>>> list(dict1.keys())
['a', 'b', 'c']
>>> dict1.values()                                   #获取字典的值 value
dict_values([1, 2, 3])
>>> list(dict1.values())
[1, 2, 3]
```

2. pop()、popitem()、clear()

pop()、popitem()、clear()这三个方法可以实现对字典元素的删除。例如：

```
>>> dict1 = {'a': 1, 'b': 2, 'c': 3, 'd': 4}
>>> val = dict1.pop('d')              #删除key为'd'的元素,并返回其value
>>> val
4
>>> val = dict1.pop('d')              #key为'd'的元素不存在,抛出异常
Traceback (most recent call last):
      File "<pyshell#159>", line 1, in <module>
        val = dict1.pop('d')
KeyError: 'd'
>>> val = dict1.pop('d', 0)           #key为'd'的元素不存在,返回默认值0
>>> val
0
>>> val = dict1.popitem()             #随机删除一个元素,并返回该元素的键、值构成的元组
>>> val
('a', 1)
>>> dict1.clear()                     #清空字典所有元素,但字典对象保留
>>> dict1
{}
>>> val = dict1.popitem()             #字典dict1已为空,调用popitem()抛出异常
Traceback (most recent call last):
  File "<pyshell#169>", line 1, in <module>
    val = dict1.popitem()
KeyError: 'popitem(): dictionary is empty'
```

3. setdefault()

字典方法 setdefault()和 get()方法类似,如果 key 在字典中,返回对应的值。如果不在字典中,则插入 key 及设置的默认值 default,并返回 default,default 的默认值为 None。例如:

```
>>> dict1 = {}
>>> dict1.setdefault('a')             #dict1没有键'a',添加并设置值为None
>>> dict1
{'a': None}
>>> x = dict1.setdefault('a', 1)      #dict1已有键'a',返回该键对应的值None
>>> x                                 #x值为None
>>> dict1
{'a': None}
>>> x = dict1.setdefault('b', 1)      #dict1没有键'b',添加并设置值为给定的1
>>> x
1
>>> dict1
{'a': None, 'b': 1}
```

4. update()

字典方法 update()用于将另一个字典的“键值对”一次性全部添加到当前字典对象中,如果两个字典存在相同的“键”,则以另一个字典中的“值”对当前字典进行更新。例如:

```
>>> dict1 = {"name": "Tom", "age": 22}
>>> dict2 = {"sex": "male"}
>>> dict1.update(dict2)                          #合并字典
>>> dict1
{'age': 22, 'name': 'Tom', 'sex': 'male'}
>>> dict2 = {"name": "Jack", "sex": "male", "addr": "SuZhou, China"}
>>> dict1.update(dict2)                          #相同键的元素,其值以 dict2 为准
>>> dict1
{'addr': 'SuZhou, China', 'age': 22, 'name': 'Jack', 'sex': 'male'}
```

5. copy()

对于字典的复制,可以直接使用复制运算符"="来实现,也可以使用字典方法 copy()来实现,但两者意义不同。例如:

```
>>> dict1 = {'a': 1, 'b': 2, 'c': 3}
>>> dict2 = dict1                                #赋值运算,dict2 和 dict1 指向同一个字典
>>> dict2
{'a': 1, 'b': 2, 'c': 3}
>>> dict1['a'] = 0                               #dict1 发生改变
>>> dict1
{'a': 0, 'b': 2, 'c': 3}
>>> dict2                                        #dict2 也立刻发生改变
{'a': 0, 'b': 2, 'c': 3}
```

字典方法 copy()返回一个字典的浅复制,其含义不同于"="直接复制。例如:

```
>>> dict1 = {'a': 1, 'b': 2, 'c': 3}
>>> dict2 = dict1.copy()                         #浅复制
>>> dict2
{'a': 1, 'b': 2, 'c': 3}
>>> dict1['a'] = 0                               #dict1 发生改变
>>> dict1
{'a': 0, 'b': 2, 'c': 3}
>>> dict2                                        #dict2 不受影响
{'a': 1, 'b': 2, 'c': 3}
```

7.1.6　字典推导式

字典推导式和列表推导式的使用方法是类似的,只是将方括号改成花括号,得到的结果不是列表而是字典。下面直接举例说明。

```
>>> dict1 = {'a': 1, 'b': 2, 'c': 3}
>>> dict2 = {k: v for k, v in dict1.items()}     #字典推导式,将结果赋予 dict2
>>> dict2
{'a': 1, 'b': 2, 'c': 3}
>>> dict2 is dict1
False
```

```
>>> dict2 = {k: v ** 2 for k, v in dict1.items()}
>>> dict2
{'a': 1, 'b': 4, 'c': 9}
```

7.1.7 字典的遍历

字典的遍历默认遍历的是字典的“键”。例如：

```
>>> dict1 = {'a': 1, 'b': 2, 'c': 3}
>>> for x in dict1.keys():
        x
'a'
'b'
'c'
>>> for x in dict1:                        #不指明遍历对象,默认遍历的是字典的"键"
        x
'a'
'b'
'c'
```

如果要遍历字典的元素必须使用字典的方法 items()加以明确说明，遍历字典的“值”则要使用字典的方法 values()加以说明。例如：

```
>>> dict1 = {'a': 1, 'b': 2, 'c': 3}
>>> for item in dict1.items():             #遍历字典的元素
        item
('a', 1)
('b', 2)
('c', 3)
>>> for value in dict1.values():           #遍历字典的"值"
        value
1
2
3
```

7.2 集　　合

集合(set)是一个无序且没有重复元素的可变序列。和字典一样，使用一对花括号作为定界符，元素之间使用逗号分隔。集合中的元素只能是不可变类型的数据，不能包含如列表、字典、集合等可变类型的数据，因此集合是无法嵌套的。

7.2.1 集合的创建与删除

1. 集合的创建

可以使用花括号或者 set()函数创建集合。当需要创建一个空集合时，必须用 set()而

不是{},因为{}是用来创建一个空字典。其格式如下。

格式一:

```
集合名 = set()
```

格式二:

```
集合名 = {元素 1, 元组 2, … , 元素 n}
```

例如:

```
>>> set1 = {1, 2, 3, 4, 5}                    #用"="将一个集合赋值给一个变量
>>> set1
{1, 2, 3, 4, 5}
```

也可以调用构造函数 set(),返回一个空集合。例如:

```
>>> set2 = set()                              #创建空集合
>>> set2
{}
```

注意,集合和字典的定界符都是花括号{},如果使用{}则默认创建的是空字典。例如:

```
>>> set3 = {}                                 #创建空字典,而非空集合
>>> type(set3)
<class 'dict'>
```

集合中所有元素都是唯一的,重复的元素会自动被去除。例如:

```
>>> set4 = {1, 2, 3, 4, 1}                    #重复元素只保留一个
>>> set4
{1, 2, 3, 4}
```

2. 集合的删除

当集合不用时可以使用 dcl 命令将其删除,其格式为:

```
del 集合名
```

例如:

```
>>> set1 = {1, 2, 3, 4, 5}
>>> del set1
>>> set1                                  #set1 已被删除,访问时会抛出异常
Traceback (most recent call last):
  File "<pyshell#259>", line 1, in <module>
    set1
NameError: name 'set1' is not defined
```

7.2.2 集合的运算

Python 的集合支持成员运算符 in，也支持数学意义上的集合运算，如交集、并集、差集、对称差集等。此外，集合还支持>、>=、<、<=、==、!=，这些运算符用于判断集合的包含关系及是否相同。下面举例说明。

```
>>> set1 = {1, 2, 3, 4, 5}
>>> set2 = {4, 5, 6, 7, 8}
>>> 1 in set1                           # 判断集合中是否有元素 1
True
>>> 6 in set1
False
>>> 6 not in set1
True
>>> set1 | set2                         # 求并集
{1, 2, 3, 4, 5, 6, 7, 8}
>>> set1 & set2                         # 求交集
{4, 5}
>>> set1 - set2                         # 求差集
{1, 2, 3}
>>> set1 ^ set2                         # 求对称差集
{1, 2, 3, 6, 7, 8}
>>> set1 < set2                         # 判断集合大小(包含关系)
False
>>> set1 < {1, 2, 3, 4, 5, 6}           # 真子集
True
>>> set1 <= {1, 2, 3, 4, 5}             # 子集
True
>>> set1 != set2                        # 判断集合是否不同(有不同的元素)
True
>>> set1 == {1, 2, 3, 4, 5}             # 判断集合是否相等(元素是否相同)
True
```

7.2.3 内置函数对集合的操作

内置函数 len()、max()、min()、sum()、sorted()、zip()、enumerate()、all()、any()均可用于集合的操作。例如：

```
>>> set1 = {1, 2, 3, 4}
>>> set2 = {'a', 'b', 'c', 'd'}
>>> len(set1)                          # 集合元素个数
4
>>> max(set1)                          # 集合元素最大值
4
>>> min(set1)                          # 集合元素最小值
1
>>> sum(set1)                          # 集合元素求和,对于非数值型会出错
```

```
10
>>> sum(set2)                          #集合元素求和,对于非数值型会出错
Traceback (most recent call last):
  File "<pyshell#298>", line 1, in <module>
    sum(set2)
TypeError: unsupported operand type(s) for +: 'int' and 'str'
>>> sorted(set1)
[1, 2, 3, 4]
>>> sorted(set1, reverse = True)       #集合元素降序排序
[4, 3, 2, 1]
>>> zip(set1, set2)                    #zip()返回的是 zip 对象,不能直接输出
<zip object at 0x0000000003369B88>
>>> list(zip(set1, set2))              #使用 list()方法将 zip 对象转换为列表
[(1, 'a'), (2, 'b'), (3, 'd'), (4, 'c')]
>>> enumerate(set2)                    #enumerate()返回的是 enumerate 对象,不能直接输出
<enumerate object at 0x00000000033668B8>
>>> list(enumerate(set2))              #使用 list()方法将 enumerate 对象转换为列表
[(0, 'a'), (1, 'b'), (2, 'd'), (3, 'c')]
>>> all(set1)
True
>>> any(set1)
True
```

7.2.4 集合对象的常用方法

集合对象的常用方法见表 7-2。

表 7-2 集合对象的常用方法

方 法	功能说明
set.add(obj)	给集合添加元素 obj,如果添加的元素在集合中已存在,则不执行任何操作
set.update(set1)	修改当前集合,可以添加新的元素或集合 set1 到当前集合中,如果添加的元素在集合中已存在,则该元素只会出现一次,重复的会忽略
set.discard(obj)	移除指定的集合元素 obj。如果 obj 不存在集合中,则该方法不会抛出异常
set.remove(obj)	移除集合中的指定元素 obj。如果 obj 不存在集合中,则该方法会抛出异常
set.pop()	随机移除并返回一个元素。如果集合为空则会抛出异常
set.difference(set1)	返回集合的差集,即返回的集合元素包含在第一个集合中,但不包含在第二个集合中
set.intersection(set1,set2...)	返回两个或更多集合中都包含的元素,即交集
set.union(set1,set2...)	返回两个或更多集合的并集,即包含了所有集合的元素,重复的元素只会出现一次
set.symmetric_difference()	返回两个集合中不重复的元素集合,即会移除两个集合中都存在的元素
set.issubset(set1)	用于判断集合 set 的所有元素是否都包含在集合 set1 中,如果是则返回 True,否则返回 False
set.isdisjoint()	用于判断两个集合是否包含相同的元素,如果没有任何相同元素则返回 True,否则返回 False
set.issuperset(set1)	用于判断集合 set1 的所有元素是否都包含在原始的集合 set 中,如果是则返回 True,否则返回 False

续表

方　法	功能说明
set.difference_update(set1, set2...)	移除集合 set 中的元素,该元素在集合 set1,set2...中也存在
set.intersection_update(set1, set2...)	删除集合 set 中的元素,该元素在集合 set1,set2...中不都存在
set.symmetric_difference_update(set1)	移除当前集合 set 在另一个指定集合 set1 中相同的元素,并将 set1 中不同的元素插入到当前集合中
set.clear()	清空集合所有元素,但集合对象保留
set.copy()	复制并返回一个新集合

下面详细介绍这些方法的用法。

```
>>> set1 = {1, 2, 3, 4}
>>> set2 = {3, 4, 5, 6}
>>> set1.add(5)                          #添加元素
>>> set1
{1, 2, 3, 4, 5}
>>> set1.update(set2)                    #将 set2 中元素全部添加到 set1 中,去掉重复元素
>>> set1
{1, 2, 3, 4, 5, 6}
>>> set1.remove(6)                       #移除集合中的元素 6
>>> set1
{1, 2, 3, 4, 5}
>>> set1.remove(6)                       #元素 6 已不在 set1 中,抛出异常
Traceback (most recent call last):
  File "<pyshell#341>", line 1, in <module>
    set1.remove(6)
KeyError: 6
>>> set1.discard(5)                      #移除集合中的元素 5
>>> set1
{1, 2, 3, 4}
>>> set1.discard(5)                      #元素 5 已不在 set1 中,但并不抛出异常
>>> set1
{1, 2, 3, 4}
>>> set1.pop()                           #随机移除并返回一个元素
1
>>> set1
{2, 3, 4}
>>> set1.difference(set2)                #差集
{2}
>>> set1.intersection(set2)              #交集
{3, 4}
>>> set1.union(set2)                     #并集
{2, 3, 4, 5, 6}
>>> set1.symmetric_difference(set2)      #对称差集
{2, 5, 6}
>>> set2.difference_update(set1)         #从 set2 中删除所有出现在 set1 中的元素
```

```
>>> set2
{5, 6}
>>> set2 = {3, 4, 5, 6}                        #重新创建 set2
>>> set1.intersection_update(set2)             #从 set1 中移除不存在 set2 中的元素
>>> set1
{3, 4}
>>> set1 = {1, 2, 3, 4}                        #重新创建 set1
>>> set1.symmetric_difference_update(set2)    #在 set1 中移除与 set2 中的重复元素,并将
                                               #set2 不重复的元素植入到 set1 中
>>> set1
{1, 2, 5, 6}
>>> set1 = {1, 2, 3, 4}                        #重新创建 set1
>>> set2 = {1, 2, 3, 4, 5, 6}                  #重新创建 set2
>>> set1.issubset(set2)                        #判断 set1 是不是 set2 的子集
True
>>> set2.issubset(set1)
False
>>> set1.issuperset(set2)                      #判断 set2 是不是 set1 的子集
False
>>> set2.issuperset(set1)                      #判断 set1 是不是 set2 的子集
True
>>> set1.isdisjoint(set2)              #判断 set1 和 set2 的交集是否为空,若不为空则返回 False
False
>>> set2 = {5, 6, 7, 8}
>>> set1.isdisjoint(set2)                      #set1 和 set2 的交集为空,返回 True
True
>>> set1.clear()                               #清空 set1 所有元素
>>> set1
set()
```

和列表、字典一样,方法 copy()返回一个集合的浅复制,其含义不同于“=”直接复制。例如:

```
>>> set2 = {1, 2, 3, 4}
>>> set1 = set2.copy()                 #复制集合,属于浅复制
>>> set1
{1, 2, 3, 4}
>>> set2.add(5)                        #set2 发生改变
>>> set1                               #set1 没有变化
{1, 2, 3, 4}
>>> s = set1                           #用"="赋值运算,s 和 set1 指向同一个集合
>>> set1.add(5)                        #set1 发生改变
>>> s                                  #s 也立刻发生改变
{1, 2, 3, 4, 5}
```

7.2.5　集合的遍历和推导式

集合和字典一样,属于无序序列,遍历集合中的元素也是使用 for 循环遍历。例如:

```
>>> set1 = {1, 2, 3, 4, 5}
>>> for i in set1:
        print(i, end = '  ')
1  2  3  4  5
```

集合推导式和列表推导式的使用方法也是类似的，只是将方括号改成花括号，得到的结果不是列表而是集合。下面直接举例说明。

```
>>> set1 = {1, 2, 3, 4}
>>> set2 = {i ** 2 for i in set1}                    #集合推导式,将结果赋予 set2
>>> set2
{16, 1, 4, 9}
>>> set2 = {i ** 2 for i in set1 if i % 2 == 0}      #带条件表达式的集合推导式
>>> set2
{16, 4}
```

7.3 应用举例

【例 7-1】 编写程序，生成 200 个在[0,100]范围内的随机数，并统计不同数字出现的次数，并按生成的随机数升序输出。

程序代码如下：

```
import random
nums = [random.randint(0, 100) for i in range(200)]  #列表推导式
# print(nums)                                        #查看生成的随机数
diff_nums = set(nums)
# print(diff_nums)                                   #查看有哪些不重复的随机数
result = {}
for i in diff_nums:                                  #统计每个随机数出现的次数
    result[i] = nums.count(i)
print(sorted(result.items()))                        #按随机数的升序输出字典元素
```

本程序中，首先使用列表推导式生成包含 200 个随机数的列表 nums，然后将 nums 转换成集合 diff_nums，目的是去除重复的随机数，最后遍历 diff_nums，利用列表的 count() 方法求出不同的随机数出现的次数，将结果存在字典 result 中并排序输出。

运行程序，某一次的输出结果如下：

```
[(0, 3), (1, 3), (2, 2), (3, 3), (4, 2), (5, 4), (6, 4), (7, 3), (10, 2), (11, 1), (12, 2), (14,
2), (15, 2), (16, 5), (17, 1), (18, 1), (19, 2), (20, 2), (21, 2), (22, 3), (23, 2), (25, 1),
(26, 3), (27, 2), (28, 5), (29, 4), (31, 1), (32, 2), (34, 4), (35, 1), (36, 2), (37, 7), (38,
3), (39, 2), (42, 1), (43, 1), (44, 4), (45, 2), (46, 3), (47, 1), (48, 2), (49, 2), (51, 4),
(52, 4), (53, 4), (54, 3), (55, 1), (56, 2), (57, 2), (58, 2), (59, 2), (60, 2), (61, 2), (62,
2), (63, 1), (64, 3), (65, 3), (67, 3), (68, 2), (69, 4), (70, 3), (71, 1), (72, 2), (73, 4),
(74, 1), (75, 1), (76, 3), (78, 1), (80, 4), (82, 2), (83, 2), (84, 3), (85, 2), (86, 2), (87,
2), (88, 2), (90, 2), (91, 2), (92, 1), (94, 4), (95, 3), (97, 1), (98, 1), (100, 1)]
```

【例 7-2】 编写程序，使用集合，生成 30 个在[0,50]的不重复的随机数。

程序代码如下：

```
import random
s = set()
while True:
    n = random.randint(0, 50)
    s.add(n)                        #集合中元素都是不重复的
    if len(s) == 30:                #集合中达到 30 个元素，循环结束
        break
print(s)
```

本程序使用集合来存放随机数。由于集合中不能出现相同的元素，所以在循环中将生成的随机数添加到集合中，直到集合元素满 30 个后跳出循环，从而生成了 30 个不重复的随机数。

某次运行程序的输出结果如下：

```
{0, 1, 3, 4, 6, 7, 9, 12, 13, 15, 17, 18, 19, 20, 21, 22, 25, 26, 27, 28, 29, 32, 34, 37, 38, 39,
41, 42, 47, 49}
```

【例 7-3】 编写程序，输入学号（全是数字），统计学号中各个数字重复了多少次，将统计结果存入字典中，并按学号中数字的升序输出该字典内容。

程序代码如下：

```
sno = eval(input("请输入你的学号:"))
result = {}
while sno != 0:
    num = sno % 10                  #取学号最后一位
    # 如果字典中还没有以该数字为键的元素，则以该数字为键并将其值设为 1
    # 如果已有以该数字为键的元素，则将该键对应的值加 1
    result[num] = result.get(num, 0) + 1
    sno = sno // 10                 #去除学号最后一位
print(sorted(result.items()))
```

本程序使用循环，依次将学号中的数字从后往前提取出来，以这些数字为字典的键，以数字出现的次数为字典的值，存入字典 result 中，最后按键来升序输出结果。

程序的某次测试结果：

```
请输入你的学号:1947401002↙
[(0, 3), (1, 2), (2, 1), (4, 2), (7, 1), (9, 1)]
```

【例 7-4】 编写程序，对某门课的所有考试成绩分类统计，分别统计出优、良、中、及格和不及格的人数。

程序代码如下：

```
#1.  import random
#2.  marks = [random.randint(0, 100) for i in range(20)]          #随机生成 20 个成绩
#3.  print("成绩如下:", marks)
#4.  rank = {'优秀': 0, '良好': 0, '中等': 0, '及格': 0, '不及格': 0} #所有等级的人数初始为0
#5.  for item in marks:
#6.      if item >= 90:
#7.          rank['优秀'] = rank['优秀'] + 1
#8.      elif item >= 80:
#9.          rank['良好'] = rank['良好'] + 1
#10.     elif item >= 70:
#11.         rank['中等'] = rank['中等'] + 1
#12.     elif item >= 60:
#13.         rank['及格'] = rank['及格'] + 1
#14.     else:
#15.         rank['不及格'] = rank['不及格'] + 1
#16. print("统计结果:", rank)
```

在本程序中，#2 行使用列表推导式随机生成 20 个同学的成绩，#4 行以不同等级为键，初始值为 0，创建字典 rank。for 循环是对每个随机生成的成绩进行判断，并更新字典 rank 中相应等级的人数值。

程序的某次运行结果如下：

```
成绩如下: [72, 94, 65, 49, 97, 44, 43, 97, 21, 89, 58, 15, 35, 39, 41, 31, 45, 3, 46, 46]
统计结果: {'不及格': 16, '优秀': 3, '良好': 1, '及格': 0, '中等': 0}
```

【例 7-5】 编写程序，模拟集合的交集、并集和差集运算。

程序代码如下：

```
set1 = eval(input('请输入集合 1:'))
set2 = eval(input('请输入集合 2:'))
intersection = set()
union = set()
difference = set()
for i in set2:                                              #求交集
    if i in set1:
        intersection.add(i)
union = set1.copy()
for i in set2:                                              #求并集
    if i not in set1:
        union.add(i)
for i in set1:                                              #求差集
    if i not in set2:
        difference.add(i)
print("交集为:", intersection)
print("并集为:", union)
print("差集为:", difference)
```

本程序主要是利用循环的方法来实现求两个集合的交集、并集和差集。

程序的某次测试结果如下：

```
请输入集合 1:{1,2,3}↙
请输入集合 2:{2,3,4}↙
交集为: {2, 3}
并集为: {1, 2, 3, 4}
差集为: {1}
```

【例 7-6】 编程程序，检测密码的安全强度。

密码一般是由多种字符构成的字符串，该字符串中包含的字符种类很大程度上决定了该密码的安全强度。字符种类一般分大写字母、小写字母、数字和特殊字符，如果一个密码包含 4 种字符就被认为是高强度密码，包含 3 种则是中高强度密码，包含 2 种则是中低强度密码，如果只包含一种则被认为是弱密码。很多系统应用中，都要求用户设置密码至少达到中高强度密码。本程序要求在输入一个密码后，能判断出该密码的强度。

程序代码如下：

```
#1.  pwd_str = [set("ABCDEFGHIJKLMNOPQRSTUVWXYZ"),
#2.             set("abcdefghijklmnopqrstuvwxyz"),
#3.             set("0123456789"),
#4.             set("!\"#$%&\'()*+,-./:;<=>?@[\\]^_`{|}~")]
#5.  pwd_safe = {4: '高强度', 3: '中高强度', 2: '中低强度', 1: '弱强度'}
#6.  pwd = input("请输入要验证的密码:")
#7.  pwd = set(pwd)
#8.  num = 0
#9.  for item in pwd_str: # 将密码和 pwd_str 中的各类字符构成的集合做交集运算
#10.     if len(item & pwd) > 0:          #若运算结果不为空,则表示包含此类字符
#11.         num += 1                     #num 增加 1
#12. print(pwd_safe.get(num, "密码字符无法识别!"))
```

在本程序中，#1～#4 行是创建一个列表，该列表有 4 个集合元素，分别存放大写字母、小写字母、数字和特殊字符。#5 行是创建一个字典，该字典的元素为不同数值及其对应的密码强度。#7 行是将输入的密码字符串转换为由各个字符作为元素构成的集合，目的是把重复的字符去除。#9～#11 行利用循环依次将 pwd 和列表 pwd_str 中各元素做集合的交集运算，若交集的结果不为空集，则 num 的值增加 1。当循环结束后，num 的值记录的就是用户输入的密码中包含字符种类的个数，以 num 值为键从字典 pwd_safe 中取出相应的密码强度并输出结果。

程序的一个测试结果如下：

```
请输入要验证的密码:suda@123↙
中高强度
```

7.4 习　　题

1. 编写程序,模拟集合的对称差集的运算。

2. 编写程序,随机从[0,100]中取出 100 个数,降序打印所有不同数字及其出现的次数。

3. 设计一个字典,并编写程序,将用户输入的内容作为键查找并输出字典中对应的值,如果用户输入的键不存在,则输出“您输入的键不存在!”。

4. 假设有列表 a=['sno','sname','score']、b=['1910299321','Tom', '98'],编写程序,以列表 a 中的元素作为键,列表 b 中的元素作为值,生成一个字典。

5. 编写程序,生成 200 个在[0,100]的随机数,统计不同数字出现的次数,并按不同数字出现的次数降序输出。

第8章 字符串与正则表达式

8.1 字　符　串

字符串(string)属于不可变的有序序列,使用单引号、双引号、三单引号或者三双引号作为定界符,而且不同的定界符可以相互嵌套。Python 中没有独立的字符数据类型,字符即长度为 1 的字符串。

8.1.1 字符串的创建、索引及删除

1. 字符串的创建

创建字符串很简单,只要为变量分配一个值即可,或者用 str()方法创建一个空字符串。例如:

```
>>> s1 = 'SuZhou'                                  #单引号
>>> s2 = "SuZhou"                                  #双引号
>>> s3 = '''SuZhou'''                              #三单引号
>>> s4 = """SuZhou"""                              #三双引号
>>> type(s1)
<class 'str'>
>>> s5 = str()                                     #str()创建空字符串
>>> s5
''
```

通过 str()函数,可以把任意对象转换为 str 对象。例如:

```
>>> s6 = str(12345)
>>> s6
'12345'
```

注意,如果有两个紧邻的字符串,中间以空格分隔,则自动拼接成一个字符串。例如:

```
>>> 'SuZhou'  'China'
'SuZhouChina'
```

2. 字符串索引

字符串是有序序列，支持使用下标访问特定位置的元素(字符)。例如：

```
>>> s1 = 'SuZhou'
>>> s1[0]
'S'
```

字符串也支持双向索引。例如：

```
>>> s1[-1]
'u'
```

注意，字符串属于不可变序列，所以不可以修改、添加、删除元素。例如：

```
>>> s1[2] = 'C'
Traceback (most recent call last):
  File "<pyshell#451>", line 1, in <module>
    s1[2] = 'C'
TypeError: 'str' object does not support item assignment
```

3. 字符串的删除

与列表、元组序列一样，当不再使用字符串对象时，可以使用 del 命令将其删除。

```
>>> s1 = 'SuZhou'
>>> del s1                                  #删除 s1
>>> s1                                      #s1 已被删除,访问时会抛出异常
Traceback (most recent call last):
  File "<pyshell#454>", line 1, in <module>
    s1
NameError: name 's1' is not defined
```

8.1.2 字符串编码

最早的字符编码是 ASCII(美国信息交换标准码)，共编码了 128 个字符(包括 10 个数字、26 个大写字母、26 个小写字母及一些控制符)。ASCII 采用 1 个字节对字符进行编码，其编码字符仅考虑了美国的需求。

随着计算机的发展与普及，各国的文字都需要编码才能进行信息交换。于是各个国家或地区也都纷纷设计了自己的文字编码。目前国内常用的编码有扩充 ACSII、GB 2312、GBK、UTF-8 等。不同的编码规则意味着字符的不同表示和存储形式，因此，同一个字符，使用的编码不一样，存入计算机时其内容也可能不一样。

GB 2312(GB 表示国标)是我国最早制定的中文编码标准，GBK(K 表示扩充)是对 GB 2312 的扩充。这两种编码的中文汉字都采用 2 个字节表示。UTF－8 也称万国码，是针对

Unicode 的一种编码方式。UTF-8 为了节省资源，采用变长编码，编码长度从 1 个字节到 6 个字节不等。对于中文字符，UTF-8 则使用 3 个字节来表示。

Python 3.x 默认采用 UTF-8 编码格式，能支持中文，无论是一个数字、英文字符，还是中文汉字都按一个字符来处理。如果想使用其他编码方式，可以使用字符串的 encode()方法来指定，encode()编码后将成为 bytes 对象，而 bytes 对象则可以通过 decode()方法使用对应的编码格式解码为字符串。bytes 是一种特殊的字符类型，称为字节串，其每个元素是一个 8 位二进制数据。创建字节串时，只要在字符串前面加上字母 b 即可。下面举例说明字符串的编码。

```
>>> s1 = "SuZhou"                           #创建字符串对象 s1
>>> b1 = b"SuZhou"                          #创建字节串对象 b1
>>> type(s1)                                #str 类型
<class 'str'>
>>> type(b1)                                #bytes 类型
<class 'bytes'>
>>> type(s1.encode())                       #默认使用 UTF-8 编码
<class 'bytes'>
>>> type(s1.encode('gbk'))                  #使用 GBK 进行编码
<class 'bytes'>
>>> "苏州".encode()                          #默认使用 UTF-8 对汉字编码,每个汉字占 3 个字节
b'\xe8\x8b\x8f\xe5\xb7\x9e'
>>> b'\xe8\x8b\x8f\xe5\xb7\x9e'.decode() #使用默认的 UTF-8 解码
'苏州'
>>> "苏州".encode('gbk')                     #使用 GBK 对汉字编码,每个汉字 2 个字节
b'\xcb\xd5\xd6\xdd'
>>> b'\xcb\xd5\xd6\xdd'.decode()            #默认使用 UTF-8 解码,会抛出异常
Traceback (most recent call last):
  File "<pyshell#472>", line 1, in <module>
    b'\xcb\xd5\xd6\xdd'.decode()
UnicodeDecodeError: 'utf-8' codec can't decode byte 0xcb in position 0: invalid continuation byte
>>> b'\xcb\xd5\xd6\xdd'.decode('gbk')       #使用 GBK 解码则正确
'苏州'
```

8.1.3 运算符对字符串的操作

运算符+、+=、*、*=、in、<、<=、>、>=、==、!=均可应用于字符串，具体的使用方法和列表类似。需注意的是，+、+=运算符用于字符串时表示字符串的连接运算，成员测试符 in 则用于测试字符串中是否包含某个字符或字符串，其他运算符与第 6 章介绍的列表、元组的运算规则类似。例如：

```
>>> s1 = "SuZhou"
>>> s2 = "China"
>>> s1 + s2                          #字符串连接
'SuZhouChina'
>>> s1 += s2                         #字符串连接,结果赋予 s1
>>> s1
```

```
'SuZhouChina'
>>> s2 in s1                    #判断 s2 是否出现在 s1 中
True
>>> 'w' in s1                   #判断字符 w 是否出现在 s1 中
False
>>> s1 > s2                     #关系运算符用于比较两个字符串的大小(不是包含关系)
True
```

8.1.4 内置函数对字符串的操作

常用的内置函数 len()、max()、min()、sorted()、reversed()、zip()、enumerate()、all()、any()、eval()均可以应用于字符串，使用方法和列表及元组等序列类似。例如：

```
>>> s1 = "SuZhou"
>>> len(s1)                          #求 s1 中的长度(字符个数)
6
>>> max(s1)                          #求 s1 中的最大元素(字符)
'u'
>>> min(s1)                          #求 s1 中的最小元素(字符)
'S'
>>> sorted(s1)                       #对 s1 中的元素(字符)排序,默认为升序
['S', 'Z', 'h', 'o', 'u', 'u']
>>> list(reversed(s1))               #对 s1 中的元素(字符)逆序排序
['u', 'o', 'h', 'Z', 'u', 'S']
>>> list(zip(s1, "China"))           #使用 list()方法将 zip 对象转换为列表
[('S', 'C'), ('u', 'h'), ('Z', 'i'), ('h', 'n'), ('o', 'a')]
>>> list(enumerate(s1))              #使用 list()方法将 enumerate 对象转换为列表
[(0, 'S'), (1, 'u'), (2, 'Z'), (3, 'h'), (4, 'o'), (5, 'u')]
>>> all(s1)                          #判断 s1 中所有元素(字符)是否都为 True
True
>>> any(s1)                          #判断 s1 中是否有元素(字符)为 True
True
```

内置函数 eval()用来把字符串转换为表达式并进行求值运算。例如：

```
>>> s1 = "3 + 4"
>>> eval(s1)                          #将 s1 转换为表达式 3 + 4,并求出值
7
>>> x = 10
>>> y = 20
>>> eval("x * y")                     #将 s1 转换为表达式 x * y,并求出值
200
```

使用 3.3.1 节中介绍的输入函数 input()用来接收用户从键盘输入的内容，所输入的内容一律按照字符串对待的。如果需要将输入的内容还原为本来的类型，需要做强制类型转换。例如，对于输入的整数，可以用 int()函数进行转换，对于 float 类型则需要用 float()函数进行转换，而使用 eval()函数就可解决包括整数、实数以及复数的自动转换。例如：

```
>>> n = input()
100
>>> n
'100'
>>> eval(n)
100
>>> n = eval(input())
23.5
>>> n
23.5
```

另外，对于输入的列表、元组、字典、集合等其他复杂数据结构，无法通过强制类型转换把输入的字符串转换为原来的类型，这时用 eval()函数就是个很好的选择。例如：

```
>>> list1 = input()
[1,2,3]↙
>>> list1
'[1,2,3]'
>>> eval(list1)              #使用 eval()函数将输入的字符串转换为列表(不能使用 list())
[1, 2, 3]
>>> tuple1 = input()
(4,5,6)↙
>>> tuple1
'(4,5,6)'
>>> eval(tuple1)             #使用 eval()函数将输入的字符串转换为元组
(4, 5, 6)
>>> d1 = input()
{1:2,2:3,3:4}↙
>>> d1
'{1:2,2:3,3:4}'
>>> eval(d1)                 #使用 eval()函数将输入的字符串转换为字典
{1: 2, 2: 3, 3: 4}
```

8.1.5　字符串的遍历与切片

字符串是有序序列，遍历字符串中的元素可以使用 for 循环实现。例如：

```
>>> s1 = 'SuZhou'
'SuZhou'
>>> for i in range(len(s1)):          #根据字符串长度遍历，使用下标位置引用元素
        print(s1[i], end = '  ')
S  u  Z  h  o  u
>>> for ch in s1:                     #直接遍历用 in 引用元素
        print(ch, end = '  ')
S  u  Z  h  o  u
```

切片操作同样适用于字符串对象，和第 6 章介绍的元组类似，只能使用切片操作获取字符串中的元素，不能做任何添加、修改和删除元素的操作。例如：

```
>>> s1 = "SuZhou,China"
>>> s1[:7]
'SuZhou,'
>>> s1[:6]
'SuZhou'
>>> s1[8:]
'hina'
>>> s1[7:]
'China'
>>> s1[::2]
'SZo,hn'
```

8.1.6 字符串对象的常用方法

Python 字符串对象提供了大量的方法，可以应用这些方法进行字符串的查找、替换和排版。由于字符串属于不可变序列，所以只要涉及字符串修改的方法都是返回修改后的新字符串，而原字符串是不会做任何改动的。

字符串对象的常用方法如表 8-1 所示。

表 8-1 字符串对象的常用方法

方　法	功能说明
str.capitalize()	将字符串的第一个字母变成大写，其他字母变小写
str.center(width[,fillchar])	返回一个宽度为 width 且居中的字符串，fillchar 为填充字符，默认为空格
str.count(sub, start= 0, end= len(string))	用于统计字符串中某个子字符 sub 出现的次数。可选参数 start 和 end 为在字符串中搜索的开始与结束位置
str.encode(encoding='UTF-8',errors='strict')	以指定的编码格式编码字符串。errors 参数可以指定不同的错误处理方案
str.expandtabs(tabsize=8)	将字符串中的 tab 符号('\t')转为空格，tab 符号默认转换的空格数是 8
str.find(str1, beg = 0, end = len(string))	检测字符串中是否包含子字符串 str1，如果指定 beg(开始)和 end(结束)范围，则检查是否包含在指定范围内。如果指定范围内包含指定索引值，返回的是索引值在字符串中的起始位置。如果不包含索引值，则返回－1
str.rfind(str1, beg = 0 end = len(string))	返回字符串最后一次出现的位置，如果没有匹配项则返回－1
str.index(str1, beg = 0, end = len(string))	检测字符串中是否包含子字符串 str1，如果指定 beg(开始)和 end(结束)范围，则检查是否包含在指定范围内。该方法与 find()方法一样，只不过如果 str1 不在 str 中会报一个异常
str.rindex(str1, beg = 0 end = len(string))	返回子字符串 str1 在字符串中最后出现的位置，如果没有匹配的字符串则会报异常。可以指定可选参数[beg: end]设置查找区间
str.isalnum()	检测字符串是否由字母和数字组成
str.isalpha()	检测字符串是否只由字母组成
str.isdigit()	检测字符串是否只由数字组成

续表

方　　法	功 能 说 明
str. islower()	检测字符串是否由小写字母组成
str. isnumeric()	检测字符串是否只由数字组成
str. isspace()	检测字符串是否只由空白字符组成
str. istitle()	检测字符串中所有的单词拼写首字母是否为大写，且其他字母为小写
str. isupper()	检测字符串中所有的字母是否都为大写
str. isdecimal()	检查字符串是否只包含十进制字符
str. join(sequence)	将序列中的元素以指定的字符 sequence 连接生成一个新的字符串
str. ljust(width[,fillchar])	返回一个原字符串左对齐，并使用空格填充至指定长度的新字符串。如果指定的长度小于原字符串的长度则返回原字符串
str. rjust(width[,fillchar])	返回一个原字符串右对齐，并使用空格填充至长度 width 的新字符串。如果指定的长度小于字符串的长度则返回原字符串
str. lower()	转换字符串中所有字母为小写
str. upper()	转换字符串中所有字母为大写
str. title()	将所有单词的首字母转换为大写，其余字母均为小写
str. swapcase()	用于对字符串的大小写字母进行互换
str. replace(old,new[,max])	把字符串中的 old(旧子字符串)替换成 new(新子字符串)，如果指定第三个参数 max，则替换不超过 max 次
str. split(str1 = "", num = str. count(str))	通过指定分隔符 str1 对字符串进行从左分隔并返回包含结果的列表，如果参数 num 有指定值，则仅分隔 num+1 个子字符串
str. rsplit(str1 = "", num = str. count(str))	通过指定分隔符 str1 对字符串进行从右分隔并返回包含结果的列表，如果参数 num 有指定值，则仅分隔 num+1 个子字符串
str. splitlines([keepends])	按照行('\r','\r\n',\n')分隔，返回一个包含各行作为元素的列表。如果参数 keepends 为 False，不包含换行符；如果为 True，则保留换行符
str. startswith(substr, beg = 0, end = len(string))	用于检查字符串是否是以指定子字符串 substr 开头，如果是则返回 True，否则返回 False。如果参数 beg 和 end 指定值，则在指定范围内检查
str. endswith(suffix[,start[,end]])	用于判断字符串是否以指定后缀结尾，如果以指定后缀结尾则返回 True，否则返回 False。可选参数 start 与 end 为检索字符串的开始与结束位置
str. strip([chars])	用于移除字符串头尾指定的字符(默认为空格)或字符序列
str. lstrip([chars])	用于移除字符串左边的空格或指定字符(默认为空格)
str. rstrip([chars])	用于移除字符串末尾的指定字符(默认为空格)
str. zfill(width)	返回指定长度的字符串，原字符串右对齐，前面填充 0
str. maketrans(intab,outtab)	用于创建字符映射的转换表。对于接收两个参数的最简单的调用方式，第一个参数是字符串，表示需要转换的字符；第二个参数也是字符串，表示转换的目标
str. translate(table)	根据参数 table 给出的字符映射表转换字符串的字符，table 由 maketrans()方法创建
str. format(…)	返回按照给定参数进行格式化后的字符串副本

下面具体介绍一些常用方法的用法。

1. lower()、upper()、title()、capitalize()、swapcase()

这几个方法主要用来对字符串中的字符做各种大小写的转换，操作结果都返回新字符串，而不会对原字符串做任何修改。例如：

```
>>> s1 = "Soochow University is Beautiful"
>>> s1.lower()                          #返回小写字符串
'soochow university is beautiful'
>>> s1.upper()                          #返回大写字符串
'SOOCHOW UNIVERSITY IS BEAUTIFUL'
>>> s1.title()                          #返回每个单词首字母变为大写的字符串
'Soochow University Is Beautiful'
>>> s1.capitalize()                     #返回首字母变为大写的字符串
'Soochow university is beautiful'
>>> s1.swapcase()                       #返回大小写字母互换后的字符串
'sOOCHOW uNIVERSITY IS bEAUTIFUL'
```

2. strip()、lstrip()、rstrip()

这三个方法分别用来删除字符串两端、左端、右端连续的空白或指定字符，都是返回新字符串，不是原地操作。例如：

```
>>> s1 = "     Soochow University is Beautiful      "
>>> s1.strip()                          #删除两端空白字符
'Soochow University is Beautiful'
>>> s1 = "\t\nSoochow University is Beautiful\t\n"
>>> s1.strip()                          #Tab和换行也被认为是空白字符
'Soochow University is Beautiful'
>>> s1 = "________:Soochow University is Beautiful:________"
>>> s1.strip("_")                       #删除两端指定字符_
':Soochow University is Beautiful:'
>>> s1.strip(":_")                      #删除两端指定字符:和_
'Soochow University is Beautiful'
>>> s1.lstrip(":_")                     #删除左端指定字符:和_
'Soochow University is Beautiful:________'
>>> s1.rstrip("_")                      #删除右端指定字符_
'________:Soochow University is Beautiful:'
```

3. find()、rfind()、index()、rindex()、count()

字符串对象的find()和index()方法都是用来查找一个字符串在另一个字符串指定范围中首次出现的位置，区别在于，当查询不存在该字符串时，find()返回−1，而index()则抛出异常。rfind()、rindex()和find()、index()类似，区别只在于这两个方法查找的是最后出现的位置。count()方法用来统计并返回一个字符串在另一个字符串中出现的次数，如果没有出现，则返回0。例如：

```
>>> s1 = "Because had because, so had so"
>>> s1.find("a")                  #s1中第一次出现a的下标位置
3
```

```
>>> s1.find("had")            #s1 中第一次出现 had 的下标位置
8
>>> s1.find("had", 11)        #从下标位置 11 开始查找 s1 中第一次出现 had 的位置
24
>>> s1.find("had", 11, 22)    #在下标位置[11,22)范围查找 s1 中第一次出现 had 的位置
-1
>>> s1.rfind("had")           #s1 中最后一次出现 had 的下标位置,即从后向前查找
24
>>> s1.rfind("had", 5, 15)    #在下标位置[5,15)范围查找 s1 中最后一次出现 had 的位置
8
>>> s1.index("had")           #s1 中第一次出现 had 的下标位置
8
>>> s1.rindex("had")          #s1 中最后一次出现 had 的下标位置
24
>>> s1.index("have")          #s1 中找不到 have,抛出异常
Traceback (most recent call last):
  File "<pyshell#655>", line 1, in <module>
    s1.index("have")
ValueError: substring not found
>>> s1.count("a")             #统计 a 在 s1 中出现的次数
4
>>> s1.count("so")            #统计 so 在 s1 中出现的次数
2
>>> s1.count("have")          #统计 have 在 s1 中出现的次数,若不存在则返回 0
0
```

4. split()、rsplit()、splitlines()、expandtabs()

字符串对象的 split()和 rsplit()方法分别通过指定分隔符对字符串进行从左和右分隔并返回包含结果的列表,且可以指定最大分隔次数。

```
>>> s1 = "Because had because, so had so"
>>> s1.split(",")               #使用逗号分隔
['Because had because', ' so had so']
```

如果不指定分隔符,则默认使用空白字符(空格、换行、制表符等)的连续出现作为分隔符。例如:

```
>>> s1 = "Because had because, so had so"
>>> s1.split()                                  #默认使用空白符号分隔
['Because', 'had', 'because,', 'so', 'had', 'so']
>>> s1 = "\nBecause\nhad\nbecause,\t\tso\nhad\nso\n"
>>> s1.split()                                  #默认使用空白符号分隔
['Because', 'had', 'because,', 'so', 'had', 'so']
```

在分隔的同时,还可以指定最大分隔次数,分隔后的子字符串为最大分隔次数+1,如果可分隔的子字符串小于最大分隔数,则按实际能分隔的子字符串组成列表。例如:

```
>>> s1 = "\nBecause\nhad\nbecause,\t\tso\nhad\nso\n"
>>> s1.split(maxsplit = 3)          # 以空白字符作为分隔符,最大分隔次数为 3
['Because', 'had', 'because,', 'so\nhad\nso\n']
>>> s1.split('a', 3)                # 以 a 作为分隔符,最大分隔次数为 3
['\nBec', 'use\nh', 'd\nbec', 'use,\t\tso\nhad\nso\n']
>>> s1.split('a', 10)               # 以 a 作为分隔符,最大分隔次数为 10(按实际能分隔的次数)
['\nBec', 'use\nh', 'd\nbec', 'use,\t\tso\nh', 'd\nso\n']
>>> s1.rsplit(maxsplit = 1)         # 以空白字符分隔从右分隔,最大分隔次数为 1
['\nBecause\nhad\nbecause,\t\tso\nhad', 'so']
>>> s1.rsplit('a', 2)               # 以 a 作为分隔符从右分隔,最大分隔次数为 2
['\nBecause\nhad\nbec', 'use,\t\tso\nh', 'd\nso\n']
```

字符串对象的 splitlines()方法根据换行符(\n)分隔,并将元素放入列表中。expandtabs()把字符串中的 Tab 符号('\t')转为空格,一个 Tab 符号默认使用 8 个空格代替。例如:

```
>>> s1 = "\nBecause\nhad\nbecause,\t\tso\nhad\nso\n"
>>> s1.splitlines()
['', 'Because', 'had', 'because,\t\tso', 'had', 'so']
>>> s1.expandtabs()                     #2 个 Tab 共 16 个空格
'\nBecause\nhad\nbecause,                so\nhad\nso\n'
```

5. isalnum()、isalpha()、isdigit()、isspace()、isupper()、islower()、isdecimal()、isnumeric()、istitle()

这几个方法用来测试字符串是否为数字或字母组合、是否全为字母、是否全为数字、是否全为空白字符、是否全为大写字母、是否全为小写字母、是否只有十进制字符、是否只有数字字符组成、是否为标题化的字符串。例如:

```
>>> s1 = "123abc"
>>> s2 = "abc"
>>> s3 = "123"
>>> s1.isalnum()                    # s1 只有数字和字母
True
>>> s1.isalpha()                    # s1 不全是英文字母
False
>>> s2.isalpha()                    # s2 全为英文字母
True
>>> s1.isdigit()                    # s1 不全部为数字
False
>>> s3.isdigit()                    # s3 全部为数字,返回 True
True
>>> s3.isdecimal()                  # s3 全部为数字十进制字符,返回 True
True
>>> s3.isnumeric()                  # s3 全部为数字十进制字符,返回 True
True
>>> s1 = "123"                      # 全角字符
>>> s1.isdigit()                    # 支持全角数字(双字节)
```

```
True
>>> s1.isdecimal()                #支持全角数字(双字节)
True
>>> s1.isnumeric()                #支持全角数字(双字节)
True
>>> s3 = b"123"
>>> s3.isdigit()                  #支持 bytes 数字(单字节)
True
>>> s3.isdecimal()                #不支持 bytes 数字,抛出异常
Traceback (most recent call last):
  File "<pyshell#708>", line 1, in <module>
    s3.isdecimal()
AttributeError: 'bytes' object has no attribute 'isdecimal'
>>> s3.isnumeric()                #不支持 bytes 数字,抛出异常
Traceback (most recent call last):
  File "<pyshell#709>", line 1, in <module>
    s3.isnumeric()
AttributeError: 'bytes' object has no attribute 'isnumeric'
>>> s3 = "123.0"
>>> s3.isdigit()                  #不支持实数(小数点)
False
>>> s3.isdecimal()                #不支持实数(小数点)
False
>>> s3.isnumeric()                #不支持实数(小数点)
False
>>> s3 = "ⅠⅡⅢ"
>>> s3.isdigit()                  #不支持罗马数字
False
>>> s3.isdecimal()                #不支持罗马数字
False
>>> s3.isnumeric()                #支持罗马数字
True
>>> s3 = "一二三"
>>> s3.isdigit()                  #不支持汉字数字
False
>>> s3.isdecimal()                #不支持汉字数字
False
>>> s3.isnumeric()                #支持汉字数字
True
>>> s2 = "   "
>>> s2.isspace()                  #s2 全为空白字符,返回 True
True
>>> s2 = "aBC"
>>> s2.isupper()                  #s2 不全为大写字符,返回 False
False
>>> s2 = "ABC"
>>> s2.isupper()                  #s2 全为大写字符,返回 True
True
>>> s2 = "abc"
>>> s2.islower()                  #s2 全为小写字符,返回 True
```

```
True
>>> s2 = "Soochow University is Beautiful"
>>> s2.istitle()                #s2 不是单词首字母大写的字符串(is 首字符不是大写字符)
False
>>> s2 = "Soochow University Is Beautiful"
>>> s2.istitle()                #s2 是单词首字母大写的字符串,返回 True
True
```

6. center()、ljust()、rjust()、zfill()

字符串对象的 center()、ljust()、rjust()方法分别返回一个原字符串居中、左对齐或右对齐的新字符串,并使用空格填充至指定长度的新字符串。如果指定的宽度大于字符串长度,则使用指定的字符(默认为空格)进行填充,如果指定的长度小于原字符串的长度则返回原字符串。zfill()方法则返回指定宽度的字符串,在左侧以字符 0 进行填充。例如:

```
>>> s1 = "Soochow University"
>>> s1.center(10)                       #指定宽度小于字符串长度,返回原字符串
'Soochow University'
>>> s1.center(30)                       #居中对齐,两边以空格填充
'      Soochow University      '
>>> s1.center(30, '_')                  #居中对齐,两边以'_'填充
'______Soochow University______'
>>> s1.ljust(30, '_')                   #左对齐,右边以'_'填充
'Soochow University____________'
>>> s1.rjust(30, '_')                   #右对齐,左边以'_'填充
'____________Soochow University'
>>> s1.zfill(30)                        #左边以'0'填充
'000000000000Soochow University'
>>> s1.zfill(10)                        #指定宽度小于字符串长度,返回原字符串
'Soochow University'
```

7. startswith()、endswith()

字符串对象的 startswith()、endswith()方法用于判断字符串(或指定范围内)是否以指定的字符串开始或结束。例如:

```
>>> s1 = "Soochow University"
>>> s1.startswith("Scoo")               #判断 s1 是否以 Scoo 开头
False
>>> s1.startswith("Soo")                #判断 s1 是否以 Soo 开头
True
>>> s1.startswith("how", 4, 6)          #判断 s1 的下标范围[4,6)是否以 how 开头
False
>>> s1.startswith("how", 4, 7)          #判断 s1 的下标范围[4,7)是否以 how 开头
True
>>> s1.endswith("sity")                 #判断 s1 是否以 sity 结尾
True
>>> s1.endswith("sity", 0, 10)          #判断 s1 的下标范围[0,10)是否以 sity 结尾
False
```

8．join()、replace()、maketrans()、translate()

字符串对象的 join()方法用来将序列中的多个字符串以指定字符进行连接，返回连接后的新字符串。例如：

```
>>> list1 = ["Soochow", "University", "is", "Beautiful"]
>>> s1 = ''
>>> s1.join(list1)                    #以空字符作为连接符(单词之间没有任何分隔符)
'SoochowUniversityisBeautiful'
>>> s1 = ' '
>>> s1.join(list1)                    #以空格作为连接符
'Soochow University is Beautiful'
>>> '_'.join(list1)                   #以'_'作为连接符
'Soochow_University_is_Beautiful'
>>> tuple1 = ("Soochow", "University", "is", "Beautiful")
>>> '_'.join(tuple1)                  #元组中的字符串也可以连接
'Soochow_University_is_Beautiful'
>>> set1 = {"Soochow", "University", "is", "Beautiful"}
>>> '_'.join(set1)                    #集合中的字符串也可以连接
'University_is_Soochow_Beautiful'
>>> dict1 = {"Soochow": 1, "University": 2, "is": 3, "Beautiful": 4}
>>> '_'.join(dict1)                   #字典也可以连接(默认是对字典的键操作)
'Soochow_is_Beautiful_University'
```

字符串对象的 replace()方法用来替换字符串中指定的子字符串或字符，类似 Word 中的查找和替换功能。该方法同样不属于原地操作，返回一个新字符串，同时还可以指定替换的次数。例如：

```
>>> s1 = "Because had because, so had so"
>>> s1.replace("had", "have")          #以 have 替代 had
'Because have because, so have so'
>>> s1.replace("had", "have", 1)       #只替换 1 次
'Because have because, so had so'
```

字符串对象的 maketrans()、translate()方法通常结合起来使用。maketrans()方法用来生成字符映射表，而 translate()方法用来根据 maketrans()方法生成的映射表中定义的对应关系来转换字符串中的字符，返回的是转换后的新字符串。将这两个方法结合起来使用可以一次性同时处理多个不同的字符，相当于执行了多次 replace()方法。例如：

```
>>> s1 = "Because had because, so had so"
>>> table = ''.maketrans("abc", "ABC")          #创建映射关系,a-A,b-B,c-C
>>> s1.translate(table)                         #按映射关系替换字符串
'BeCAuse hAd BeCAuse, so hAd so'
```

如果使用 replace()方法实现该功能，可以这样做：

```
>>> s1 = "Because had because, so had so"
>>> s2 = s1.replace('a', 'A')
>>> s3 = s2.replace('b', 'B')
```

```
>>> s4 = s3.replace('c', 'C')
>>> s4
'BeCAuse hAd BeCAuse, so hAd so'
```

如果需要处理的字符较多，很明显，使用 maketrans()和 translate()方法处理起来代码更简洁有效。

8.1.7 字符串常量

Python 的标准库 string 提供了数字字符、英文大小写字母及标点符号等常量，可供解决问题时使用。例如：

```
>>> import string
>>> chs = string.ascii_lowercase                    #小写字符
>>> chs
'abcdefghijklmnopqrstuvwxyz'
>>> chs = string.ascii_uppercase                    #大写字符
>>> chs
'ABCDEFGHIJKLMNOPQRSTUVWXYZ'
>>> chs = string.ascii_letters                      #大小写字符
>>> chs
'abcdefghijklmnopqrstuvwxyzABCDEFGHIJKLMNOPQRSTUVWXYZ'
>>> chs = string.digits                             #数字
>>> chs
'0123456789'
>>> chs = string.punctuation                        #特殊字符
>>> chs
'!"#$%&\'()*+,-./:;<=>?@[\\]^_`{|}~'
```

8.2 正则表达式*

8.2.1 正则表达式语言概述

正则表达式(regular expression)是一种文本模式，包括普通字符(例如 a～z 的字母)和特殊字符(称为"元字符")。正则表达式使用单个字符串来描述、匹配一系列符合某个句法规则(也成为模式)的字符串。例如，使用具有重复功能的元字符'*'，表示它的前一个字符或子模式可以被匹配任意次数(0 次或多次)。比如，正则表达式'So*chow'，可以匹配'Schow'(0 个'o'字符)、'Sochow'(1 个'o'字符)、'Soochow'(2 个'o'字符)等，正则表达式语言就是描述这些匹配规则(模式)的语言。利用正则表达式可以匹配和查找字符串并对其进行相应的修改处理。

Python 自 1.5 版本起增加了 re 模块，可以提供 Perl 风格的正则表达式模式。re 模块使 Python 语言拥有了全部的正则表达式功能。re 模块的 compile()函数可根据一个模式字符串和可选的标志参数生成一个正则表达式对象，该对象拥有一系列方法，用于正则表达式匹配和替换。re 模块也提供了与这些方法功能完全一致的函数，这些函数的第一个参数

就是一个模式字符串。

正则表达式的功能很强大，可以说是博大精深，但也很烦琐。要想在短时间内全部掌握是困难的，但是学会之后可以大大提高效率，给人一种成就感。在学习过程中可以先掌握一些常用的、简单的正则表达式写法，再慢慢深入学习。

8.2.2 正则表达式元字符

最简单的正则表达式就是一个普通字符串，它会与自身匹配。例如，正则表达式"Soochow"会和字符串"Soochow"完全匹配。在这个正则表达式里，所有字符均为普通字符（只和自身匹配），但是有一些字符比较特殊，它们和自身并不匹配（想象一下前面介绍的转义字符），这类字符一般称为元字符。正则表达式中常用的元字符如表 8-2 所示。

表 8-2　常用元字符

元　字　符	含　　义
.	匹配除换行符以外的任何单个字符
^	匹配以^后面的字符开头的字符串
$	匹配以 $ 前面的字符结束的字符串
*	匹配位于 * 之前重复出现任意多次（包括 0 次）的字符，等价于{0,}
+	匹配位于＋之前重复出现 1 次或多次的字符，等价于{1,}
?	匹配位于？之前的 0 个或 1 个字符。该元字符可以和其他元字符（ * 、＋、?、{n,}、{m,n}）配合使用，表示“非贪心”匹配模式
\	表示位于\之后的字符为转义字符
|	匹配位于|之前或之后的字符
-	匹配指定范围内的任意字符
[]	匹配位于[]中的任意一个字符
{m,n}	匹配{ }之前的字符最少 m 次，最多 n 次
()	将位于()内的内容作为一个整体来对待，相当于子模式

正则表达式中的元字符具有特殊含义，如果要作为普通字符使用，则需要转义。例如，正则表达式'a * b'，可以匹配'b'、'ab'、'aab'等，不能匹配'a * b'。如果希望表达式中的 * 号也作为一个普通字符，就需要转义。例如，正则表达式'a\ * b'，只能匹配'a * b'，而不能匹配'b'、'ab'、'aab'等。

有时候，正则表达式中有一些特殊的元字符和字符串中的转义字符相同。例如，\b 在元字符里表示单词边界，但是在字符串中则是退格的转义字符。因此在正则表达式中，这些与标准转义字符重复的特殊符号必须使用两个反斜杠\\表示，或者使用原始字符串表示，即在字符串前面加上字符 r 或 R。

8.2.3 常用的正则表达式

1. 字符类

字符类是由一对方括号括起来的字符集合，表示匹配方括号内的任意一个字符。例如：

- [abc]：匹配包含在[]内的任意一个字符。比如，'[abc]rank'可以匹配'arank'、'brank'、'crank'等。

- [^abc]：匹配不在[]内的任意字符。比如，'[^abc]rank'可以匹配'drank'、'erank'等(第一个字符不能是'a'、'b'或'c')。
- [a-z]：匹配指定范围 a～z 的任意字符，类似的写法还有[0-9]、[a-zA-Z]、[a-zA-Z0-9]。
- [^a-z]：匹配指定范围之外的任意字符。

在正则表达式语言中，有一些常见的字符集用"\"加特殊字符(也被认为是元字符)，表示预定义的字符集，常用的预定义字符集如表 8-3 所示。

表 8-3　常用的预定义字符集

预定义字符	含　义
\d	匹配十进制数字，相当于[0-9]
\D	匹配任何非数字字符，相当于[^0-9]
\s	匹配任何空白字符，相当于[\t\n\r\f\v]
\S	匹配任何非空白字符，相当于[^\t\n\r\f\v]
\w	匹配任何单词字符，相当于[a-zA-Z0-9_]
\W	匹配任何非单词字符，相当于[^a-zA-Z0-9_]

2. 选择

正则表达式中元字符的'|'表示选择，用于选择匹配多个可能的正则表达式中的一个。'|'的优先级最低，通常使用圆括号来限定其作用范围。例如，'(a|b)+c'表示匹配至少一个 a 或 b，后面紧跟一个字符 c。再如，固定电话号码的构成一般为"区号-电话号码"，区号为 3 位或 4 位，电话号码为 8 位，其正则表达式可以写成 r'((0\d{2}|0\d{3})-\d{8})'。

3. 重复

正则表达式很重要的一个功能是能够指定正则表达式的某一部分的重复次数。例如，表 8-2 中的元字符'+'，表示匹配它前一个字符的一次或多次的出现。比如，"a+b"可以匹配"ab"、"aab"、"aaab"等。常用的具有重复功能的元字符有'*'、'+'、'?'、'{m,n}'，它们的功能已在表 8-2 中说明过，所以表 8-4 只给出这些元字符使用的例子。

8-4　使用元字符实现重复功能

重复功能元字符	举　例
x*	等价于 x{0,}，例如，'Su*'匹配'S'、'Su'、'Suu'、'Suuu'等
x+	等价于 x{1,}，例如，'Su+'匹配'Su'、'Suu'、'Suuu'等，但不匹配'S'
x?	等价于 x{0,1}，例如，'Su?'匹配'S'或'Su'，其他一律不匹配
x{m,n}	x 至少重复 m 次，最多重复 n 次，例如，'Su{1,3}'匹配'Su'、'Suu'、'Suuu'
x{n}	x 重复 n 次，例如，'Su{2}'匹配'Suu'，但不能匹配'Su'
x{m,}	x 至少重复 m 次，例如，'Su{1,}'匹配'Su'、'Suu'等，但不匹配'S'
x\num	引用分组(子模式)num 匹配到的字符串，例如，'(x)(y)\2'，该表达式中的'\2'表示引用第二个分组'(y)'，所以匹配'xyy'，但不匹配'xy'、'xyz'

4. 子模式

重复元字符表示可以重复前导字符，但仅作用于它前面的单个字符。如果需要重复多个字符，则需要把正则表达式的一部分放在圆括号(()也是元字符)里，形成子模式，然后对

整个子模式使用重复元字符实现多个字符的重复功能。例如，正则表达式'(ab) * c'可以匹配'c'、'abc'、'ababc'、'abababc'等。

5. 边界匹配

字符串的匹配经常涉及从某个起始位置开始，到某个结束位置结束，比如单词的开始和结束、行的开头和结束，这时候就需要使用边界匹配。常用的边界匹配元字符如表 8-5 所示。

表 8-5 常用的边界匹配元字符

边界匹配元字符	功能及举例
^	表示匹配字符串的开头。例如，'^a'匹配以 a 开头的字符串
$	表示匹配字符串的末尾。例如，'a$'匹配以 a 结尾的字符串；'^[a-z]{1}Z$'匹配以小写字母开头、以'Z'结束的字符串
\b	表示单词边界，例如，r'\bSu\b'匹配'Su'、'Su.'、'(Su)'、'Su Zhou'，但不匹配'SuZhou'。又如，r'\ba.b\b'匹配'afb'，但不匹配'ab'、'abcd'、'afbcd'
\B	表示非单词边界，例如，r'Su\B'匹配'SuZhou'、'Susan'，但不匹配'JiangSu'
\A	表示匹配字符串开始。例如，r'\A\d+'在'1234suzhou5678'中匹配的是'1234'
\Z	表示匹配字符串结束，如果是存在换行，只匹配到换行前的结束字符串。例如，r'\d+\Z'在'1234suzhou5678'中匹配的是'5678'

6. "贪心"和"非贪心"匹配算法

在默认情况下，Python 正则表达式的匹配算法采用"贪心"算法。例如，'Su+Zhou'将匹配'SuZhou'、'SuuZhou'、'SuuuZhou'等。类似这样优先进行'+'、'*'等重复的匹配方式通常就称为"贪心"的。当重复一个正则表达式时，匹配算法会尝试重复尽可能多的次数，只有这种重复会引起整个正则表达式匹配失败的情况下，匹配才会回溯，即退回并再次尝试更小的重复。

下面的例子将详细解释"贪心"匹配算法的匹配过程。假设有待匹配的字符串'<0510><0512>'，现在设计一个正则表达式'<.+>'，该正则表达式的含义是"以<开头，后面跟至少一个字符，并且以>结尾的字符串"(元字符'.'的含义是指除换行符以外的任意单个字符)。匹配搜索出来的结果是'<0510><0512>'，而不是'<0510>'。该正则表达式对字符串'<0510><0512>'的匹配过程如表 8-6 所示。

表 8-6 "贪心"匹配过程

步骤	匹配字符	说明
Step1	<	匹配正则表达式中的<
Step2	<0510><0512>	由于"贪心"匹配算法尽可能多地匹配字符，所以.+匹配的是所有字符(除换行符)
Step3	失败	匹配算法试图匹配>，但是由于"贪心"，此时已经到字符串的结尾了，所以匹配不到>，匹配失败
Step4	<0510><0512	于是匹配回溯(退回)，.+尝试少匹配一个字符，即匹配<0510><0512
Step5	<0510><0512>	再次尝试匹配>，当前位置上的字符正好是>，匹配成功

在这个例子中，正则表达式'<.+>'的第一个字符'<'会匹配字符串的第一个出现的字符'<'，接着'.+'将匹配字符 0 并一直"贪心"地匹配其余字符，直到字符串结尾，然后匹配算法

开始用正则表达式里的最后一个普通字符'>'去匹配字符串中的'>'，此时字符串已是结尾，没有字符和'>'匹配了，所以匹配失败。但匹配失败后，“贪心”匹配算法会进行回溯（退回），即让出一个字符（少匹配一个），也就是说，'.+'将匹配字符0开始一直到2结束，然后正则表达式的最后一个字符'>'就和字符串的最后一个字符'>'匹配了，于是匹配算法就找到了一个匹配'<0510><0512>'。

“贪心”匹配算法实际上是得到了一个最长的匹配。如果希望匹配的算法不要那么“贪心”，而是匹配出尽可能短的结果，则可以使用“非贪心”匹配算法，也称为“惰性”匹配算法。“非贪心”匹配算法只需要在重复元字符后面加上符号'?'即可。例如：

- *?：重复任意次（包括0次），但尽可能地少重复。
- +?：重复1次或多次，但尽可能地少重复。
- ??：重复0次或1次，但尽可能地少重复。
- {m,n}?：重复至少m次，最多n次，但尽可能地少重复。
- {m,}?：重复至少m次，但尽可能地少重复。

对于前面的例子，如果把正则表达式改为'<.+?>'，则匹配过程是这样的：首先，正则表达式'<.+?>'的第一个字符'<'会匹配字符串第一个出现的字符'<'，接着'.+'将匹配字符'0'，然后试图匹配'>'，很显然会失败（字符'0'下一个字符是'5'，和'>'不匹配），于是匹配算法回溯。'.+'匹配下一个字符'5'，然后试图匹配'>'失败，再次回溯。'.+'接着匹配下一个字符'1'，然后试图匹配'>'，还是失败，再次回溯。'.+'再接着匹配下一个字符'0'，再次试图匹配'>'成功，则找到了一个匹配'<0510>'。

8.2.4 正则表达式模块

1. re模块主要方法

前面学习了一些基本的正则表达式语法，这一节将讲解在Python中到底是如何使用正则表达式的。Python的模块re提供了正则表达式操作所需的全部功能，导入re模块后，就可以直接使用re模块中的方法来处理字符串，也可以将正则表达式编译成正则表达式对象后再使用。re模块中的常用方法如表8-7所示。

表8-7 re模块中的常用方法

方法	功能
match(pattern,string[,flags])	尝试从字符串的起始位置匹配一个模式，匹配成功返回一个match对象，否则返回None
search(pattern,string[,flags])	扫描整个字符串并返回第一个成功的匹配，匹配成功返回一个match对象，否则返回None
sub(pattern,repl,string[,count=0])	用于替换字符串中的匹配项，返回新字符串。pattern是正则表达式的模式字符串。repl表示替换的字符串，也可为一个函数。string是要被查找替换的原始字符串。count为模式匹配后替换的最大次数，默认值0表示替换所有的匹配
subn(pattern,repl,string[,count=0])	和sub()类似，但是返回的是新字符串和替换次数的二元组
findall (pattern,string[,flags])	在字符串中找到正则表达式所匹配的所有子串，并返回一个列表，如果没有找到匹配的子串，则返回空列表

续表

方　　法	功　　能
finditer(pattern,string[,flags])	和 findall()类似,在字符串中找到正则表达式所匹配的所有子串,并把它们作为一个迭代器返回
split(pattern,string[,maxsplit=0])	按照能够匹配的子串将字符串分隔后返回列表
compile(pattern[,flags])	用于编译正则表达式,生成一个正则表达式(pattern)对象,供 match()和 search()这两个函数使用

在表 8-7 中出现的很多方法都有一个参数 flags,该参数为可选参数,也称为可选标记修饰符。正则表达式可以包含一些可选标记修饰符来控制匹配的模式,如要多个标记组合使用则可以用'|'来指定。例如'I'和'M'标记可以写成 re. I | re. M。可用的标记修饰符如表 8-8 所示。

表 8-8　可用的标记修饰符

标记修饰符	含　　义
re. I	使匹配对大小写不敏感
re. L	做本地化识别(locale-aware)匹配
re. M	多行匹配
re. S	使'.'匹配包括换行在内的任意字符
re. U	根据 Unicode 字符集解析字符
re. X	忽略模式(正则表达式)中的空格,并可以使用#注释

2. 使用 re 模块的方法

下面举例说明直接使用 re 模块提供的方法来处理字符串。

```
>>> import re
>>> str1 = 'Soochow University is Beautiful'
>>> re.findall('[a-zA-Z]+', str1)              #找出所有单词
['Soochow', 'University', 'is', 'Beautiful']
>>> re.finditer('[a-zA-Z]+', str1)             #返回可迭代对象,每项都是 match 对象
<callable_iterator object at 0x00000000033686A0>
>>> list(re.finditer('[a-zA-Z]+', str1))       #将可迭代对象转换为列表
[<_sre.SRE_Match object; span=(0, 7), match='Soochow'>, <_sre.SRE_Match object; span=(8,
18), match='University'>, <_sre.SRE_Match object; span=(19, 21), match='is'>, <_sre.SRE_
Match object; span=(22, 31), match='Beautiful'>]
>>> M = re.finditer('[a-zA-Z]+', str1)
>>> for i in M:                              #遍历可迭代对象 M,使用 match 对象的 group()方法
        i.group()                              # group()方法后面将详细介绍
'Soochow'
'University'
'is'
'Beautiful'
>>> re.split('\W+', str1)                      #'\W'表示非单词字符
['Soochow', 'University', 'is', 'Beautiful']
>>> re.split('\W+', str1, 1)                   #分隔 1 次
['Soochow', 'University is Beautiful']
```

```
>>> re.sub('Soochow', 'SuZhou', str1)            #字符串替换
'SuZhou University is Beautiful'
>>> str1 = 'Soochow university is is beautiful'
>>> re.sub(r'(\b\w+) \1', r'\1', str1)            #去除连续重复单词
'Soochow University is Beautiful'
>>> str1 = 'Soochow Soochow Soochow'
>>> re.subn('Soo', 'Su', str1)                    #返回替换后的新字符串和替换次数的二元组
('Suchow Suchow Suchow', 3)
>>> str1 = 'Soochow University is Beautiful'
>>> re.match('soo', str1)                         #从字符串起始位置匹配,不成功返回值为 None
>>> print(re.match('soo', str1))                  #输出 None
None
>>> re.match('soo', str1, re.I)                   #re.I 表示忽略大小写,此时可匹配到
<_sre.SRE_Match object; span=(0, 3), match='Soo'>         #返回结果是 match 对象
>>> str1 = 'Coochow Soochow Soochow'
>>> print(re.match('soo', str1, re.I))            #match 从字符串开头匹配
None
>>> print(re.search('soo', str1, re.I))           #search 在整个字符串中匹配
<_sre.SRE_Match object; span=(7, 10), match='Soo'>
```

3. 使用正则表达式对象的方法

在 re 模块里,有一个 compile()方法,可以将正则表达式编译生成正则表达式对象,然后可以使用正则表达式对象提供的方法进行字符串的处理。正则表达式对象的方法和 re 模块的方法类似,主要有 match()、search()、findall()、finditer()、sub()、subn()等。使用正则表达式对象可以提高字符串处理的速度。

```
>>> str1 = 'Soochow University is Beautiful'
>>> pat = re.compile(r'\b[BS]\w+\b')              #以 B 或 S 开头的单词
>>> pat.findall(str1)
['Soochow', 'Beautiful']
>>> pat.finditer(str1)                            #返回可迭代对象,由 match 对象构成
<callable_iterator object at 0x00000000033686A0>
>>> pat.match(str1)
<_sre.SRE_Match object; span=(0, 7), match='Soochow'>
>>> pat.search(str1)
<_sre.SRE_Match object; span=(0, 7), match='Soochow'>
>>> pat.sub('***', str1)                          #以 B 或 S 开头的单词用 *** 替换
'*** University is ***'
>>> pat.subn('***', str1)
('*** University is ***', 2)
>>> pat = re.compile('\W+')                       #非单词字符
>>> pat.split(str1)
['Soochow', 'University', 'is', 'Beautiful']
```

在上面的例子中,match()、search()方法返回的都是 match 对象,finditer()方法返回的则是由 match 对象组成的可迭代对象。要查看 match 对象里的详细信息,可以通过调用 match 对象的方法来实现。match 对象的常用方法见表 8-9。

表 8-9　match 对象的常用方法

方　法	功　能
group()	返回匹配的整个表达式的字符串
groups()	返回一个包含匹配的所有子模式内容的元组
groupdict()	返回包含匹配的所有命名子模式内容的字典
start()	返回指定子模式内容的起始位置
end()	返回指定子模式内容的结束位置
span()	返回一个包含起始位置和结束位置的元组

下面的例子说明 match 对象的使用方法。

```
>>> str1 = 'Because had because, so had so'
>>> pat = re.compile(r'\b[a-zA-Z]{3}\b')                #3 个字母的单词
>>> m = pat.search(str1)
>>> m
<_sre.SRE_Match object; span=(8, 11), match='had'>
>>> m.group()                                           #返回整个模式匹配的字符串内容
'had'
>>> m.group(0)                                          #返回整个模式匹配的字符串内容
'had'
>>> m.groups()                       #表达式 r'\b[a-zA-Z]{3}\b'没有子模式,所以为空元组
()
>>> m.start()                                           #匹配到字符串的起始位置
8
>>> m.end()                                             #匹配到字符串的结束位置
11
>>> m.span()
(8, 11)
```

再比如：

```
>>> m = re.search('(\w+)is(\w+)', 'SoochowUniversityisBeautiful')   # (\w+)为子模式
>>> m.group()                                           #返回整个模式匹配的字符串内容
'SoochowUniversityisBeautiful'
>>> m.groups()                                          #子模式(\w+)匹配到两次
('SoochowUniversity', 'Beautiful')
>>> m.group(0)
'SoochowUniversityisBeautiful'
>>> m.group(1)                                          #子模式(\w+)匹配结果
'SoochowUniversity'
>>> m.group(2)                                          #子模式(\w+)匹配结果
'Beautiful'
```

8.3　应 用 举 例

【例 8-1】　编写程序,计算字符串匹配的准确率。

程序代码如下：

```
#1.  origin = input("请输入原文:")                    #origin 为原始字符串
#2.  userinput = input("请用户输入:")                 #userinput 为用户输入的字符串
#3.  num = 0
#4.  if len(origin) != len(userinput):
#5.      print("对不起,输入的内容长度和原文必须相等!")
#6.  else:
#7.      for origin_ch, user_ch in zip(origin, userinput):
#8.          if origin_ch == user_ch:
#9.              num += 1
#10. rate = num / len(origin)
#11. print("准确率为:", rate)
```

程序的一个测试结果：

```
请输入原文:hello world↙
请用户输入:Hello World↙
准确率为: 0.8181818181818182
```

在本例程序中，#7 行使用 zip()函数将原始字符串和用户输入字符串中每对对应的字符打包成一个个元组再构成一个 zip 可迭代对象。在循环中取出 zip 对象中每个元组里的对应字符，判断是否相等，记录总共有多少字符是相等的。#10 行用 num 除以字符总数即为准确率。

【例 8-2】 编写程序，生成包含 1000 个随机字符的字符串，统计每个字符的出现次数。

程序代码如下：

```
import string
import random
chs = string.ascii_letters                           #字符集,包含大小写共 52 个字符
x = [random.choice(chs) for i in range(1000)]
y = ''.join(x)                                       #将列表中所有字符连接成字符串
result = dict()
for ch in y:
    result[ch] = result.get(ch, 0) + 1
print("随机生成的字符串为:", y)
print("字符出现的次数统计如下:")
for item in result.items():
    print(item)
```

运行程序，结果如下：

```
随机生成的字符串为: vhyJGIWkMaPhieMVpNGvdWJUuCmsvGqNUtgkGLRIBocqjsVilSWTUUxOmBCelUpTtRTy-
GzWITPsBEwSTGFqUwvLtqvSzjYwZQpoUFYMhGXEUnsoTzuqbgRiPpLmjGbPcmpLrFGBMKqIsnvgZRGasTlkrGVHjk-
EXcBoyPQJGiPOTamfDgekhmvUzIxyAzZaJYvTTDwBiqKxiKBCBuucZxAleYnXazyMumxRhDTxkdmIBPGsVydNVPfF-
qfrgdAMnXJIVatsYwHPDzeBaMgtnGoDHlvRcGBiREvNLfNmXPPSocpZLxGDGiTXVFXQXrreiXeYmybeZJurMpVOuT-
aBdXAFVyQuJkokoceXHNfIQVhcdRoYlWDCkaBHCALSLHmysZPfICeuFlKGtwIMLakpmSnMVFkRxquvnRLzsNWzHxs-
ifzLyNwrNCzIkJDUcQSqcacvwFxZNtQuFPnVVfrprKGvjbhUiemyEMCHEsFKEREUQmkXgNWRZOqhWujlNqefuzCuS-
LecwCcfoVSsGJIkaVVaVVsuSFSiOkWYHIWEuNZGThLBAkQaYqcpqQFTzstPHeZtBVPBBdpMHgxyNQHymYsyuuqMpe-
```

```
qFltLclLiQBoHXLRWSEjKwqvMFryFnPUQPevpxjnCvLgnwHxuZlatCVodNySJoGTUgCiryZRkeqsoufjyJnXAQYVj-
XJHwBHNCCMdSWlowDQYaEzXWzsCphHWUwSoqzqPlVGDqSwGzRGLwHlGqqmgeRNzieslSOXHGxEKGxXHcNkYNNqaeu-
iQLxGhEIbeNuhPmASrIxEroQMeYufkjoPzXEeTRxEDesKtvrDqOYKfdEflstuTdJlKTiQAnGBFeqzjbnDShjviSDe-
CGYgqJRaqhVdNvlSXOzIneLOZegnWeUYYoWbZiBEzCgZHtQhPABvZKwMCTNyUhNXFcAPbYICjtijyceaauJhsUcNo-
xFLQAvDtiCXdPGKMSyYiTIUZhWHNjtRKmrqIEPGWDE
字符出现的次数统计如下：
('v', 21)
('h', 18)
('y', 21)
('J', 15)
('G', 33)
('I', 19)
('W', 18)
('k', 19)
('M', 18)
('a', 20)
('P', 24)
('i', 22)
('e', 30)
('V', 23)
('p', 14)
('N', 26)
('d', 13)
('U', 19)
('u', 25)
('C', 21)
('m', 18)
('s', 22)
('q', 29)
('t', 17)
('g', 14)
('L', 21)
('R', 19)
('B', 22)
('o', 20)
('c', 19)
('j', 16)
('l', 18)
('S', 22)
('T', 21)
('x', 19)
('O', 9)
('z', 22)
('E', 20)
('w', 17)
('F', 19)
('Y', 20)
('Z', 18)
('Q', 20)
('X', 22)
```

```
('n', 16)
('b', 8)
('r', 15)
('K', 14)
('H', 22)
('f', 14)
('D', 16)
('A', 12)
```

本程序中，#4 行使用列表推导式随机生成 1000 个字母构成的列表，#5 行使用字符串的 join()方法将所有字母连接成一个字符串，for 循环则是用来统计字符串中各个字符出现的次数，将统计结果放在字典 result 中，最后输出统计结果。

【例 8-3】 编写程序，统计输入的英文文章中单词的个数，单词之间使用空格分隔。

程序代码如下：

```
text = input("请输入英文文章:")
words = text.split()                                    #以空白字符将文章分隔
print("该文章单词总数为:", len(words))
```

程序的一个测试结果：

```
请输入英文文章:hello i am Mr xiong ↙
该文章单词总数为: 5
```

在本例程序中，由于文章是用空白字符来分隔单词的，所以使用字符串方法 split()即可将文章中所有单词分隔出来并存入列表中，最后只要使用内置函数 len()求出列表长度即为单词的总数。

【例 8-4】 编写程序，统计输入的英文文章中不同单词出现的次数，并输出出现频率最高的单词。

程序代码如下：

```
text = input("请输入英文文章:")
words = text.split()                          #以空白字符将文章分隔
result = dict()
for word in words:                            #统计每个单词出现次数,并将结果存入字典
    result[word] = result.get(word, 0) + 1

m = 0
for key, value in result.items():             #计算出现的最大次数
    if value > m:
        m = value
# print(m)
print("单词统计结果如下:")
for key, value in result.items():
    print(key, ":", value)
print("出现频率最高的单词有:")
```

```
for key, value in result.items():          #找出所有出现次数最多的单词并输出
    if value == m:
        print(key)
print("共出现了", m, "次!")
```

程序的一个测试结果：

```
请输入英文文章:hi hi hello hi hello i i i↙
单词统计结果如下:
hello : 2
hi : 3
i : 3
出现频率最高的单词有:
hi
i
共出现了 3 次!
```

在本程序中，首先将文章中所有单词分隔出来，并统计出不同单词出现的次数，然后找出出现次数的最大值，最后再根据该最大值找出所有出现次数最多的单词(出现频率最高的单词可能不止一个)。

【例 8-5】 编写程序，输出由 * 号组成的金字塔。要求：用户可以指定输出的行数。例如，用户指定输出 7 行时，输出的 * 号组成的金字塔如下：

```
      *
     ***
    *****
   *******
  *********
 ***********
*************
```

程序代码如下：

```
n = eval(input("请输入一个正整数:"))
for i in range(n):
    print(('*' * (2 * i + 1)).center(n * 2 - 1))
```

程序的一个测试结果：

```
请输入一个正整数:9↙
        *
       ***
      *****
     *******
    *********
   ***********
  *************
 ***************
*****************
```

在本程序中，首先需要计算出每一行输出的 * 号个数和行号之间的关系，这个关系很好推导，第 i 行的 * 号个数是 2 * i + 1(i 从 0 开始)，其次需要计算最后一行所占宽度(即最后一行 * 号的个数)，很明显是 2 * n − 1。在循环输出每一行 * 号时，只要将所有 * 号按最后一行应该输出的 * 号个数为宽度来居中输出即可，可以使用字符串方法 center()来将 * 号自动居中存放。

【例 8-6】 编写程序，输入一个字符串，统计该字符串中大写字母、小写字母、数字字符及其他字符的个数，将结果存放到字典中并输出。

程序代码如下：

```
text = input("请输入字符串:")
big = 0
small = 0
number = 0
other = 0
d = dict()
for ch in text:
    if 'a'<= ch <= 'z':
        small += 1
    elif 'A'<= ch <= 'Z':
        big += 1
    elif '0'<= ch <= '9':
        number += 1
    else:
        other += 1
d['big'] = big
d['small'] = small
d['number'] = number
d['other'] = other
print("统计结果如下:")
for item in d.items():
    print(item)
```

程序的一个测试结果：

```
请输入字符串:adSD$@0191Sd↙
统计结果如下:
('number', 4)
('small', 3)
('big', 3)
('other', 2)
```

在本程序中，只要依次遍历字符串中的字符，然后判断其属于哪类字符，并记录个数，最后将结果存入字典中即可。

【例 8-7】 编写程序，输入一篇英文文章，输出该篇文章中所有长度为 3 个字母的单词。

程序代码如下：

```
text = input("请输入英文文章:")
words = text.split()
s = set()
for word in words:
    if len(word) == 3:
        s.add(word)
print("长度为 3 的单词有:")
for item in s:
    print(item)
```

程序的一个测试结果：

```
请输入英文文章:hello how are you you↙
长度为 3 的单词有:
you
are
how
```

在本程序中，只要先将文章中所有单词提取出来存入列表中，然后依次对列表元素（单词）判断其长度是否为 3，如果为 3，就将该单词存放在集合中（注意，不能将所有长度为 3 的单词都输出，文章中可能有大量重复的单词长度都为 3，所以这里用集合，可以自动过滤重复的单词），最后输出集合中元素（单词）即可。

【例 8-8】 编写程序，输入一篇英文文章（只包含大小写字母），采用简单的替换加密法对该文章加密。加密的规则是将明文中的每个字母的 ASCII 值加 5，然后做模 26 的取余运算。

程序代码如下：

```
text = input("请输入明文:")
en_text = []
for ch in text:
    if 'a'<= ch <= 'z':
        en_text.append(chr((ord(ch) + 5 - ord('a')) % 26 + ord('a')))
    elif 'A'<= ch <= 'Z':
        en_text.append(chr((ord(ch) + 5 - ord('A')) % 26 + ord('A')))
en_text = ''.join(en_text)
print("密文为:")
print(en_text)
```

程序的一个测试结果：

```
请输入明文:SoochowUniversity↙
密文为:
XtthmtbZsnajwxnyd
```

在本程序中，首先取出明文中的每个字符，然后判断是大写字母还是小写字母。如果是小写字母，则将其 ASCII 码值加 5 减去'a'的 ASCII 码，做模 26 的取余运算，再加上'a'的

ASCII码,最后将该值所对应的字符作为密文字符,并添加到列表尾部。大写字符的处理方式与小写字母类似。最后将所有处理后的密文字符连接成密文字符串即可。

8.4 习　　题

1. 编写程序,输入一个字符串,判断它是否为回文串。回文串即正序和逆序内容相同的字符串。

2. 编写程序,输入一篇文章,将文中指定的字符串换成另外一个字符串。

3. 编写程序,输入一个字符串(只包含字母和 * 号),删除该字符串中除了尾部以外的所有 * 号。例如,输入的字符串为" *** SSFG ** fgeD *** ",删除后的字符串应为"SSFGfgeD *** "。

4. 编写程序,输入一篇英文文章,对文中内容进行加密,加密方法是 A→Z,B→Y,…,Z→A,a→z,b→y,…,z→a。

5. 假设有一篇英文文章,其中有单词中间的字母'u'误写为'U',编写程序将文中所有错误处纠正过来。

6. 在录入一篇英文文章时,经常会出现一种错误,有单词连续重复了 2 次,编写程序检查重复出现 2 次的单词并进行纠正。

第9章　函数与模块

9.1　函数的定义与调用

编程中经常需要在不同的地方多次使用相同或类似的代码功能，虽然可以直接将代码块复制到相应位置，但这样将大大增加代码量，并且不利于对代码的维护。比如，一旦发现某个功能需要改进、修改代码的时候，采用复制代码的方式就不得不在所有位置都做相同的修改，有可能会造成遗漏或前后不一致。避免出现这种问题的一种技术手段是编写函数，或者采用面向对象程序设计中的类。使用函数或类，可以有效地组织代码，提高代码的重用性，使之条理更清晰，可靠性更强。本章将重点介绍函数。

9.1.1　函数的定义

函数是一段预先定义的、可以被多次重用的代码，它往往用来实现一个独立的特定功能。在使用函数之前，必须先定义函数，然后根据需要调用该函数。

Python 中定义函数的一般语法格式为：

```
def 函数名([形式参数表]):
    函数体
```

自定义函数时，需要遵循以下规则。

(1) 以 def 开头作为创建函数的关键字，其后是函数名和一对圆括号“()”，即使没有参数，圆括号也不能缺少，函数名则是合法的标识符。

(2) 圆括号后边必须加冒号“:”。

(3) 圆括号中的是形式参数(简称形参)，形参可以有多个，也可以没有。当有多个参数时参数之间使用逗号分隔。

(4) 函数体必须缩进，从缩进开始直至取消缩进的部分都是函数体部分。

(5) 在函数体中使用 return 语句返回函数结果，如果没有 return 语句则默认为返回结果是 None。

(6) 函数执行完第一次遇到的 return 语句或函数体的最后一条语句后，函数结束运行，返回到调用此函数的程序段继续往下执行。

下面是几个定义函数的简单示例。

- 定义一个空函数。

```
def nothing():
    pass
```

函数体中的 pass 语句是占位符，一般在定义函数时对于函数体如何实现不是很明确的时候，可以先用 pass 来占位，以确保代码能运行。

- 定义一个简单的无参函数，打印“Hello Python!”。

```
def hello():
    print('Hello Python!')
```

- 定义一个可控制打印星号个数的函数。

```
def print_star(n):
    for i in range(n):
        print('*')
```

- 定义一个函数，可以求三角形的面积。

```
def triangle_area(a, b, c):
    p = (a + b + c) / 2
    if a + b > c and b + c > a and c + a > b:
        return (p * (p - a) * (p - b) * (p - c)) ** 0.5
    else:
        return -1
```

此函数用三个参数 a、b、c 分别代表三角形的三条边，当这三个参数无法构成三角形时，函数的返回值为−1，代表不合法的三角形面积，否则就返回用海伦公式计算的面积。

9.1.2 函数的调用

函数定义以后，如果不调用，这些代码将永远都不会执行。只有通过调用函数才能运行函数体中定义的代码段。函数调用的一般语法格式为：

```
函数名([实际参数表])
```

调用函数时，实际参数(简称实参)与形式参数(简称形参)按照顺序相对应，如果有多个参数，参数之间用逗号分隔；调用无参函数时，函数名后面的一对圆括号不能省略。通常来说，实参的数量与形参的数量一致，并且类型兼容。

函数的调用既可以在交互模式下进行，也可以把函数的定义和调用都放在一个程序文件中。在交互模式下定义并调用函数的示例：

```
>>> def add(a, b):
        return a + b

>>> print(add(3, 5))
8
```

在交互方式下输入函数定义的代码，录入完毕后按 Enter 键即可结束函数定义，接着继续在交互方式下输入调用语句 print(add(3, 5))就可以看到程序的运行结果为 8。

如果要在程序文件中定义并调用函数，可以先新建一个 Python 文件。输入以下代码：

```
#1.  def add(a, b):
#2.      return a + b
#3.  print(add(3, 5))
```

保存并运行该文件，结果显示的是 8。

需要注意一个问题，Python 代码是自上而下顺序执行的，因此调用函数前必须已经定义过函数，否则会出错。例如有如下代码：

```
#1.  fun(10)
#2.  def fun(x):
#3.      print(x)
```

运行上述程序将抛出异常。

9.1.3　lambda 表达式和匿名函数

对于可以只用一条表达式即可实现的简单函数，可以使用关键字 lambda 来定义匿名函数。因为使用 lambda 表达式时无须指定函数名，所以称为匿名函数。定义匿名函数的一般语法格式为：

```
lambda [参数表]: 表达式
```

在冒号前面的参数表可以有多个参数，参数之间用逗号分隔，也可以没有参数，但匿名函数必须有一个返回值，并且只有一个返回值，该返回值就是表达式的计算结果。

调用匿名函数时，通常是把匿名函数赋值给一个变量，再利用变量来调用该函数。例如，定义一个匿名函数并调用该函数的示例：

```
>>> f = lambda x, y: x + y
>>> f(3, 5)
8
```

同时定义两个匿名函数并分别调用这些函数的示例：

```
>>> f1, f2 = lambda x, y: x + y, lambda x, y: x - y
>>> f1(3, 5)
```

```
8
>>> f2(3, 5)
-2
```

上述代码中，根据定义时的顺序，f1 调用的是第一个匿名函数，计算两个数相加，f2 调用的是第二个匿名函数，计算两个数相减。

匿名函数本身也可以作为一个函数的返回值来使用，这样就可以不再使用原先的函数名。例如：

```
#1.  def f():
#2.      return lambda x, y: x + y
#3.  fun = f()
#4.  print(fun(3, 5))
```

这里原先定义的函数名是 f()，但是在执行 fun = f()时将 f()函数的返回值赋予了 fun 变量，因此就可以将 fun 作为函数名来调用匿名函数。程序的运行结果为 8。

9.2 函数的参数传递

9.2.1 参数的传递方式

在 Python 中，实参向形参传递数据的方式是按照“引用传递”方式进行的，只能单向传递，把实参引用的值传给形参，而不能由形参传回给实参。这意味着，在调用函数时，即使在函数体中形参的值发生了改变，这个改变也不会影响到实参。例如，运行下面的代码：

```
#1.  def change1(number, string, lst):
#2.      number = 10
#3.      string = 'aaaa'
#4.      lst = [1, 2, 3]
#5.      print("Inside:", number, string, lst)
#6.  num = 20
#7.  string = 'bbbb'
#8.  lst = [4, 5, 6]
#9.  print("Before:", num, string, lst)
#10. change1(num, string, lst)
#11. print("After:", num, string, lst)
```

得到的结果如下：

```
Before: 20 bbbb [4, 5, 6]
Inside: 10 aaaa [1, 2, 3]
After: 20 bbbb [4, 5, 6]
```

这段程序从#6 行处开始执行，此前的都是函数定义部分，如果函数不调用的话是不会执行这部分代码的。在函数调用前，num、string、lst 的值分别是#6、#7、#8 行所赋予的

值，即 20、'bbbb'、[4，5，6]。

在 #10 行发生了函数调用后，程序转到 #1 行，将第 1 个实参 num 引用的值传给了形参 number，此时形参 number 才具有了值 20，这里的 num 和 number 分别是两个不同的对象。同理，第 2 个实参 string 也传给了形参 string，虽然实参和形参同名，但是两者也是不同的对象。与此类似，第 3 个实参 lst 传给了形参 lst，两者也是不同的对象。

传递完参数后，程序执行 #2～#5 行的代码，此时形参 number、string、lst 发生了值的改变，分别变为 10、'aaaa'、[1，2，3]。

执行完函数体后，程序又转回调用函数处，继续执行后面的代码，即 #11 行。由于实参和形参不是同一个对象，所以形参的改变不会影响实参，因此返回 #11 行后，此处的 string 和 lst 仍是原来的实参对象，值保持为'bbbb'、[4，5，6]。

需注意的是，假如参数是可变类型对象，例如列表和字典，如果在函数中没有重新分配新对象，而仅仅改变可变对象的一部分数据，则有可能影响实参的值。例如下面的代码：

```
#1.  def change2(lst1, lst2, dict1, dict2):
#2.      lst1[0] = 10
#3.      lst2 = [1, 2]
#4.      dict1['a'] = 100
#5.      dict2 = {'a': 3, 'b': 4}
#6.      print("Inside: lst1 = {}, lst2 = {}, dict1 = {}, dict2 = {}".format(lst1,
#7.        lst2, dict1, dict2))
#8.  lst1 = [5, 6]
#9.  lst2 = [7, 8]
#10. dict1 = {'a': 9, 'b': 10}
#11. dict2 = {'a': 11, 'b': 12}
#12. print("Before: lst1 = {}, lst2 = {}, dict1 = {}, dict2 = {}".format(lst1,
#13. lst2, dict1, dict2))
#14. change2(lst1, lst2, dict1, dict2)
#15. print("After: lst1 = {}, lst2 = {}, dict1 = {}, dict2 = {}".format(lst1,
#16. lst2, dict1, dict2))
```

运行上面的程序，得到的结果如下：

```
Before: lst1 = [5, 6], lst2 = [7, 8], dict1 = {'b': 10, 'a': 9}, dict2 = {'b': 12, 'a': 11}
Inside: lst1 = [10, 6], lst2 = [1, 2], dict1 = {'b': 10, 'a': 100}, dict2 = {'b': 4, 'a': 3}
After: lst1 = [10, 6], lst2 = [7, 8], dict1 = {'b': 10, 'a': 100}, dict2 = {'b': 12, 'a': 11}
```

上述程序从 #8 行开始执行，执行到 #13 行后，输出数据为 #8～#11 行中所赋予的值，也就是[5，6]、[7，8]、{'a':9，'b':10}和{'a':11，'b':12}。

接着在 #14 行调用函数，实参将数据传递给形参后转去执行函数体 #2～#7 行的代码。在执行 #2 行代码时，形参 lst1 的第一个参数变成了 10，由于是部分改变数据，所以实参 lst1 的值也会发生改变，lst1 将变成[10，6]。

#3 行代码是将形参 lst2 直接赋值为一个新的列表对象，lst2 的值变为[1，2]，但这不会影响实参的值，所以实参仍为[7，8]。

字典也是可变类型对象，在 #4 行中将 dict1['a']改变以后，也将影响到实参 dict1 的值。#5 行是重新赋值了一个字典对象，所以不会影响实参 dict2。

从上面的例子可以看出，通过部分改变列表或字典的值，确实可以影响实参的值。这一特性也被利用来解决类似于其他语言中的地址传递问题。例如，编写一个函数用于交换两个数。

下面是交换两个数的错误写法。

```
def swap1(a, b):
    t = a
    a = b
    b = t
a = 10
b = 20
print("Before:", a, b)
swap1(a, b)
print("After:", a, b)
```

运行以上程序，得到的运行结果是：

```
Before: 10 20
After: 10 20
```

这是因为交换形参并不会影响实参，所以 a 和 b 的值在调用前后并未发生改变。可以用下面的写法来处理交换两个数。

```
def swap2(lst):
    lst[0], lst[1] = lst[1], lst[0]
lst = [10, 20]
print("Before:", lst)
swap2(lst)
print("After:", lst)
```

运行以上程序，得到的运行结果是：

```
Before: [10, 20]
After: [20, 10]
```

上面的做法说明，交换两个数时不能直接将两个数作为参数使用，而应该将这两个数放在列表中，将列表整体作为一个参数，通过改变列表中的部分数据而实现两个数的交换。

9.2.2 参数的类型

在 Python 中，普通的函数参数都要求实参和形参的数量一致，并且两者的数据类型兼容，否则会导致程序出错。除普通参数之外，Python 中还有默认值参数、关键字参数和可变长度参数等用法。

1. 默认值参数

默认值参数的意思是在调用函数时，既可以显式地给该参数赋值，也可以不给该参数赋

值，此时该参数的取值将采用默认值。

使用默认值参数是在函数定义阶段对形参指定默认值。其定义形式为：

```
def 函数名(..., 形参名 = 默认值):
    函数体
```

定义函数时指定默认参数的示例：

```
#1.  def fun(x, y = 10, z = 20):
#2.      print("x = ", x, "y = ", y, "z = ", z)
#3.  fun(100, 200)
```

上述程序的运行结果为：

```
x =  100 y =  200 z =  20
```

从上面的代码可以看到，定义函数时虽然有3个形参，但是调用时只给了2个实参。其中第1个参数x是普通参数，在定义函数时没有指定任何值，所以这样的参数必须在调用时给定具体的实参，例如上面的100将与这个参数对应，也就是x将获得100。

第2、3个参数都属于默认值参数，形式上可以看到都有指定"形参名=默认值"。不过第2个参数y虽然是默认值参数，但是在调用时显式地将实参200传给了形参，所以形参的取值是200，而不是10。第3个参数z也是默认值参数，但是调用时没有给出具体值，因此将取默认值20。

必须强调一点，默认值参数只能出现在参数表的最右边。也就是说，如果第2个参数采用默认值后，第3个参数也就必须采用默认值。

2. 关键字参数

默认值参数是在定义函数时指定的，并且对参数的顺序有要求。而关键字参数的指定不是发生在定义函数阶段，而是在调用函数时指定。

对于普通参数，要求实参的顺序与形参的顺序一致，但是使用了关键字参数就可以改变调用时实参的书写顺序。使用关键字参数的一般语法格式：

```
形参名 = 实参值
```

下面是使用关键字参数调用函数的示例：

```
#1.  def fun(x, y):
#2.      print("x = ", x, "y = ", y)
#3.  fun(y = 10, x = 20)
```

上述程序的运行结果为：

```
x =  20 y =  10
```

从上面的代码可以看到，在定义函数时形参的顺序是先x后y，但是在调用函数时，实参是按照先 y 后 x 的顺序给定的。只要在调用时指定了关键字(也就是形参名),就可以改变参数传递时的书写顺序,因为系统已经可以知道哪个形参对应哪个实参了。

3. 可变长度参数

在 Python 中,可以定义可变长度的参数。例如,当需要计算一组数据之和时,若这组数据到底有多少个无法事先确定,就可以使用可变长度参数来定义。

可变长度的参数有元组和字典两种形式,当参数以 * 开头时,可变长度参数被视为一个元组,当参数以 ** 开头时,可变长度参数被视为一个字典。

(1) 以元组为可变长度参数计算任意多个指定数字之和的示例:

```
#1.  def sum(*num):
#2.      s = 0
#3.      for i in num:
#4.          s = s + i
#5.      print("sum = ", s)
#6.      return s
#7.  sum(1, 2, 3, 4, 5)
#8.  sum(15, 30, 10)
#9.  sum()
#10. numbers = [1, 2, 3]
#11. sum(*numbers)
```

以上程序的运行结果是:

```
sum =  15
sum =  55
sum =  0
sum =  6
```

上面的代码中,#1～#6 行定义了一个函数,参数是可变长度参数,调用时所有实参将被视为一个元组中的元素,元组中元素的顺序与实参表的顺序一致。

#7 行代码在调用时给了 5 个参数,函数将计算这 5 个参数之和。#8 行代码在调用时给了 3 个参数,函数计算的是这 3 个参数之和。#9 行代码没有给任何实参,函数就计算 0 个参数之和,得到的结果是 0。

#10、#11 行是将一个已有的列表作为可变长度参数传给函数,函数将计算列表中的所有元素之和。当将一个已有的列表或元组作为可变参数传给函数时,需要在这个列表或元组名前用“*”引导,例如#11 行中 numbers 前面就有个“*”。

(2) 以字典作为可变长度参数的示例:

```
#1.  def total(**t):
#2.      s = 0
#3.      for i in t.values():
#4.          s += i
#5.      return s
#6.  sum = total(a = 10, b = 20, c = 30)
#7.  print("sum = ", sum)
```

以上程序的运行结果为：

```
sum = 60
```

在用字典作为可变长度参数时，实参按照“关键字＝值”的形式给定，可以同时将多个实参传给形参，例如#6 行中调用函数时，形参 a 取得实参 10，b 取得 20，c 取得 30，这些参数将存放在字典 t 中，t 的内容是{'a': 10, 'b': 20, 'c': 30}。本例是对字典中所有元素的值求和，因此结果是 60。

9.3 函数的返回值

9.3.1 return 语句和函数返回值

在 Python 中，从形式上看，有的函数有返回值，有的则没有，返回值代表的是函数的运行结果。返回值通过在函数体内部使用 return 语句而得到，其一般语法格式为：

```
return [函数返回值]
```

函数返回值可以是任意类型的数据，甚至可以在 return 后不带任何数据，仅仅表示函数执行到此处将终止函数的执行。

【例 9-1】 利用 return 语句求多个数中的最大值。

```
def my_max(x, y, *z):              #支持从两个及以上数据中找最大值
    max_value = x                  #假定第一个参数是最大值
    if y > max_value:              #第二个参数跟现有的最大值比较
        max_value = y              #更新最大值
    for i in z:                    #后面的所有参数都跟现有最大值一一比较
        if i > max_value:
            max_value = i
    return max_value
print(my_max(3, 6, 9, 5, 7, 2))
```

程序的执行结果为：

```
9
```

上面的程序支持从两个以上(含两个)参数中找出最大值。做法是首先假定第一个参数是最大值 max_value，然后将第二个参数与 max_value 比较，如果大于它，则将 max_value 改为第二个参数，以此类推，此后的所有参数都与 max_value 比较，如果该数大于 max_value，就将 max_value 改为该数。当所有数据都比较完毕，max_value 就存储了所有参数中的最大值，然后通过 return 语句返回 max_value 即得到所有参数中的最大值。

9.3.2 多条 return 语句

在一个函数中，不仅可以没有 return 语句，也可以有一条或多条 return 语句。当没有

return 语句或 return 语句不带任何值时，Python 认为函数的返回值为空值，即等同于执行了语句 return None。

对于有多条 return 语句的函数，一旦第一次执行了 return 语句，函数的执行即终止了，哪怕在函数体内部该语句后面仍有代码，程序也将跳出函数体，转到调用函数处后面继续执行代码。

【例 9-2】 求两个数中的较大值，两者相等时输出 Equal。

```
def larger(x, y):                #求得两个数中的大数
    if x > y:
        return x
    elif x == y:
        return "Equal"
    else:
        return y
a, b = input("输入两个数,用空格隔开:").split(" ")
print(larger(a, b))
```

测试一的结果：

```
输入两个数,用空格隔开:5 7↙
7
```

测试二的结果：

```
输入两个数,用空格隔开:76.3 43.2↙
76.3
```

测试三的结果：

```
输入两个数,用空格隔开:45 45↙
Equal
```

9.3.3 返回多个值

在 Python 中，一个函数还可以同时返回多个值，这是其他语言所不具有的特性。但事实上，函数的返回值仍然只是一个对象，它是一个由多个数据构成的元组。

【例 9-3】 求三门课程的总分和平均分。

程序代码如下：

```
def grade(math, English, Chinese):
    Sum = math + English + Chinese                #三门课的总分
    Avg = Sum / 3                                 #平均分
    return Sum, Avg                               #同时返回总分和平均分
sum_grade, avg_grade = grade(90, 78, 84)          # 同时求出总分和平均分
print("总分:", sum_grade)
print("平均分:", avg_grade)
```

程序的运行结果为：

```
总分: 252
平均分: 84.0
```

9.4 变量的作用域

变量的作用域就是变量的可访问空间，即变量起作用的范围，可以理解为命名空间。变量第一次出现的位置，决定了变量的作用域。在不同作用域中的同名变量，相互不影响，是两个完全不同的对象。

9.4.1 局部变量

如果在函数体内部出现的赋值语句中，变量名前没有任何关键字，形式如“变量名=值”，这样的变量就是局部变量。

局部变量的作用域在某个程序片段内部，例如在函数中定义的变量和参数都属于局部变量，它们的作用域仅为该函数的函数体，超出此函数体部分就无法使用这些变量。

以下代码是局部变量的定义示例：

```
#1.  def fun1(x):
#2.      a = 10                        #fun1 中的局部变量
#3.      x = 20                        #fun1 的形参
#4.      print("Inside fun1:a = ", a, "x = ", x)
#5.  def fun2(x):
#6.      a = 100                       #fun2 中的局部变量
#7.      x = x * 5                     #fun2 的形参
#8.      print("Inside fun2:a = ", a, "x = ", x)
#9.  fun1(3)
#10. fun2(8)
#11. print("Outside:a = ", a, "x = ", x)
```

运行上述程序，发现在输出部分结果后程序就出错了。这是因为函数 fun1()中使用的 a 是局部变量，这意味着它的作用域仅仅是在 fun1()的函数体内部，而无法在 fun2()及其他地方使用。当调用函数 fun1()时，系统第一次执行#2 行的赋值语句时，会为 a 分配内存，但是执行完 fun1()的代码后，a 就被系统回收了，此后再也无法使用 a，因此#11 行要输出 a 的值时将出错。

函数 fun2()中也有个局部变量 a，这个 a 与 fun1()中的 a 不是同一个变量，并且两者不在同一时期并存。当调用 fun1()时，fun2()中的 a 是不存在的，同样，调用 fun2()时 fun1()中的 a 也是不存在的。

形参在未调用函数时也不存在，只有当调用函数后把实参传给了形参，形参才有了内存空间。因此与局部变量 a 类似，在 fun1()和 fun2()中的两个形参 x 不是同时并存的，它们分别在各自的调用期内存在。所以#11 行想要输出 a 和 x 的值是错误的，因为此时 a 和 x 并不存在。

9.4.2 全局变量

如果赋值语句出现在函数外部，这样的变量就是全局变量。与局部变量对应，全局变量的作用域是从定义变量后开始，一直到整个程序结束的所有代码范围，全都可以使用全局变量(包括函数内部)。

以下是全局变量的定义示例：

```
#1.  a = 10                              #创建全局变量
#2.  def fun():
#3.      print("Inside:a=", a)
#4.  fun()
#5.  a = 30                              #修改全局变量
#6.  fun()
#7.  print("Outside:a=", a)
```

运行程序，得到的结果是：

```
Inside:a= 10
Inside:a= 30
Outside:a= 30
```

在#1行定义的a是全局变量，全局变量可以在此后的函数中使用，因此fun()中使用的a就是#1行定义的a。第一次调用#4行的fun()时，a的值保持为最初的10。接着在#5行a改为30后，#6行再次调用fun()，打印的a就是被改以后的30。这个程序不管在函数内还是在函数外，始终只有一个a在使用。

有时程序中会同时存在同名的全局变量和局部变量，此时应注意区分到底使用的是哪一个变量。如果在一个函数体中要对全局变量重新赋值，需要先用global关键字声明该全局变量，否则使用的就是局部变量。例如：

```
def fun():
    x = 10                           #局部变量
    global y                         #全局变量
    y = 20                           #全局变量
    print("Inside:x=",x,"y=",y)
x = 100                              #全局变量
y = 200                              #全局变量
print("Before:x=", x, "y=", y)
fun()
print("After:x=", x, "y=", y)
```

上述程序的运行结果如下：

```
Before:x= 100 y= 200
Inside:x= 10 y= 20
After:x= 100 y= 20
```

本程序从#6 行开始执行，在#6、#7 行分别定义了两个全局变量 x 和 y，因此#8 行输出的 x 和 y 分别为 100 和 200。在函数 fun()中，#2 行的 x 是一个局部变量，而非#6 行定义的全局变量 x。当全局变量和局部变量同名时，优先访问的是局部变量，此时全局变量不发挥作用。

#4 行的 y 是全局变量，因为在#3 行有 global 的声明语句，说明 y 是一个全局变量，也就是#7 行定义的全局变量。调用 fun()时，#5 行输出的 x 和 y 分别是局部变量和全局变量，值分别为 10 和 20。

整个程序中存在两个同名的 x，一个是#6 行产生的全局变量 x，另一个是#2 行产生的局部变量 x，在 fun()中改变的是局部变量 x 的值，全局变量 x 不会受到 fun()的影响，所以在#10 行再次输出 x 和 y 的值时，两者的值分别是全局变量 x 和全局变量 y 的值，而全局变量 y 的值已经在调用函数 fun()时被改为了 20，所以最终输出的是 100 和 20。

9.5 递归函数

递归函数是指直接或者间接调用自己的函数。递归应用的一个最常见例子是阶乘的计算。

【例 9-4】 编写递归函数，求 n 的阶乘，测试并输出 10 以内的阶乘。阶乘的定义为

$$\text{fac}(n)=\begin{cases}1 & n=0,1\\ 1\times 2\times 3\times\cdots\times n=\text{fac}(n-1)\times n & n>1\end{cases}$$

```
#1.  def fac(n):
#2.      if n == 0 or n == 1:
#3.          return 1
#4.      else:
#5.          return fac(n - 1) * n        #fac()函数内部调用 fac()函数
#6.  for i in range(1, 10):
#7.      print(i, "!=", fac(i))
```

运行程序，得到的结果如下：

```
1 != 1
2 != 2
3 != 6
4 != 24
5 != 120
6 != 720
7 != 5040
8 != 40320
9 != 362880
```

从上面的代码可以看出，#1～#5 行是定义函数 fac()，然而在函数体中就有调用 fac()函数，例如#5 行中的 fac(n－1)就是调用了本函数。这是递归函数的最典型特征。编写递归函数应注意两个基本要素：

(1) 原问题可以通过一个或多个规模更小的相似问题进行求解。

(2) 必须有明确的递归结束条件。

递归的过程必定有参数的变化,而且参数的变化和递归边界有关系。比如,例 9-4 中的递推公式是 $n!=(n-1)!\times n$,求 $n!$ 和 $(n-1)!$ 是相似的问题,递归边界是 n==0 或 n==1,此时不再需要递推,直接就能得到结果。如果去掉 if n==0 or n==1 的判断,代码就会陷入死循环,程序永远不会结束。

递归函数在解决很多传统问题中都有应用,例如用辗转相除法求最大公约数。

【例 9-5】 利用递归函数求两个数的最大公约数。

```
def gcd(m, n):                          #递归法求最大公约数
    r = m % n
    if r == 0:
        return n
    else:
        return gcd(n, r)                #辗转往下继续求最大公约数
a = int(input("请输入第 1 个整数:"))
b = int(input("请输入第 2 个整数:"))
print("最大公约数:", gcd(a, b))
```

测试的一个结果如下:

```
请输入第 1 个整数:45↙
请输入第 2 个整数:24↙
最大公约数: 3
```

使用递归编写程序虽然对于理解问题比较有利,但是递归的执行效率往往要低于常规方法。对于递归调用的问题要求规模不能过大,否则容易导致内存溢出或运算时间过长。

9.6 内嵌函数*

Python 允许在一个函数内部嵌套定义另外一个或多个函数。下面是内嵌函数的一个示例:

```
#1.  def outer():
#2.      def inner():                 #定义内嵌函数
#3.          print("inner")
#4.      print("outer")
#5.      inner()                      #调用内嵌函数
#6.  outer()
#7.  inner()                          #此句会出错,抛出异常
```

运行上面的程序,第一行输出"outer",第二行输出"inner"后,程序就出错,抛出了异常。我们对结果分析一下,发现#1~#5 行是定义的一个 outer()函数,程序从#6 行开始执行,将调用 outer()函数,接着就转去#1 行执行。在函数 outer()中有一个内嵌函数 inner(),位

于＃2、＃3 行，这个函数如果不调用，是不会自动执行的，所以在执行 outer()时，最先执行的是＃4 行，输出"outer"，然后执行＃5 行，调用 inner()函数。调用 inner()函数时，输出"inner"。

执行完 outer()函数后，继续执行＃7 行，调用 inner()函数，但是由于 inner()是内嵌在 outer()中的，不能在 outer()外面使用，所以程序出错了。

从上面的程序可以看出，函数及变量都有其作用域。对于内嵌函数来说，其中的局部变量只能在该内嵌函数中使用，而不能在其外层函数中使用。但是在外层函数中定义的局部变量，可以在其内嵌函数中使用。下面是内嵌函数中变量的作用域示例：

```
#1.  def f1():
#2.      global x                          #全局变量 x
#3.      x = 10                            #全局变量 x
#4.      y = 20                            #局部变量 y
#5.      def f2():
#6.          nonlocal y                    #闭包 y,就是#4 行的局部变量 y
#7.          global x                      #全局变量 x
#8.          x = x + 1                     #全局变量 x
#9.          y = 40                        #闭包 y
#10.         print("In f2:x=", x, "y=", y)
#11.     f2()
#12.     print("In f1:x=", x, "y=", y)
#13. x = 100                               #全局变量 x
#14. y = 200                               #全局变量 y
#15. print("Before:x=", x, "y=", y)
#16. f1()
#17. print("After:x=", x, "y=", y)
```

运行程序，输出结果为：

```
Before:x= 100 y= 200
In f2:x= 11 y= 40
In f1:x= 11 y= 40
After:x= 11 y= 200
```

整个程序从＃13 行开始执行，这里定义了两个全局变量 x 和 y，值分别为 100 和 200，因此第 15 行的输出结果为“Before：x= 100 y= 200”。

接着执行＃16 行，调用 f1()函数，程序转去＃1 行执行。在 f1()中使用了外层的全局变量 x，还有一个局部变量 y，全局变量 x 的值被改为了 10，局部变量 y 的值为 20。

＃5～＃10 行是一个内嵌函数 f2()，f1()中调用 f2()函数时，程序转去＃5 行执行。在 f2()中，＃7 行说明了使用的是全部变量 x。＃6 行的 nonlocal 关键字用于说明不属于本函数定义的局部变量，即上层变量，这种变量又称为“闭包”，也就是未在本地作用域中定义的变量。因此 y 就是 f1()中定义的局部变量 y。

执行＃8 行，x 在原有值 10 的基础上加 1 后变为 11，＃9 行 y 重新赋值为 40，接着执行＃10 行，输出结果即为“In f2：x= 11 y= 40”。

执行完 f2()后，接着执行＃12 行，因为此处使用的是全局变量 x 和 f1()中的局部变量

y,所以输出结果为“In f1:x= 11 y= 40”。

执行完#12 行后,f1()就调用完了,继续回到#17 行执行,输出全局变量 x 和 y 的值,因为 x 在函数中被改为了 11,而 y 没有做过任何改变,所以输出结果为“After:x=11y=200”。

如果把#7 行的 global 改为 nonlocal,程序就会出错,因为在 f1()中并未定义局部变量 x;也不能直接去掉#7 行,因为如果要在函数体中对全局变量赋值,就必须使用 global 关键字来说明,否则使用的就是局部变量,但是在 f1()中 x 没有明确的赋初始值,所以程序会出错。

9.7 装 饰 器*

装饰器本质上也是一种函数,是用于拓展其他函数功能的一种函数,它可以让其他函数在不需要做代码变动的前提下给函数增加新的功能。

9.7.1 无参数装饰器

例如,假设已经定义好了函数 printMessage(),这个函数用来打印一行语句。

```
def printMessage():
    print("--------欢迎您-------")
```

假如这个函数已经被很多后续代码所使用,可能有很多人都在调用这个代码。如果现在要对这个 printMessage()函数进行功能扩展,则不能随意修改这个函数,因为别人的代码也引用了这个函数。如果修改函数的调用形式,就意味着别人也得改,这样后续的工作量就很大。此时就可以使用装饰器来为 printMessage()添加功能。

【例 9-6】 使用无参数装饰器 myDectoration 为 printMessage()增加功能。

```
#1.  def myDectoration(func):                    #装饰器函数
#2.      print("执行 myDectoation()函数")
#3.      def inner():
#4.          print("正在执行内部函数")
#5.          func()
#6.      return inner
#7.  @myDectoration
#8.  def printMessage():                         #被装饰函数
#9.      print("--------欢迎您-------")
#10. printMessage()
```

上面代码的输出结果为:

```
执行 myDectoation()函数
正在执行内部函数
--------欢迎您-------
```

#7 行的@myDectoration 是使用装饰器的语法,特征是在装饰函数名前加“@”。此处

的 myDectoration()是装饰函数，#1～#6 行是定义装饰函数，其中形式参数代表被装饰的函数对象，比如，当要求用 myDectoration()函数来装饰 printMessage()函数时，就要把@myDectoration 放在 printMessage()的上面一行，这样在执行 myDectoration()时，printMessage()指向的地址就传给了 func()。本例中 myDectoration()内部定义了一个 inner()函数，这个函数不会立即执行，当执行到 #6 行时返回 inner()函数的地址给 printMessage()，此时 printMessage()指向的地址就是 inner()函数的地址。

因此当调用 printMessage()时，首先调用装饰函数 myDectoration()，打印"执行 myDectoation()函数"后，接着执行 inner()函数，先打印"正在执行内部函数"，然后调用 func()，此时 func()指向要装饰的函数地址，也就是 printMessage()，所以打印了"---------欢迎您---------"。

必须注意，装饰函数中一定要返回一个函数对象，比如 #6 行的返回值是装饰函数中内嵌的函数名，而不是形式参数 func，否则在装饰函数之外调用函数的地方将无函数可调，输出结果将变为：

```
执行 myDectoation()函数
---------欢迎您--------
```

上面这种装饰器是最简单的装饰器，但是这种装饰器的一个最大问题是被装饰的函数无法接收参数。

【例 9-7】 使用装饰器为有参数的函数 printMessage()增加功能。

```
#1.  def myDectoration(func):                        #装饰器函数
#2.      print("执行 myDectoration()函数")
#3.      def inner( * args):
#4.          print("正在执行内部函数")
#5.          func( * args)
#6.      return inner
#7.  @myDectoration
#8.  def printMessage(name):                         #被装饰函数
#9.       print("--------- %s 欢迎您 --------" % name)
#10. printMessage("Holly")
```

运行上面的程序，结果输出如下：

```
执行 myDectoration()函数
正在执行内部函数
---------Holly 欢迎您 --------
```

上面两个例子的区别在于 printMessage()是否有参数，当 printMessage()有参数时，inner()函数也必须相应地是有参数的函数。虽然这种装饰器能扩展有参数的被装饰函数，但是这种装饰器仍然为无参数装饰器，原因是调用装饰器的语句@myDectoration 中不带有任何参数。

9.7.2 有参数装饰器

使用装饰器时，一定要注意两个函数的区别：一个是装饰器函数；另一个是被装饰函数。9.7.1节中的例子是用无参数的装饰器分别扩展有参数和无参数的被装饰函数。本节所说的有参数装饰器，是指调用装饰器时，可以提供其他参数，形式如@myDectoration(a)等，这种用法能为装饰器的使用带来更大的灵活性。

【例9-8】 利用有参数的装饰器扩展有参数的函数的功能。

```
#1.  def decorator_maker(d_arg1, d_arg2):                 #装饰器函数
#2.      print("I make decorators! I accept argument:", d_arg1, d_arg2)
#3.      def my_decorator(func):
#4.          print("I am the decorator. You pass me arguments:", d_arg1, d_arg2)
#5.          def inner(f_arg1, f_arg2):
#6.              print("I am inner. I can access all variables.")
#7.              print("From decorator:", d_arg1, d_arg2)
#8.              print("From function call:", f_arg1, f_arg2)
#9.              return func(f_arg1, f_arg2)
#10.         return inner
#11.     return my_decorator
#12. @decorator_maker("AAA", "BBB")
#13. def decorated_function(f_arg1, f_arg2):               #被装饰函数
#14.     print("I am the decorated function! I only know arguments:", f_arg1, f_arg2)
#15. decorated_function("CCC", "DDD")
```

以上程序的运行结果为：

```
I make decorators! I accept argument: AAA BBB
I am the decorator. You pass me arguments: AAA BBB
I am inner. I can access all variables.
From decorator: AAA BBB
From function call: CCC DDD
I am the decorated function! I only know arguments: CCC DDD
```

跟无参数装饰器相比，使用有参数装饰器时必须在装饰器外面多套一层嵌套函数，如本例中的decorator_maker()就是外面的那层函数，它可以有多个参数，如本例中的参数d_arg1和d_arg2，在调用装饰器语句@decorator_maker("AAA","BBB")时，"AAA"对应d_arg1，"BBB"对应d_arg2，它们均可以在decorator_maker()内部使用，包括嵌套在decorator_maker()内部的my_decorator()中使用。

分析一下程序，整个程序从#15行开始执行，因为decorated_function()的函数定义语句之前有@decrator_maker("AAA","BBB")语句，所以调用被装饰函数decorated_function()前要先去调用装饰函数decorator_maker()，将实参"AAA"传给形参d_arg1，"BBB"传给d_arg2。接着执行decorator_maker()的代码，先执行#2行，打印字符串"I make decorators! I accept argument:"和"AAA"及"BBB"后，继续执行#11行代码。

外套装饰函数要求必须返回内嵌装饰函数的地址。如#11行中返回了my_decorator()函数的地址。执行这条语句，程序就会转到my_decorator()函数继续执行。执行my_

decorator()时，首先执行#4 行，打印"I am the decorator. You pass me arguments："和"AAA"及"BBB"。接着执行#10 行，返回的是 inner()函数的地址，此时程序就会转去执行 inner()函数。

inner()函数对应的是被装饰函数，本例中是 decorated_function()函数，也就是调用装饰函数@语句下面的那个函数。这个函数的形式参数 f_arg1 和 f_arg2 分别对应第 15 行中的实际参数"CCC"和"DDD"。在执行 inner()函数时，执行#6～#8 行，分别输出 4 个不同的参数。

9.7.3 多重装饰器

多重装饰器是指有多个装饰器修饰同一个函数，需要注意的是装饰器的执行顺序是自下而上，也就是最先装饰的装饰器反而是最后一个执行。

【例 9-9】 多重装饰器示例。

```
#1.  def decorator_a(func):                  #装饰器函数
#2.      print("Get in decorator_a")
#3.      def inner_a( * args, ** kwargs):
#4.          print("Get in inner_a")
#5.          return func( * args, ** kwargs)
#6.      return inner_a
#7.  def decorator_b(func):                  #另一个装饰器函数
#8.      print("Get in decorator_b")
#9.      def inner_b( * args, ** kwargs):
#10.         print("Get in inner_b")
#11.         return func( * args, ** kwargs)
#12.     return inner_b
#13. @decorator_b
#14. @decorator_a
#15. def f(x):                               #被装饰函数
#16.     print("Get in f")
#17.     return x * 10
#18. f(5)
```

运行程序，输出结果为：

```
Get in decorator_a
Get in decorator_b
Get in inner_b
Get in inner_a
Get in f
```

#13 和#14 行有两个装饰器，都是用于修饰被装饰函数 f(x)的，按照自下而上的原则，应该先调用 decorator_a()，后调用 decorator_b()。Python 解释器调用 decorator_a()时，先输出"Get in decorator_a"，然后立即调用 decorator_b()，所以接着输出的是"Get in decorator_b"，而不是输出"Get in inner_a"。由于已经进入到了 decorator_b()中，接下来在执行 return inner_b()时，输出了"Get in inner_b"。输出完"Get in inner_b"后，decorator_b()就

执行完了,返回到 decorator_a()继续执行,此时执行 return inner_a(),又输出了"Get in inner_a"。执行完 decorator_a()后,执行 f()函数,输出"Get in f"。

因此多重装饰器的执行类似于堆栈,按照先进后出的原则执行。

9.8 模　块

9.8.1 什么是模块

Python 中所谓的模块实际上就是源代码文件。在模块中可以定义变量、函数和类等。通过导入其他模块,就可以重用该模块具有的功能。使用模块的主要优点是:

(1) 提高代码的可重用性。保存在模块中的函数,能够被其他程序所使用。

(2) 避免变量名和函数名冲突。在模块中的变量名和函数名的作用域都具有局部性,不同模块中的同名变量不会发生冲突,但是要切记不要跟内置函数同名。

9.8.2 Python 的程序架构

简单程序只需要一个程序文件就可以实现了,但是大多数功能复杂的 Python 程序都是由多个.py 程序文件共同组成的,包括一个主程序和多个模块。其中主程序是执行程序的启动文件,属于顶层文件。模块则属于子程序,一般包括了很多自定义函数。

假设一个程序有 a.py、b.py 和 c.py 三个程序文件,其中 a.py 是主程序,b.py 和 c.py 是两个模块,不能直接执行。程序必须从 a.py 开始执行,当需要用到 b.py 和 c.py 中的函数时,通过导入 b、c 模块,才能使用其中的函数。

b.py 中的内容如下:

```
import math
def area(r):
    print(math.pi * r * r)
def input_b():
    print("I am B module")
```

c.py 中的内容如下:

```
def input_c():
    print("I am C module")
```

a.py 中的内容如下

```
import b, c
b.input_b()
c.input_c()
```

运行 a.py 程序,得到的结果如下:

```
I am B module
I am C module
```

从以上代码可以看出，主程序 a.py 导入 b、c 模块后就可以调用这些模块中的函数，非主程序的模块也可以导入其他的模块，包括标准模块、第三方模块和自定义模块。

9.8.3　模块搜索路径*

9.8.2 节所描述的这三个文件，如果它们存放在同一个文件夹中，那么运行主程序时是能够正常执行的，但是如果这几个文件不在同一个文件夹中，则会运行时产生错误，抛出异常。这是因为 Python 解释器对模块文件有一个查找过程。

在多数情况下，模块的搜索路径是自动确定的。概括地说，Python 的模块搜索路径是首先在当前路径中查找模块，若找不到，接着在内置的 built-in 模块中查找，若仍找不到则按 sys.path 给定的路径查找对应的模块文件。

想知道 sys.path 中究竟设置有哪些路径，可以通过以下命令查看 sys.path 属性，获得当前搜索路径的配置。

```
>>> import sys
>>> sys.path
```

如果要导入的模块不在已设定的搜索路径下，则可以用 sys.path.append(要导入的绝对路径)添加搜索路径。例如：

```
>>> sys.path.append("C:\\")
```

上述语句就是添加 C 盘的根目录为搜索路径，这样存放在 C 盘根目录中的模块就能访问了。

9.8.4　模块的有条件执行

每一个 Python 程序文件都既可以作为一段可以直接运行的程序，又可以让别的模块导入和调用。有时为了控制主程序中的代码只在作为主程序时才能运行，而在被其他模块加载时不能执行，需要使用系统变量__name__(前后各有两个下画线)来区分模块的运行情况。

__name__是一个全局变量，用于标识模块名称。如果当前模块是主模块，也就是作为调用其他模块的模块，那么此时__name__的值就是"__main__"。如果当前模块是被其他模块通过 import 导入的，则__name__的值为模块文件名(不加后面的.py)。通过判断是否为"__main__"就可以区分哪些是主程序，哪些是被导入的模块，以决定是否进入主函数执行。

例如，假设有一个模块 test.py，里面有一个函数 test()。要控制主程序中的 main()函数只在作为主程序时才能运行，而不能在被其他模块导入时调用。主程序中的示例代码如下：

```
def main():
    print(__name__)
if __name__ == '__main__':
    main()
    import test
    test.test()
```

程序的运行结果为：

```
__main__
test
```

从这个程序可以看出，在主程序中输出的__name__是字符串"__main__"，而在被调用模块中输出的__name__是模块名 test。

9.9 习 题

1. 简述 Python 中函数参数的种类和定义方式。

2. 什么是 lambda 函数？它的调用形式是怎样的？

3. 什么是递归函数？在设计递归函数时，为什么要设置终止条件？

4. 什么是装饰器？它有何作用？

5. 什么是模块？如何导入模块？

6. 写一个自定义函数，用于判断一个正整数是否为素数，并利用该函数验证哥德巴赫猜想，即任意大于或等于 4 的偶数都可以分解为两个素数之和，要求输出测试数据的所有组合。

7. 设计一个验证用户密码的程序，要求用户最多有 3 次输入机会，如果输入正确，显示“欢迎您来到 Python 世界！”，否则显示“请继续努力！”。

8. 写一个自定义函数，用于判断两个数是否为幸运数对。所谓幸运数对是指两数相差 3，且各位数字之和能被 6 整除的一对数，如 147 和 150 就是幸运数对。要求找出所有的 3 位数幸运数对。

9. 写一个自定义函数 $\phi(m)$，用于计算其所有因子（包括 1 和 m）之和。若有 $m<n$，且 $\phi(m)=\phi(n)=m+n+1$，则 m 和 n 是拟互满数。要求找出 40～200 的所有拟互满数。

第10章 文件及目录操作

10.1 文件概述

文件是以计算机辅助存储设备为载体存储在计算机上的信息集合，可以是文本文档、图片、程序等。计算机中，任何一个文件都有其文件名，文件名是存取文件的依据。

根据文件中存储数据的方式和结构，可以将文件分为顺序存取文件和随机存取文件。

- 顺序存取文件。顺序存取文件的结构比较简单。查找数据时，只能从文件头部开始，按照顺序一个一个(或一行一行)读取。一般来说，每个数据或记录的长度不需要相同。
- 随机存取文件。又称直接存取文件。查找数据时可以根据需要随机访问任意一条记录。这样的文件，通常每一条记录的长度都是固定的，所以可以根据记录长度推算出任意一条记录的位置。

根据数据性质，文件也可以分为文本文件和二进制文件。

- 文本文件。这种文件以纯文本方式存储，如果用记事本打开文件可以清楚地看到数据内容，数据一般以 ASCII 或其他字符集来存放。
- 二进制文件。这种文件根据文件格式的不同，需要由相应的软件来处理，如果用普通的记事本打开，读到的数据都是乱码。

为了找到文件所处的位置而表示的一系列文件夹序列称为路径，例如 D:\Python\Chapter10\test.txt，或者 D:/Python/Chapter10/test.txt。Windows 在路径名中对文件夹与文件或文件夹与文件夹之间的分隔符，既可以使用斜杠“/”，也可以使用反斜杠“\”，但是由于在字符串中反斜杠“\”经常与其他字符一起构成转义符，如“\n”“\t”等都具有特殊含义，所以在使用文件时，表示文件名的字符串中应尽可能使用“/”作为分隔符，或者使用双反斜杠“\\”，如 D:\\Python\\Chapter10\\test.txt。

不管是哪一类文件，在 Python 中对文件的操作一般都分为三个步骤：第一步必须先打开文件；第二步是进行读写数据；第三步是文件使用完后应关闭文件。

10.2 文件的打开与关闭

10.2.1 打开文件

访问文件时,必须先打开文件。在 Python 中内置函数 open()可以打开或创建一个文件对象。这个文件对象并非文件本身,而是应用程序与要读写的文件之间的通道。这个通道在 Windows 系统中常被称为文件句柄。通过它,文件才能被有效地读写。

open()函数的一般语法格式为:

```
文件对象 = open(file, mode = 'r', buffering = -1, encoding = None, newline = None)
```

函数参数中的 file 是字符串类型,指明要打开的文件的文件名,文件名中可包含路径。

参数 mode 也是字符串类型,用于指定文件的打开方式,具体取值如表 10-1 所示。

表 10-1 open()函数中 mode 的参数取值

参数值	功　能
'r'	以只读方式打开文本文件
'w'	以只写方式打开文本文件(会清空原有文件内容)
'a'	以追加方式打开文本文件(保留原有内容,在文件尾部添加信息)
'rb'	以只读方式打开二进制文件
'wb'	以只写方式打开二进制文件
'ab'	以追加方式打开二进制文件
'+'	设置为可读写的方式(需与其他参数合在一起使用)

关于 mode 用法的一些具体说明如下:

(1) 以只读方式(包括'r'、'r+'、'rb'、'rb+')打开文件时要求文件已存在,否则将发生打开文件失败的异常 FileExistsError。

(2) 以只写或追加方式(包括'w'、'w+'、'wb'、'wb+'、'a'、'a+')打开文件时,若文件不存在,则创建一个新文件。

(3) '+'不能单独使用,必须放在其他模式后面,使之具有读写功能,但是在读写方式上,不同的写法有不同的含义。例如:

- 'r+'表示可读写,不清空原内容,可在任意位置写入数据,默认位置为起始位置。
- 'w+'表示可读写,但是该方式要先清空文件内容,然后写入。
- 'a+'表示可读写,写入位置只能在文件末尾。
- 'rb+'、'ab+'、'wb+'与'r+'、'a+'、'w+'的含义类似,只是打开的不是文本文件,而是二进制文件。
- 不指定 mode 时默认的打开方式为'rt',即读取文本文件。

参数 buffering 用于指定访问文件所采用的缓冲方式。默认值是-1,表示使用系统默认的缓冲区大小;如果 buffering=0,则表示不缓冲;如果 buffering=1,则表示只缓冲一行数据,也就是碰到换行就将缓冲区的内容写入磁盘;如果 buffering 是一个大于 1 的整数 n,

则采用n作为缓冲区大小，也就是每当缓冲区中满了n个字节后就写入磁盘。

参数encoding用于指明文本文件使用的编码格式，默认为None，即不指定编码格式，此时采用系统默认的编码。至于系统的默认编码则与平台有关。Python内置的编码包括'utf-8'、'utf8'、'latin-1'、'latin1'、'iso-8859-1'、'mbcs'、'ascii'、'utf-16'、'utf-32'等，中文系统一般使用'utf8'或'gbk'。

newline用于区分换行符，该参数只对文本模式有效，可以取的值有None、'\n'、'\r'、''和'\r\n'。当读取数据时newline参数为None，那么文件中的'\n'、'\r\n'、'\r'在返回给调用者时都会被转化为'\n'。如果newline = ''，行的结尾符号并不会被转化。

10.2.2 关闭文件

文件使用完以后，应当关闭文件，以释放文件资源，并可避免文件中数据的丢失。关闭文件的一般语法格式为：

```
文件对象.close()
```

如果在写文件的程序中不调用close()方法关闭文件，有时会发生缓冲区中数据不能正确写入磁盘的现象。为了避免这种情况的发生，Python引入了with语句来自动调用close()方法，其语法格式如下：

```
with open(文件名, 访问模式) as 文件对象:
    <利用文件对象读写文件>
```

当with内部的语句执行完毕后，文件将自动关闭，而不需要显式调用close()方法，这样可以简化代码。

10.3 文本文件的读写

10.3.1 读取文本文件

读取文本文件前应首先按照'r'模式打开文件，由此而产生了一个文件对象，此时文件的指针是在文件头部，预示着文件将从此处读取数据。Python中读取数据是利用了文件对象的三个方法read()、readline()或readlines()进行的。

1. read()方法

read()可以读取文件内容，具体用法如下：

```
f.read([n])
```

f是要读取内容的文件对象，参数n是整数，用于指定要读取的字符个数，默认将读取全部文件内容，该方法的返回值是个字符串，得到从文件的当前位置处读到的内容。例如，下面是使用read()方法读取文件test.txt中全部内容的示例：

```
#1.  f = open("test.txt")
#2.  str = f.read()                     #一次读取全部内容
#3.  print(str)
#4.  f.close()
```

注意，#1 行虽然没有指定打开文件的模式，但是这种用法等同于 f = open("test.txt", "r")，因为默认的打开方式是读取文本文件。#2 行的写法没有指定一次读取多少个字符，因此读取文件时将把文件内容一次性全部读出来，这对于很大的文件，比如一个 1GB 大小的文件，访问时将占用过多的内存。下面是用 read()方法指定一次读 10 个字符的示例：

```
f = open("test.txt", "r")
while True:
    block = f.read(10)                 #一次读 10 个字符
    if not block:                      #如果读不到内容了，退出循环
        break
    print(block, end = "")
f.close()
```

由于事先无法确定文件中有多少字符，所以使用循环来反复读取 10 个字符，直至再也读不到内容了就退出循环。需要注意的是，文件中的字符数不一定正好是 10 的倍数，因此最后一次可能读到的字符个数不满 10 个，此时就只读取这少于 10 个的字符。

2. readline()方法

readline()方法可以一次读取文件中的一行内容，具体用法如下：

```
f. readline()
```

f 是要读取内容的文件对象，返回值是个字符串，得到文件当前位置处读到的一行内容，包括其行尾的换行符'\n'。下面的示例是使用 readline()方法按行读取文件 test.txt 中的内容。

```
f = open("test.txt", "r")
while True:
    line = f.readline()                #读取一行
    if not line:                       #如果读不到内容了，退出循环
        break
    print(line, end = "")
f.close()
```

这样读到的每一行字符串中都包括了换行符，如果在实际使用中不需要包括换行符，则可以通过 line.replace("\n", "")将行尾的换行符过滤掉。

3. readlines()方法

readlines()方法可以一次读取文件中的所有行，具体用法如下：

```
f. readlines()
```

f 是要读取内容的文件对象，返回值是一个列表，列表中依次存放文件中每一行的字符串。下面是使用 readlines()方法读取 test.txt 中全部内容的示例：

```
f = open("test.txt","r")
list = f.readlines()                    #一次把所有行读到一个列表中
for line in list:
    print(line, end = "")
f.close()
```

同 readline()方法一样，readlines()方法读到的每一行内容，都是包括其行尾换行符的，如果需要去掉换行符，可以参考上面的 replace()方法过滤掉换行符。

4. 直接遍历文件对象

前面的 3 种方法是使用文件对象提供的方法来读取文件内容，除此之外，也可以直接遍历文件对象，因为在 Python 中文件对象也是一种可迭代对象。可迭代对象可以使用 for 循环进行遍历。代码如下：

```
f = open("test.txt",'r')
for line in f:                          #直接遍历文件对象
    print(line, end = '')
f.close()
```

10.3.2　文本文件的写入

写入文本文件前应首先按照'w'或'a'模式打开文件，由此而创建一个文件对象。当用'w'模式打开文件时，文件指针指向文件头部，并清空文件中的所有内容。当用'a'模式打开文件时，文件内容得以保留，并且文件指针指向文件末尾，写入数据时将在尾部追加数据。Python 中写入数据是利用了文件对象的两个方法 write()和 writelines()进行的。

1. write()方法

write()方法可以向文件中写入内容，具体用法如下：

```
f.write(写入的内容)
```

f 是要写入内容的文件对象，返回值是写入的字符长度。在文件关闭前或缓冲区刷新前，字符串内容暂存在缓冲区中，这时在文件中是看不到写入的内容的。示例如下：

```
f = open("result.txt", 'w')             #'w'是覆盖写模式
content = input("请输入要写入的内容:")
f.write(content)
print("文件已写完!")
f.close()
```

运行以上代码，不管原先是否存在 result.txt 文件，以及文件中是否存在数据，都将重新生成一个空的文件，把数据写入文件中，也就是新数据将覆盖已有的数据。

如果要在文件 result.txt 中添加新的数据，应将代码改写如下：

```
f = open("result.txt", 'a') #'a'是追加写模式
content = input("请输入要追加的内容:")
f.write(content)
print("文件已写完!")
f.close()
```

上面两种写法的主要区别仅在于打开文件的模式不同。使用'a'模式打开的文件，执行写入操作后文件中多了新数据，但是这些数据直接跟在原先内容的后边，这就说明，write()方法在写入时不会自动产生换行符。如果希望写入数据结束后产生换行效果，应在输入内容后面人为添加换行符。

2. writelines()方法

writelines()方法可以向文件写入字符串序列，具体方法如下：

```
f.writelines(字符串序列)
```

f是要写入内容的文件对象，参数是一个由字符串构成的序列，包括列表、元组、集合、字典等。该方法没有返回值。下面是使用writelines()方法将菜单写入文件menu.txt的示例：

```
menulist = ["香菇青菜\n", "红烧狮子头\n", "清蒸鲈鱼\n", "菌菇汤\n"]
f = open("menu.txt", 'w')
f.writelines(menulist)
print("文件已写完!")
f.close()
```

需要注意，如果序列中的字符串本身不带换行符，写入文件时是不会自动添加换行符的，因此必须人为控制换行符的产生。

10.4 CSV 文件的读写

10.4.1 CSV 文件简介

CSV 文件是一种常见的文件格式，主要用于不同程序之间进行数据导入和导出。如果在 Windows 下双击打开文件，一般会用 Excel 关联打开文件。但事实上，CSV 文件也是一种纯文本文件，可以用记事本打开查看内容。

CSV 是 Comma Separate Values 的缩写，意思是“逗号分隔值”，也就是值与值之间用逗号分隔开。例如，以下内容为一个 CSV 文件的典型示例：

```
学号, 姓名, 年龄, 性别, 学院
1201, 张三, 21, 男, 计算机学院
1502, 李四, 19, 女, 外国语学院
1306, 王五, 20, 女, 物理学院
1410, 赵六, 21, 男, 体育学院
```

可以看到 CSV 文件有如下特征：

- 第一行一般是标题行，存储的是字段名；
- 除第一行外的每一行代表一条记录，存储与字段名相对应的字段值；
- 记录不跨行，无空行，每条记录都有同样的字段序列；
- 字段间一般用半角逗号作为分隔符，但是也可以使用分号、制表符等作为分隔符。

虽然对 CSV 文件的处理完全可以使用普通的文本文件的处理方式，但是在 Python 中有专门的标准库 csv 模块，提供了读写 CSV 文件的便捷方法。因此即使 CSV 是纯文本文件，也建议使用专门的模块进行处理。csv 模块提供了 reader 对象和 DictReader 对象用于读取 CSV 文件的内容，writer 对象和 DictWriter 对象用于写入数据至 CSV 文件。

10.4.2　读取 CSV 文件

读取 CSV 文件中的数据的大致思路是：获取文件对象，读取表头，按逗号分隔符拆分表头字段，使用 for 循环语句获取表体记录数据。

1. csv.reader 对象

csv.reader 对象用于从 CSV 文件读取数据，其语法格式为：

```
csv.reader(csvfile, dialect = 'excel', ** fmtparams)
```

其中，csvfile 可以是任何支持迭代器协议的对象，通常是一个文件对象；dialect 用于指定 CSV 方言参数；fmtparams 可以给出关键字参数来覆盖当前方言中的各个格式参数。实际使用中通常省略后两个参数。下面是利用 csv.reader 对象读取 csvTest.csv 文件中所有内容的示例：

```
import csv
with open("csvTest.csv",'r') as f:
    reader = csv.reader(f)
    for row in reader:
        print(row)
```

运行上面的程序，得到结果如下：

```
['学号', '姓名', '年龄', '性别', '学院']
['1201', '张三', '21', '男', '计算机学院']
['1502', '李四', '19', '女', '外国语学院']
['1306', '王五', '20', '女', '物理学院']
['1410', '赵六', '21', '男', '体育学院']
```

可以看到，迭代器中一次得到的是文件中的一行数据，整个一行作为一个列表，以字符串形式存储了每一个字段。

除了以列表存储数据外，csv 模块也允许使用字典形式获取 CSV 文件中的数据。

2. csv.DictReader 对象[*]

csv.DictReader 是另外一种读取数据的方式，它用字典来存储数据，其语法格式为：

```
csv.DictReader(f,fieldnames = None,restkey = None,restval = None,dialect = 'excel', * args, ** kwds)
```

这个函数将创建一个 OrderedDict 对象，也就是有序字典，其键由可选的 fieldnames 参数给出，如果省略 fieldnames，则文件的第一行中的值将用作字段名。如果一行中包含的字段多于字段名，则将剩余数据放入一个列表中，并使用 restkey 指定的字段名（默认为 None）进行存储。如果非空行的字段数少于字段名，则缺少的值将填入 None。

实际使用中一般只需给出第一个参数，指明文件对象即可，后面的参数都可以省略。下面是一个利用 csv.DictReader 对象读取 csvTest.csv 文件中所有内容的示例：

```
import csv
with open("csvTest.csv", 'r') as f:
    reader = csv.DictReader(f)
    for row in reader:
        print(row)
```

运行上面的程序，得到的结果如下：

```
OrderedDict([('学号', '1201'), ('姓名', '张三'), ('年龄', '21'), ('性别', '男'), ('学院', '计算机学院')])
OrderedDict([('学号', '1502'), ('姓名', '李四'), ('年龄', '19'), ('性别', '女'), ('学院', '外国语学院')])
OrderedDict([('学号', '1306'), ('姓名', '王五'), ('年龄', '20'), ('性别', '女'), ('学院', '物理学院')])
OrderedDict([('学号', '1410'), ('姓名', '赵六'), ('年龄', '21'), ('性别', '男'), ('学院', '体育学院')])
```

从运行结果可以看出，文件的一条记录是一个有序字典，按照键值对构成的元组中，键是第一行数据中的字段名，值是数据记录中的字段值，整个有序字典的顺序与文件中存储的数据顺序保持一致。

如果需要单独提取某个键对应的值，可以参考字典的用法。

【例 10-1】 利用 csv.DictReader 对象，输出 csvTest.csv 文件中的男生信息。

```
import csv
with open("csvTest.csv", 'r') as f:
    reader = csv.DictReader(f)
    for row in reader:
        if row['性别'] == '男':                    #判断字段的值
            for field in row.values():
                print(field, end = ' ')
            print()
```

运行上面的程序，得到的结果如下：

```
1201 张三 21 男 计算机学院
1410 赵六 21 男 体育学院
```

10.4.3　写入 CSV 文件

将数据写入 CSV 文件的大体思路与读取文件差不多，包括获取文件对象、写入表头、使用 for 循环语句按行写入表体记录数据。

1. csv. writer 对象

在 csv 模块中写文件可以通过 writer 对象写入。其语法格式为：

```
csv.writer(csvfile, dialect = 'excel', ** fmtparams)
```

该函数返回一个 writer 对象。其他参数的含义与用法与 reader 对象中的相同，可以参见前面的 reader 对象。

用 writer 对象写入数据时，可以使用 writerow()方法一次写入一行，也可以使用 writerows()方法一次写入多行。

【例 10-2】　利用 csv. writer 对象，将学生信息按一次一行的方式写入 student. csv 文件中。

```
import csv
with open("student.csv", 'w', newline = "") as f:
    writer = csv.writer(f)
    writer.writerow(['学号', '姓名', '年龄', '性别'])
    writer.writerow(['1101', '张三', 20, '男'])
    writer.writerow(['1102', '李四', 19, '女'])
    writer.writerow(['1103', '王五', 20, '女'])
print("文件已写完!")
```

必须注意一点，上面的代码在打开文件时指定了 newline=""，如果这个参数省略的话，写入的文件将会在每一行数据后有一个空行，这将导致 CSV 文件读取数据错误。

例 10-2 是将要写入文件的每一行数据分别单独存在一个列表中，也可以将所有的数据都按行存在同一个列表中，如例 10-3 中是多行存在一个列表中，但是仍用 writerow()方法写入文件的例子。

【例 10-3】　利用 csv. writer 对象，将学生信息按一次一行的方式写入 student. csv 文件中的另一种方法。

```
import csv
data = [['学号', '姓名', '年龄', '性别'],
        ['1101', '张三', 20, '男'],
        ['1102', '李四', 19, '女'],
        ['1103', '王五', 20, '女']]
with open("student.csv", 'w', newline = "") as f:
    writer = csv.writer(f)
    for row in data:
        writer.writerow(row)
print("文件已写完!")
```

上述方法是通过遍历列表数据的方式，按行写入 CSV 文件。除了按行写入方式之外，

csv 模块中也可以使用 writerows()方法将数据一次性写入。

【例 10-4】 利用 csv. writer 对象，将学生信息一次性写入 student. csv 文件中。

```
import csv
data = [['学号', '姓名', '年龄', '性别'],
        ['1101', '张三', 20, '男'],
        ['1102', '李四', 19, '女'],
        ['1103', '王五', 20, '女']]
with open("student.csv", 'w', newline = "") as f:
    writer = csv.writer(f)
    writer.writerows(data)
print("文件已写完!")
```

2. csv. DictWriter 对象*

利用 csv. DictWriter 对象写入数据前，首先需要构造表示标题行的列表，以及存储数据的字典。创建 DictWriter 对象的语法格式如下：

```
csv.DictWriter(f, fieldnames, restval = '', extrasaction = 'raise', dialect = 'excel', * args,
** kwds)
```

这里的所有参数的含义与 DictReader 对象中一样，但是有一点与 DictReader 不同，fieldnames 参数在 DictWriter 中不是可选的。

【例 10-5】 利用 csv. DictWriter 对象，将学生信息写入 student. csv 文件中。

```
import csv
header = ['学号', '姓名', '年龄', '性别']                #标题行内容
data = [{'学号': '1101', '姓名': '张三', '年龄': 20, '性别': '男'},
        {'学号': '1102', '姓名': '李四', '年龄': 19, '性别': '女'},
        {'学号': '1103', '姓名': '王五', '年龄': 20, '性别': '女'}]
with open("student.csv", 'w', newline = "") as f:
    writer = csv.DictWriter(f, header)
    writer.writeheader()
    writer.writerows(data)
print("文件已写完!")
```

上述代码在 with 子句中有三条语句，其中第一条语句是创建 DictWriter 对象。注意，这里有两个参数：第一个参数指明文件对象；第二个参数指明标题行。第二条语句在 CSV 文件中写入标题行。第三条语句将所有记录写入 CSV 文件。

10.5 文件内的移动

在一般情况下，文件的读写位置都是顺序移动的，也就是文件指针从最前面(打开时的位置为 0)依次往后移动，直至文件尾(EOF)。但是在有些情况下，例如，在已知等长记录长度的情况下，可以推算出每条记录的位置，这样就可以通过移动文件指针，随机访问指定记录的内容。

文件指针是一个标识当前读写位置的指针变量，通过文件指针就可以对它所指的文件进行各种操作。

1. 移动文件指针

读写文件后，文件指针会自动往后移动，除了这种方式外，也可以使用 seek()方法强行移动文件指针的位置。其用法如下：

```
文件对象.seek(offset, whence = 0)
```

该方法无返回值。参数 offset 用于指明需要移动的字节数，等于正数时向文件尾移动，等于负数时向文件头移动。

whence 表示要从哪个位置开始偏移，默认值为 0。取 0 代表从文件头算起，取 1 代表开始从当前位置算起，取 2 代表从文件末尾开始算起。下面是 seek()方法的使用示例：

```
#1.  f = open("example.txt", "w+")
#2.  f.write("1234567890ABCDEFGHIJKLMNOPQRSTUVWXYZ")
#3.  f.seek(0)                          #跳到文件头
#4.  s = f.read(10)                     #读取 10 个字符
#5.  print(s)
#6.  f.close()
```

运行上面的程序，得到的结果如下：

```
1234567890
```

上述代码的打开方式是允许读和写的，#2 行把字符串"1234567890ABCDEFGHIJKLMNOPQRSTUVWXYZ"写入文件后，文件指针指向文件尾。#3 行通过 seek()方法，把文件指针跳转到文件头，然后读取 10 个字符，就能读到 1234567890。

如果把#3 行代码改为 f.seek(−5,2)，试图从当前位置，也就是文件尾部后退 5 个字符，就会发现运行程序发生了异常。这是因为在文本文件中，不使用 b 模式(二进制模式)打开的文件，只允许从文件头开始计算相对位置。seek()方法的 whence 参数取 1 和 2 的用法只能在二进制文件中使用。

2. 获取文件指针的位置

使用 tell()方法可以获取文件指针所指向的当前位置。其用法如下：

```
pos = 文件对象.tell()
```

tell()方法返回的是一个整数，表示文件当前的读写位置。

【例 10-6】 tell()方法的使用示例。

```
#1.  f = open("test.txt", "r")
#2.  pos = f.tell()                              #获取当前文件位置
#3.  print("打开文件时的初始位置:", pos)
#4.  s1 = f.read(1)
```

```
pos = f.tell()
print("读完 1 个字符后的位置:", pos)
s2 = f.readline()
print("读取的数据为:", s2)
print("已读取的长度为:", len(s1 + s2))
pos = f.tell()              #再次获取当前文件位置
print("当前位置:", pos)
f.close()
```

假设在文件 test.txt 中存放的内容是：

```
Hello Python!
Yes, I like Python.
```

运行上面的程序，得到如下结果：

```
打开文件时的初始位置: 0
读完 1 个字符后的位置: 1
读取的数据为: ello Python!

已读取的长度为: 14
当前位置: 15
```

在刚打开文件尚未读取数据时，当前的文件指针位置是 0，当读取了 1 个字符后，文件指针的位置变成了 1。继续读取该行的剩余部分，查看读取的数据，是“ello Python!”，与前面的“H”合在一起，“Hello Python!”中总共有 13 个字符，但是结果中显示的却是 14，这是因为从文件中读到的字符串中还包括了一个换行符，所以合起来是 14 个字符。

在 Windows 系统中，关于回车和换行的处理与在 UNIX 或 Linux 下是不一样的，有时会得到不一样的结果。本例中的文件是在 Windows 的记事本中建立的，Windows 中按 Enter 键时，实际输入的字符包括了回车和换行两个字符，所以文件指针移动了 15。

10.6　二进制文件的读写*

二进制文件直接由 0 和 1 组成，没有统一的字符编码，如果用记事本打开的话一般都是一些乱码。例如，一个正整数 12345，其二进制码是 0011 0000 0011 1001，总共占 2 个字节，而用文本表示时需要用 5 个字符来表示，也就是占 5 个字节。二进制文件相比于文本文件，有节约存储空间、读写速度快的优点，并且具有一定的加密保护作用。

二进制文件一般需要使用专门的软件才能打开和处理。不同文件格式的二进制文件有自己的组织结构，例如，png 文件、avi 文件等可以在媒体处理软件中打开，docx 文件可以在 Word 或 WPS 中阅读……

Python 中处理二进制文件是按照“字节串”来处理的。对于内存中的一个数据对象，比如一个 16 位整数，应该是由 2 个字节合在一起构成的一个整体才能解读这个整数，但是在写入二进制文件时，把这个整体分隔成 2 个字节串，按照原有的次序，单独分别写入文件。这一

过程就称为“序列化”。把文件中的字节串，拼装回原有数据，这一过程称为“反序列化”。

Python 中进行序列化和反序列化是通过一些标准模块或第三方模块中的函数进行的，很多模块都有类似功能，例如 pickle、struct、json、marshal、PyPerSyst 和 shelve 等都提供了不同的函数供用户使用。下面介绍其中两个最常用的模块。

10.6.1　pickle 模块

pickle 模块是 Python 语言的一个标准模块，它能以二进制的形式序列化后保存到文件中。pickle 模块主要有两类接口，即序列化和反序列化。

1. 序列化

最常用的序列化方法是 dump()方法，其语法格式为：

```
pickle.dump(obj, file, protocol = None)
```

该方法实现将序列化后的对象 obj 以二进制形式写入文件 file 中。参数 protocol 一共有 5 种不同的类型，即 0、1、2、3、4。其中，0 表示使用 ASCII 协议，1 使用旧版二进制协议，2 是 Python 2.3 使用的二进制协议，3 是 Python 3.0 使用的二进制协议，4 则是在 Python 3.4 使用的二进制协议。一般情况下可以选择使用默认值 0。

【例 10-7】　使用 pickle 模块将各种数据保存到二进制文件 data.dat 中。

```
import pickle
a = [1, 2, 3]
b = {"name": "John", "age": 38}
c = {20, 30}
f = open("data.dat", "wb")
pickle.dump(a, f)
pickle.dump(b, f)
pickle.dump(c, f)
print("二进制文件已写完!")
f.close()
```

运行上述程序，可以看到创建了一个文件 data.dat。如果用记事本打开该文件，显示的内容为：

```
€]q (KKKe.€}q (X nameqX JohnqX ageqK&u.€cbuiltins
set
q ]q(KK e 刴 Rq.
```

需要注意，上面的文件必须使用'wb'模式打开。

2. 反序列化

要读取二进制文件中的内容，必须通过反序列化将字节串拼回原有数据。pickle 模块中的反序列化功能是通过 load()方法实现的。其语法格式为：

```
pickle.load(file)
```

该方法实现的就是将序列化的对象从文件 file 中读取出来。

【例 10-8】 使用 pickle 模块将例 10-7 中建立的 data.dat 文件中的数据读取出来。

```
import pickle
f = open("data.dat", "rb")
a = pickle.load(f)
print(a)
b = pickle.load(f)
print(b)
c = pickle.load(f)
print(c)
f.close()
```

运行上述程序,得到的运行结果如下:

```
[1, 2, 3]
{'name': 'John', 'age': 38}
{20, 30}
```

可以看到,通过 pickle 模块中的 load()方法,可以把用 dump()方法序列化的对象完全恢复成原样。

10.6.2 struct 模块

struct 模块是另一个可用于序列化和反序列化的模块。与 pickle 模块不同的是,pickle 模块中调用了 dump()和 load()方法后无须再调用 write()和 read()方法,而在 struct 模块中,序列化后原始数据只是变成了字节串,但是没有被写入文件中,如果要真正写入文件,还需要调用 write()方法将其写入。同样地,反序列化后要读出数据,也得通过 read()方法才能读出。

1. pack()函数

pack()函数的作用是按指定格式将数据封装成字节流,其语法格式为:

```
pack(fmt, v1, v2,…)
```

其中,fmt 是格式符,v1、v2 等是多个要封装的数据。表 10-2 给出了 struct 模块中封装数据的常用格式符。

表 10-2 struct 模块中封装数据的常用格式符

格式符	对应数据类型	数据字节数
c	字符型	1
?	布尔型	1
h	短整型	2
i	整数	4
f	实数	4
d	实数(双精度)	8
s	字符串	取决于 s 前面的数字,例如 6s 代表封装为 6 个字节

【例 10-9】 将数据用 struct 模块中的 pack()函数封装成字节流写入文件 data.bin 中。

```
#1.  import struct
#2.  name = b"Holly"
#3.  age = 40
#4.  height = 105.5
#5.  byte = struct.pack("5sif", name, age, height)
#6.  with open("data.bin", "wb") as f:
#7.      f.write(byte)
#8.  print("文件已写完!")
```

运行上面的程序,发现程序是可以正常执行的,文件夹中建立了一个文件 data.bin。#5 行使用的格式字符串是"5sif",因为 name 含有 5 个西文字符,共有 5 个字节,所以对应 5s,age 是整数,对应 i,height 是实数,对应 f。#5 行只是将数据封装好,而不能自动写入文件,真正的写文件是靠#7 行完成的。

注意,#2 行的字符串前有个前缀字符 b,表示这是个字节串,如果没有前缀字符,则表示使用 UTF-8 格式,效果等同于带前缀字符 u,这也是 Python 3 默认的字符格式。如果将这个前缀字符 b 删除的话,运行代码将发生错误,抛出异常。

2. unpack()函数

unpack()函数是 pack()的逆过程,作用是按指定格式解析字节流,并返回解析结果。其语法格式为:

```
unpack(fmt, v1, v2,…)
```

其参数的含义与用法同 pack()函数。

【例 10-10】 用 struct 模块中的 unpack()函数从文件 data.bin 中读取数据。

```
import struct
with open("data.bin", "rb") as f:
    byte = f.read()
name, age, height = struct.unpack("5sif", byte)
print(name, age, height)
```

运行程序,得到的结果如下:

```
b'Holly' 40 105.5
```

从该结果可以看出,数据被完整地从文件中解析了出来,甚至连 name 都保持是字节串。

10.7　文件与目录管理*

计算机中一般会有成千上万的文件,为了便于管理这些文件,需要有目录系统对这些文件进行归类。多数计算机系统采用的是树形目录结构,目录又称为文件夹。

Python 中有关文件及目录管理的功能，都是通过一些专门的模块实现的。比较常用的跟文件与目录相关的模块是 os 模块和 shutil 模块。

10.7.1 文件管理

1. 复制文件

shutil 模块中的 copyfile()函数可以复制文件。其用法如下：

```
shutil.copyfile(src, dst)
```

其中，src 表示源文件名，dst 表示目标文件名，两者都可包含路径。

以下示例可以将 C 盘根目录下的 unintall. log 复制到 D 盘根目录下，文件名为 copy. log。

```
>>> import shutil
>>> shutil.copyfile("c:/unintall.log", "d:/copy.log")
```

运行程序以后，可以看到在 D 盘根目录下多了一个文件 copy. log，内容与 C 盘下的 unintall. log 一模一样。

2. 移动文件

shutil 模块中的 move()函数可以移动文件。其用法如下：

```
shutil.move(src, dst)
```

参数的用法与含义跟复制文件时类似，两者都可包含路径。

以下示例可以将 D 盘根目录下的 copy. log 移动到 E 盘根目录下：

```
>>> import shutil
>>> shutil.move("d:/copy.log", "e:/")
```

3. 删除文件

os 模块中的 remove()函数可以删除文件。其用法如下：

```
os.remove(src)
```

其中，src 指明要删除的文件。

以下示例可以删除 E 盘根目录下的 copy. log。

```
>>> import os
>>> os.remove("e:/copy.log")
```

4. 重命名文件(目录)

os 模块中的 rename()函数可以重命名文件。其用法如下：

```
os.rename(old, new)
```

其中，参数 old 是原文件名，new 是新文件名。

以下示例可以将 E 盘根目录下的 out. txt 文件重命名为 out2. txt。

```
>>> import os
>>> os.rename("e:/out.txt", "e:/out2.txt")
```

需要注意的是，如果新旧文件的路径不一致，将发生异常。

5. 获取或判断关于文件的各项信息

os 模块及其子模块 os. path 模块中有很多函数可以用于获取或判断文件的各项信息，常用的函数如表 10-3 所示。

表 10-3　os 及 os. path 模块中获取或判断文件各项信息的常用函数

函　数　名	功　　能
os. stat(path)	获取 path 指定的路径的信息
os. path. exists(path)	判断指定路径（目录或文件）是否存在
os. path. getatime(filename)	返回指定文件最近的访问时间
os. path. getctime(filename)	返回指定文件的创建时间
os. path. getmtime(filename)	返回指定文件最新修改时间
os. path. getsize(filename)	返回指定文件的大小，单位是字节

10.7.2　目录管理

1. 获取当前目录

当前目录又称“当前工作目录”，是指用相对路径表示时的起始位置。os 模块中的 getcwd()函数可以获取当前目录。其用法如下：

```
os.getcwd()
```

以下示例可以打印当前工作目录。

```
>>> import os
>>> print(os.getcwd())
```

2. 改变当前目录

os 模块的 chdir()函数可以改变当前目录。其用法如下：

```
os.chdir(path)
```

参数 path 指明要设定为当前目录的目录路径。

以下示例可以将 E 盘的根目录设置为当前目录。

```
>>> import os
>>> os.chdir("e:/")
```

3. 列出目录内容

os 模块的 listdir()函数可以获得指定目录中的内容。其用法如下：

```
os.listdir(path)
```

参数 path 指明要获得内容的目录路径，返回值是一个列表，分别列出存放在该目录下的所有文件和文件夹的名称。

以下示例可以打印 C 盘根目录的内容。

```
>>> import os
>>> print(os.listdir("c:/"))
```

4. 创建目录

os 模块的 mkdir()函数可以创建目录。其用法如下：

```
os.mkdir(path)
```

参数 path 指明要创建的目录。

以下示例可以在 E 盘根目录下创建目录 mydir。

```
>>> import os
>>> os.mkdir("e:/mydir")
```

5. 删除空目录

os 模块的 rmdir()函数可以删除目录，其用法如下：

```
os.rmdir(path)
```

其中，参数 path 指明要删除的目录。

以下示例可以删除 E 盘上的 aaa 文件夹。

```
>>> import os
>>> os.rmdir("e:/aaa")
```

需要注意的是，只能删除空文件夹，如果文件夹不空则会发生异常。

6. 遍历目录

os 模块中的 walk()函数可以遍历指定目录。其用法如下：

```
os.walk(top)
```

参数 top 代表要遍历的目录，得到 top 路径下所有的子目录，返回值是一个三元组：(dirpath，dirnames，filenames)。其中，dirpath 是一个字符串，代表目录的路径；dirnames 是一个列表，包含了 dirpath 下所有子目录的名字；filenames 是一个列表，包含了非目录文件的名字。这些名字不包含路径信息，如果要得到全路径，需要使用 os.path.join(dirpath，

name)。

【例 10-11】 遍历输出当前目录中的所有文件和文件夹。

```
import os
all_file = []
path = os.getcwd()                    #得到当前工作目录
file_list = os.walk(path)
for dirpath, dirnames, filesnames in file_list:
    for dir in dirnames:
        all_file.append(os.path.join(dirpath, dir))
    for file in filesnames:
        all_file.append(os.path.join(dirpath, file))
for file_list1 in all_file:
    print(file_list1)
```

在上述代码中，第一个 for 循环里面有两个内嵌的 for 循环，其中第一个内嵌 for 循环是把所有子目录的名称处理成绝对路径的写法，第二个内嵌 for 循环是把所有文件名处理成绝对路径写法。最后一个 for 循环是打印输出所有的文件夹和文件的名字。程序的运行结果如下(取决于当前目录中的实际情况)：

```
E:\Python 教材例子\__pycache__
E:\Python 教材例子\a.py
E:\Python 教材例子\b.py
E:\Python 教材例子\c.py
E:\Python 教材例子\csvTest.csv
E:\Python 教材例子\data.bin
E:\Python 教材例子\data.dat
E:\Python 教材例子\student.csv
E:\Python 教材例子\test.py
E:\Python 教材例子\test.txt
E:\Python 教材例子\__pycache__\b.cpython-35.pyc
E:\Python 教材例子\__pycache__\c.cpython-35.pyc
E:\Python 教材例子\__pycache__\test.cpython-35.pyc
```

10.8　文件压缩*

文件经过压缩以后可以减少文件所需的存储空间。目前主流的文件压缩格式有 zip、rar 以及 7-Zip 等格式。zipfile 是 Python 内置的标准库，可以用来解决压缩和解压缩等问题。

10.8.1　文件压缩概述

压缩文件的基本步骤通常是：创建 ZipFile 对象；将原文件的内容写入压缩文件；关闭文件。

1. 创建 ZipFile 对象

ZipFile 对象表示一个 zip 文件。创建 ZipFile 对象的语法格式为：

```
f = zipfile.ZipFile(file[, mode[, compression[, allowZip64]]])
```

该函数的用法说明：

- 参数 file 表示文件的路径或类文件对象。
- 参数 mode 有三种模式，用于指示打开 zip 文件的模式，与 open()函数中的模式类似，默认值为'r'，表示读已经存在的 zip 文件，也可以为'w'或'a'，'w'表示新建一个 zip 文件或覆盖一个已经存在的 zip 文件，'a'表示将数据添加到 zip 文件中。
- 参数 compression 表示压缩格式，可选的压缩格式有 ZIP_STORE 和 ZIP_DEFLATED。ZIP_STORE 是默认值，表示只打包不开启压缩功能；ZIP_DEFLATED 表示开启压缩，这是压缩文件时必须指定的。
- 如果要操作的 zip 文件大小超过 2GB，应该将 allowZip64 设置为 True。
- 函数的返回值是一个 ZipFile 对象。

2. 添加指定文件到压缩文件

ZipFile 的 write()方法可以将指定文件添加到 zip 文件中，其使用方法如下：

```
ZipFile.write(filename[, arcname[, compress_type]])
```

其中，参数 filename 为文件路径，arcname 为添加到 zip 文件后保存的名称，参数 compress_type 表示压缩方法，它的值可以是 ZIP_STORED 或 ZIP_DEFLATED。

3. 关闭 zip 文件

zip 文件处理完后，必须关闭，否则写入的文件在关闭之前不会真正写入磁盘。关闭文件的用法如下：

```
ZipFile.close()
```

【例 10-12】 将“E:\Python 教材例子”文件夹下的 a.py、b.py 和 c.py 压缩到 py.zip 文件中。

```
#1.  import zipfile
#2.  zipFile = zipfile.ZipFile("e:/Python 教材例子/py.zip", "w", zipfile.ZIP_DEFLATED)
#3.  zipFile.write("a.py")
#4.  zipFile.write("b.py")
#5.  zipFile.write("c.py")
#6.  zipFile.close()
#7.  print("文件已压缩完!")
```

10.8.2 解压文件

解压文件的基本步骤跟压缩文件类似，第一步也需要创建 ZipFile 对象，接着是解压，最后是关闭文件。第一步和最后一步的做法跟解压时类似，这里重点介绍如何解压文件。

解压文件主要是调用 ZipFile 对象的 extract()方法，其用法如下：

```
ZipFile.extract(member[, path[, pwd]])
```

其作用是将 zip 文件内的指定文件解压到当前目录。参数 member 的默认值为 zip 文件内的所有文件名称列表，也可以自己设置，指定要解压的文件名称或对应的 ZipInfo 对象；参数 path 指定了解析文件保存的文件夹；参数 pwd 为解压密码。

【例 10-13】 将例 10-12 建立的 py.zip 文件中的所有文件解压到 E 盘根目录下。

```
import zipfile
zipFile = zipfile.ZipFile("e:/Python 教材例子/py.zip")
zipFile.extractall("e:/")
zipFile.close()
print("文件已解压完!")
```

10.9　文件操作应用举例

【例 10-14】 将九九乘法表按照如下格式输入到文件中。

1＊1=1

1＊2=2　2＊2=4

1＊3=3　2＊3=6　3＊3=9

1＊4=4　2＊4=8　3＊4=12　4＊4=16

……

程序代码如下：

```
with open('multiplication.txt', 'w') as f:
    for i in range(1, 10):
        for j in range(1, i + 1):
            result = str(j) + '*' + str(i) + '=' + str(i * j) + '\t'
            print(result, end='')
            f.write(result)
        print()
        f.write('\n')
```

运行程序，得到的结果如下：

```
1*1=1
1*2=2  2*2=4
1*3=3  2*3=6   3*3=9
1*4=4  2*4=8   3*4=12  4*4=16
1*5=5  2*5=10  3*5=15  4*5=20  5*5=25
1*6=6  2*6=12  3*6=18  4*6=24  5*6=30  6*6=36
1*7=7  2*7=14  3*7=21  4*7=28  5*7=35  6*7=42  7*7=49
1*8=8  2*8=16  3*8=24  4*8=32  5*8=40  6*8=48  7*8=56  8*8=64
1*9=9  2*9=18  3*9=27  4*9=36  5*9=45  6*9=54  7*9=63  8*9=72  9*9=81
```

【例 10-15】 将诗歌《静夜思》的内容按行写入文件 poet.txt 中，并且要求编码格式为 utf8，同时需要判断文件夹是否存在，如果不存在则先创建文件夹后再写入。

静夜思

作者：李白

床前明月光

疑是地上霜

举头望明月

低头思故乡

程序代码如下：

```
import os
poet = ["静夜思\n", "作者:李白\n",
        "床前明月光,\n", "疑是地上霜,\n",
        "举头望明月,\n", "低头思故乡."]
path = "E:/Python教材例子"
if not os.path.exists(path):
      print("文件夹不存在,先创建文件夹!")
      os.makedirs(path)
      print("文件夹创建成功!")
f = open("E:/Python教材例子/poet.txt", 'w', encoding = "utf8")
f.writelines(poet)
f.close()
print("写入成功!")
```

【例 10-16】 从文件 members.txt 中以字典形式读取数据，名字作为键，年龄作为值。文件中的内容如下，以制表符('\t')分隔数据。

Name age

Andy 32

Bob 20

Jenny 43

Holly 48

Danie 27

要求输出每个字典的内容。

程序代码如下：

```
content = []
with open('members.txt', 'r') as f:
    for line in f.readlines():
        line_list = line.strip('\n').split('\t')          #去除换行符，以制表符分隔
        content.append(line_list)
    keys = content[0]
    for i in range(1, len(content)):
        content_dict = {}
        for k, v in zip(keys, content[i]):
             content_dict[k] = v
        print(content_dict)
```

运行程序，得到的结果如下：

```
{'Name': 'Andy', 'age': '32'}
{'Name': 'Bob', 'age': '20'}
{'Name': 'Jenny', 'age': '43'}
{'Name': 'Holly', 'age': '48'}
{'Name': 'Danie', 'age': '27'}
```

【例 10-17】 一个班级的成绩以文本文件的方式存放在 score.txt 中，每行为一个学生的成绩，其中第 1 列为姓名，第 2 列为平时成绩，第 3 列为期中成绩，第 4 列为期末成绩。要求读出该文件中所有学生的成绩，并按照总评成绩＝平时成绩＊20%＋期中成绩＊20%＋期末成绩＊60%计算出总评成绩，然后按照总评成绩降序写入文件 score_sorted.txt 中。

score.txt 中的内容如下：

张三 85 75 78

李四 80 84 82

王五 90 88 85

赵六 70 63 71

```
def total(regular, midterm, final):                    # 计算总评成绩
    return regular * 0.2 + midterm * 0.2 + final * 0.6

def main():
    with open('score.txt', 'r') as f:                  #读取文件的内容
        content = f.readlines()
        i = 0
        for line in content:
            line_list = line.strip('\n').split()
            content[i] = line_list
            t = total(int(content[i][1]), int(content[i][2]), int(content[i][3]))
            content[i].append(t)
            i = i + 1
    content.sort(key = lambda x:x[4], reverse = True)
    with open('score_sorted.txt', 'w') as f:           #写入文件
        for line_list in content:
            print(line_list)
            line = ''
            for i in range(4):
                line = line + line_list[i] + ' '
            line = line + '\n'
            f.write(line)

main()
```

运行程序，得到的结果如下：

```
['王五', '90', '88', '85', 86.6]
['李四', '80', '84', '82', 82.0]
['张三', '85', '75', '78', 78.8]
['赵六', '70', '63', '71', 69.2]
```

【例 10-18】 编写程序制作英文学习词典。词典有 3 个基本功能：添加单词、查询、退出。词典是一个文本文件 dict.txt，里面每一行存一对中英文翻译，前面是英文单词，后面是中文翻译，中间用逗号分隔。程序运行后，输入 1、2、3 的数字，可以分别对应单词的添加、查询和退出功能。

```
import sys
while True:
    choose = int(input("请输入您的选择:(1 -- 添加,2 -- 查询,3 -- 退出):"))
    if choose == 1:                              #添加
        f = open("dict.txt", 'a')
        str1 = input("请输入要添加的英文单词:")
        str2 = input("请给出中文解释:")
        line = str1 + "," + str2 + '\n'
        f.write(line)
        f.close()
    elif choose == 2:                            #查询
        flag = 0
        f = open("dict.txt", 'r')
        word = input("请输入要查询的单词:")
        while True:
            s = f.readline()
            if not s:
                pos = s.find(',')
                s1 = s[0: pos]
                if word == s1:
                    print("单词释义:{}".format(s[pos: len(s)]))
                    flag = 1
                    break
            else:
                break
        if flag == 0:
            print("字典中没有这个单词!")
        f.close()
    elif choose == 3:                            #退出
        sys.exit()
    else:
        print("选择错误,请重输!")
```

10.10 习　　题

1. 为什么使用文件前必须先打开文件？打开文件的模式主要有哪几种？
2. 为什么要关闭文件？如果不关闭文件会有何危害？
3. 简述什么是文件指针。
4. 读写文本文件的基本操作步骤是怎样的？
5. 二进制文件有哪些注意事项？
6. Python 中如何实现文件更名和删除？

7. Python 如何实现压缩文件的读取和写入操作?

8. 假设有一个英文文本文件,编写程序读取其内容,并将其中的大写字母转换为小写字母,小写字母转换为大写字母,其余不变。

9. 读取一个文本文件(不超过 30 行),每一行前面加一个行号后在屏幕上输出。行号所占宽度为 4 个字符。

10. 读取一个 Python 源程序文件,去掉其中的空行和注释,然后写入另一个文件。

11. 编写程序,将包含学生成绩的字典保存为二进制文件,然后读取其内容并显示在屏幕上。

12. 编写程序,要求用户输入一个目录和一个文件名,搜索该目录及其子目录中是否存在该文件。

第11章 面向对象编程技术

11.1 面向对象程序设计基础

11.1.1 面向过程与面向对象

1. 面向过程程序设计

前面学习的编程方法都属于面向过程的程序设计方法。面向过程的编程方法一般都使用结构化程序设计(structured programming)方法。该方法的要点是:

(1) 主张使用顺序、选择、循环三种基本结构来嵌套联结成具有复杂层次的“结构化程序”,严格控制GOTO语句的使用。按照结构化程序设计的观点,任何算法功能都可以由三种基本结构的组合来实现。

(2) 采用“自顶而下,逐步求精”的设计方法,使设计者能把握主题,高屋建瓴,避免一开始就陷入复杂的细节中,使得复杂的设计变得简单明了,过程的结果也容易做到正确可靠。

(3) 采用“模块化”编程方法,将程序结构按功能划分为若干个基本模块,自顶向下、分而治之,从而有效地将一个较复杂的程序系统设计任务分解成许多易于控制和处理的子任务,便于开发和维护。

虽然结构化程序设计方法具有很多优点,但是它把数据和处理数据的过程分离为相互独立的实体。当数据结构改变时,所有相关的处理过程都要进行相应的修改,程序的可重用性差。另外,图形用户界面的应用使得程序运行由顺序运行演变为事件驱动,对这种软件的功能很难用过程来描述和实现,因此使用面向过程的方法来开发和维护这类软件变得越来越困难。

2. 面向对象程序设计

面向对象程序设计(Object-Oriented Programming,OOP)把现实世界看成是一个由对象构成的世界,每一个对象都能够接收数据、处理数据并将数据传达给其他对象,它们既独立,又能够互相调用。面向对象程序设计在大型项目设计中广为应用,使得程序更易于分析和理解,也更容易设计和维护。

在多函数的面向过程程序中,许多重要数据被放置在全局数据区,这样它们可以被所有

的函数访问。但是这种结构很容易造成全局数据无意中被其他函数改动，因而程序的正确性不易得到保证。面向对象程序设计的出发点之一就是弥补面向过程程序设计中的这个缺点：对象是程序的基本元素，它将数据和操作紧密联结在一起，保护数据不会被外界的函数意外改变。

面向对象程序设计的其他优点还有：

(1) 数据抽象的概念可以在保持外部接口不变的情况下改变内部实现，从而减少甚至避免对外界的干扰；

(2) 通过继承大幅减少冗余代码，并可以方便地扩展现有代码，提高编码效率，降低了软件维护的难度；

(3) 通过对对象的辨别、划分，可以将软件系统分割为若干相对独立的部分，在一定程度上更便于控制软件复杂度；

(4) 以对象为中心的设计可以帮助开发人员从静态（属性）和动态（方法）两个方面把握问题，从而更好地实现系统；

(5) 通过对象的聚合、联合，可以在保证封装与抽象的原则下实现对象在内在结构以及外在功能上的扩充，从而实现对象由低到高的升级。

11.1.2 面向对象的基本概念

1. 对象

对象(object)是要研究的任何事物。从一本书到一家图书馆，从一个整数到庞大的数据库等都可以看作是对象，它不仅能表示有形的实体，也能表示无形的（抽象的）规则、计划或事件。对象由数据（描述事物的属性）和作用于数据的操作（体现事物的行为，称为方法）封装在一起，构成一个独立的整体。

2. 类

类(class)是对象的模板，是具有相同类型的对象的抽象，对象则是类的具体化，是类的实例。例如，“狗”这个类列举了狗的特点，从而使这个类定义了世界上所有的狗，即类所包含的方法和数据描述了一组对象的共同属性和行为。而“阿黄”这个对象是一条具体的狗，它的属性也是具体的。一个类可有其子类，子类也可以有其子类，形成类层次结构。

3. 消息

消息(message)是对象之间进行通信的一种规格说明。一个对象通过接收消息、处理消息、传出消息或使用其他类的方法来实现一定功能，这叫作消息传递机制。例如，阿黄可以通过吠叫引起人的注意，从而导致一系列事情的发生。

4. 封装

封装(encapsulation)是一种信息隐蔽技术，目的是把对象的设计者和对象的使用者分开，让使用者不必知晓行为实现的细节，而只需用设计者提供的消息来访问该对象。举例来说，“狗”这个类有“吠叫”的方法，这一方法定义了狗具体该通过什么方法吠叫。但是，外人并不知道它到底是如何吠叫的。

通常来说，根据访问权限的不同，成员被分为 3 种：公有成员、私有成员以及保护成员。通过对成员访问权限的控制，实现了避免外界的干扰和不确定性。

5. 继承

继承(inheritance)是子类自动共享父类的数据和方法。一般情况下，子类要比父类更加具体化。例如，"狗"这个类可以派生出它的子类，如"牧羊犬"和"吉娃娃犬"等。子类直接继承了父类的全部属性和行为，并且可以修改和扩充它自己的属性和行为。

继承具有传递性，可分为单继承(一个子类只有一个父类)和多重继承(一个类有多个父类)。继承不仅保证了系统的可重用性，而且还促进了系统的可扩充性。

6. 多态

对象根据所接收的消息而做出动作。同一消息为不同的对象接收时可产生完全不同的行为，这种现象称为多态性(polymorphism)。利用多态性用户可发送一个通用的消息，而将所有的实现细节都留给接收消息的对象自行决定，也就是说，同一消息可调用不同的方法。

例如，狗和鸡都有"叫"这一方法，但是调用狗的"叫"，狗会吠叫；调用鸡的"叫"，鸡则会啼叫。虽然同样是做出叫这一行为，但不同对象做出的表现方式将大不相同。

多态机制使得具有不同内部结构的对象可以共享相同的外部接口，通过这种方式减少了代码的复杂度。

封装性、继承性和多态性是面向对象技术的三大特性。后面将通过具体代码阐述Python中如何体现这三大特性。

11.2 类与对象

从程序设计语言的视角看，类相当于是一种数据类型，是抽象的，不占有内存空间，而对象是具体的，是类的一个实例，会占用内存空间。使用时，必须先定义类，然后再创建对象。

11.2.1 类的定义

类是抽象的模板，定义类的一般格式如下：

```
class 类名(父类名):
    类体
```

类名通常以大写字母开头，命名规则与一般标识符的命名规则相同，紧接着是括号及其父类名，表示该类是从哪个类继承下来的(继承的具体用法见11.5节)，通常，如果没有合适的继承类，可以使用object类，这是所有类都具有的父类。

与Python 2.x不同，Python 3.x中不区分经典类和新式类，当父类名省略时，默认为父类使用object类。例如以下的三种写法效果相同：

① class Person(object): pass

② class Person(): pass

③ class Person: pass

类体中部分，主要内容是定义属性和方法。属性就是定义在类中的变量，而方法是定义在类中的函数。例如以下是定义一个Person类的示例，里面有name属性和printName()方法：

```
class Person:
    name = 'Holly'                    #属性
    def printName(self):              #方法
        print(self.name)
```

定义好 Person 类后，如果直接运行程序，是看不到任何效果的，接下来还需要根据 Person 类创建 Person 对象的实例。

11.2.2　对象的创建和使用

要使用类定义的功能，必须将类实例化，即创建类的对象。其一般语法格式如下：

```
对象名 = 类名(参数列表)
```

创建对象后，要访问实例对象的属性和方法，可以通过"."运算符来连接对象名和属性或方法。其一般格式如下：

```
对象名.属性名
对象名.方法名(参数列表)
```

例如，在创建完上面的 Person 类后，应使用 p = Person()来创建一个 p 对象，访问它的 name 属性可以使用 p.name 来访问，调用其方法则使用 p.printName()。

【例 11-1】 创建 Employee 类，并创建两个 Employee 对象，访问其属性和方法。

程序代码如下：

```
class Employee:
    empCount = 0                          #员工数
    def __init__(self, name, salary):     #构造方法
        self.name = name
        self.salary = salary
        Employee.empCount += 1
    def displayCount(self):               #显示员工数
        print("Total Employee %d" % Employee.empCount)
    def displayEmployee(self):            #显示员工信息
        print("Name : ", self.name, ", Salary: ", self.salary)

#创建 Employee 类的第一个对象
emp1 = Employee("Zara", 2000)
#创建 Employee 类的第二个对象
emp2 = Employee("Manni", 5000)
emp1.displayEmployee()
emp2.displayEmployee()
print("Total Employee %d" % Employee.empCount)
```

运行程序，得到的结果如下：

```
Name : Zara , Salary: 2000
Name : Manni , Salary: 5000
Total Employee 2
```

程序说明：Employee 类中有 3 个属性，分别是 empCount、self. name 和 self. salary，还有 3 个方法，分别是__init__()、displayCount()和 displayEmployee()，其中__init__()是一种特殊的方法，称为构造方法，作用是初始化实例对象，详细说明见 11.3 节和 11.4 节。程序创建了两个对象，即 emp1 和 emp2，属性和方法都可以通过对象来访问。

11.3 属　　性

属性是类中对象所具有的性质，即数据值，又称为数据成员。属性实际上就是定义在类中的变量，根据属性定义的位置不同，可以区分为实例属性和类属性；根据访问控制权限的不同，又可以分为私有属性和公有属性；其他还有一些特殊的属性。

11.3.1 实例属性和类属性

1. 实例属性

实例属性是某个具体的实例特有的属性，不会影响到类，也不会影响到其他实例。例如，实例化某个对象后，其 name 属性是“张三”，sex 属性是“男”，height 属性是“178”，这些属性都是该对象特有的，与其他对象无关。

实例属性一般定义在__init__()方法中，通过“self. 实例属性名 = 初始值”的形式初始化。其他实例方法要访问实例属性也必须通过“self. 实例对象名”来访问。

__init__()方法是构造方法，这是一个特殊的方法，作用是在类进行实例化时做初始化工作，一般无返回值。

【例 11-2】 定义一个 Student 类，设置有实例属性 ID、name、sex，分别创建两个对象 st1 和 st2，并通过调用方法输出其姓名。

程序代码如下：

```
class Student:
    def __init__(self, ID, name, sex):                  #构造方法
        self.ID = ID                                    #实例属性
        self.name = name                                #实例属性
        self.sex = sex                                  #实例属性
    def sayhello(self):                                 #实例方法
        fmt = "Hello, "
        if self.sex == "female":
            fmt = fmt + "Ms. {}!"
        else:
            fmt = fmt + "Mr. {}!"
        print(fmt.format(self.name))
st1 = Student("1111","Holly","female")                  #创建第一个对象
st1.sayhello()
st2 = Student("2222","John","male")                     #创建第二个对象
st2.sayhello()
print(st1.name, "的学号是", st1.ID)
```

运行程序，得到的结果如下：

```
Hello, Ms. Holly!
Hello, Mr. John!
Holly 的学号是 1111
```

程序的#1～#12 行是定义的一个 Student 类，类中有两个方法：__init__()方法和 sayhello()方法。其中__init__()方法是构造方法，作用是初始化实例对象，该方法有 4 个参数，第 1 个参数是 self，代表实例对象自身，另外还有 3 个参数，用于将具体值分别传给实例对象的 3 个实例属性。

#3～#5 行可以使得实例属性获得具体值。需要注意，虽然本例使用的 self. ID 与 ID 这两个变量名名字相近，但是它们是完全不同的对象，self. ID 是实例属性名，ID 是参数对象名。在类的其他方法中用到实例属性时，也是用“self. 实例属性名”，例如#8 行根据实例属性 self. sex 是否为 female，决定在打印时是称呼 Ms. 还是 Mr. 。

#13 行和#15 行都是创建实例对象，实例化时参数只需要给 3 个实参，将自动对应__init__()方法的第 2、3、4 个参数。第 1 个参数 self 是创建对象时自动对应的，表示对象本身，无须给出。

在类内访问实例属性是通过“self. 实例属性名”访问的，在类外只能通过“对象名. 实例属性名”的方式访问，例如#17 行中的 st1. name 和 st1. ID 的用法就是通过对象名 st1 访问。

2. 类属性

实例属性是实例对象自己特有的属性，而类属性则是实例对象共有的属性，类似于全局变量，在内存中只存在一个副本，和 C++ 中类的静态成员变量有点类似。

类属性是在类中方法外定义的，它属于类，可以通过类名访问，也可以通过实例对象访问。尽管类属性可以通过实例对象访问，但建议不要这样做，因为这样做可能造成类属性值不一致。

【例 11-3】 定义一个 Team 类，设置有类属性 company、boss，以及实例属性 ID 和 leader。创建两个对象 t1 和 t2，分别输出其信息。

程序代码如下：

```
class Team:
    company = "ABC"                        #类属性
    boss = "Jenny"                         #类属性
    def __init__(self, ID, leader):
        self.ID = ID                       #实例属性
        self.leader = leader               #实例属性
t1 = Team("1", "Holly")                    #创建第一个对象
t2 = Team("2", "John")                     #创建第二个对象
print("公司:{}\n 老板:{}".format(Team.company, Team.boss))
print("{}组的组长是{}".format(t1.ID, t1.leader))
print("{}组的组长是{}".format(t2.ID, t2.leader))
```

运行程序，得到的结果如下：

```
公司:ABC
老板:Jenny
1 组的组长是 Holly
2 组的组长是 John
```

本例定义的 Team 类中既有类属性，又有实例属性。其中＃2 行、＃3 行定义的是类属性 company 和 boss，它们不定义在任何方法中。而实例属性是定义在__init__()中的由 self 引导的变量。

＃7 行、＃8 行是创建两个实例对象，创建时进行初始化，把实例属性赋予具体对象。＃9 行是通过“类名. 属性名”的方式引用实例属性，如 Team. comapny 和 Team. boss 中的 Team 就是类名。＃10 行是通过“对象名. 属性名”的方式引用实例属性，如 t1. ID 和 t1. leader 中的 t1 就是对象名。

11.3.2 私有属性和公有属性

在开发中为了程序的安全，可以将类属性定义为私有属性，这样就只能在其所在的类内部访问，而不能在类的外部或直接访问。

在其他语言(例如 C++或 VB 等语言)中，是通过变量名前面的 public 或 private 来区分是公有还是私有，但是在 Python 中则是靠属性的名称来区分的。具体规定如下：

- 属性名以__(双下画线)开头，不以__结尾的属性表示该属性为私有属性，在类的外面访问私有属性会引发异常。属性被私有化后，即使是继承它的子类也不能访问。
- Python 的开发原则是少用私有属性，如果需要保证属性不重复，可以使用以_(单下画线)开头的属性，这种属性只允许其本身及子类进行访问，也有一定的保护作用。
- 以__(双下画线)开头和__结尾的属性一般是 Python 中专用的标识符，如__name__指模块的名称。在给属性取名时，应避免使用这一类名称，以免发生冲突。
- 其他名称的属性都是公有属性。

方法名的取名规则也有同样的效果。例如有如下代码：

```
#1.  class Parent:                          #基类
#2.      def __init__(self, value):
#3.          self.__value = value           #私有属性
#4.
#5.  class Child(Parent):                   #继承自 Parent 的子类
#6.      def get_value(self):
#7.          return self.__value            #将会出错
#8.
#9.  child = Child(4)
#10. print(child.get_value())
```

运行上述程序，将发生错误，抛出异常。分析其原因，是由于＃1～＃3 行定义了一个基类 Parent，＃5～＃7 行定义了继承自 Parent 的子类 Child。

基类 Parent 中定义了一个私有属性 self. __value，子类 Child 中没有定义自己的属性 self. __value，所以＃7 行代码的返回值是继承自 Parent 的属性。由于 self. __value 是私有

属性,只能在定义的类中使用,不能在类外(包括子类中)使用,所以发生了异常。

11.3.3　特殊属性与方法

Python 对象中以双下画线开头和结尾的属性称为特殊属性,方法也同样有以双下画线开头和结尾的方法,这种方法称为特殊方法。Python 中对象常用的特殊属性或方法如表 11-1 所示。

表 11-1　Python 中对象常用的特殊属性或方法

特殊属性或方法名	含义与作用
object. __dict__	字典,除了一些特殊的属性,实例、类型等对象的所有属性,都放置在其__dict__字典中
instance. __class__	类实例所属的类,可理解为当前实例的模板
class. __bases__	类对象的基类构成的元组,只包含直接基类,而不是继承链上的所有基类
definition. __name__	对象的名称,比如 type、class 对象的名称就是系统内置的或自定义的名称字符串,类型的实例通常没有属性__name__
definition. __qualname__	类的限定名称
class. __mro__	该属性用于存储 MRO 元组,以便在方法解析期间提供基类排序。该属性是动态的,每当继承层次更新时,该属性都可能发生改变
class. mro()	通过元类(metaclass)可以覆盖此方法,以自定义类实例的方法解析顺序。该方法会在程序初始化时调用,其结果存储在__mro__中
class. __subclasses__()	返回子类列表
__init__()	__init__()是一个实例方法,用来在实例创建完成后进行必要的初始化。该方法必须返回 None。Python 不会自动调用父类的__init__()方法,需要额外调用 super(C, self). __init__()来完成
__new__(cls[, args...])	__new__()是一个静态方法,用于根据类型创建实例。Python 在调用__new__()方法获得实例后,会调用这个实例的__init__()方法,然后将最初传给__new__()方法的参数都传给__init__()方法
__del__(self)	在 GC(Garbage Collector)之前,Python 会调用这个对象的__del__()方法完成一些终止化工作。如果没有__del__()方法,那么 Python 不做特殊的处理
__repr__(self)	__repr__()方法返回的字符串主要是面向解释器的,如果没有定义__repr__(),那么 Python 使用一种默认的表现形式
__str__(self)	与__repr__()返回的详尽的、准确的、无歧义的对象描述字符串不同,__str__()方法只是返回一个对象的简洁的字符串表达形式;当__str__()缺失时,Python 会调用__repr__()方法
__unicode__(self)	优先级高于__str__()方法;同时定义这两个方法的实例,调用结果则相同

11.4　方　　法

方法其实就是定义在类中的函数。根据使用场景的不同,方法可以区分为实例方法、类方法和静态方法三类。

11.4.1 实例方法

实例方法从它的名称上可以看出，它是跟具体实例有关的，所以在使用时需要先生成实例，然后再通过实例调用该方法。

实例方法的第一个参数应当是 self，表示指向调用该方法的实例本身，其他参数与普通函数中的参数完全一样，形式如下：

```
def 实例方法名(self, [形参列表]):
    函数体
```

调用实例方法是通过“对象名.方法名”来调用的。

【例 11-4】 实例方法的例子。

程序代码如下：

```
#1.  class Person(object):
#2.      def __init__(self, name, score):              #构造方法
#3.          self.__name = name
#4.          self.__score = score
#5.      def get_grade(self):                          #实例方法
#6.          if self.__score >= 80:
#7.              return 'A'
#8.          if self.__score >= 60:
#9.              return 'B'
#10.         return 'C'
#11. p1 = Person('Bob', 90)                            #创建第一个对象
#12. p2 = Person('Alice', 65)                          #创建第二个对象
#13. p3 = Person('Tim', 48)                            #创建第三个对象
#14. print(p1.get_grade())                             #调用实例方法
#15. print(p2.get_grade())                             #调用实例方法
#16. print(p3.get_grade())                             #调用实例方法
```

上述代码中，get_grade()方法是一个典型的实例方法，它的第一个参数是 self，这就说明这个方法要通过实例来调用。比如，p1 是一个具体实例，#14 行的 p1.get_grade()就是通过实例 p1 调用 get_grade()方法。__init__()也可以看成是一种特殊的实例方法。

在实例方法内部可以访问所有实例属性，如果外部需要访问私有属性，就可以通过调用实例方法获得这些私有属性，这种数据封装的形式除了能保护内部数据一致性外，还可以简化外部调用的难度。

实例方法是 Python 中最常见的方法，大部分方法都属于实例方法。Python 中认为不属于类方法和静态方法的方法都是实例方法。所以 Python 并不严格要求第一个参数名必须是 self，但还是建议编写程序时将实例方法的第一个参数名设置为 self。

11.4.2 类方法

类方法主要用于跟类有关的操作，而不跟具体的实例有关。注意，在类方法中访问对象的实例属性会导致错误。类方法的定义格式如下：

```
@classmethod
def 类方法名(cls, [形参列表]):
    函数体
```

定义类方法时的注意事项：

- 方法上面带有装饰器@classmethod；
- 第一个参数一般为 cls，也可以是其他名称，但是默认为 cls；
- 类方法只能修改类属性，不能修改实例属性；
- 调用时既可以使用"类名.类方法名"，也可以使用"对象名.类方法名"。

【例 11-5】 类方法的例子。

程序代码如下：

```
#1.  class Goods:
#2.      __discount = 1                          #私有的类属性
#3.
#4.      def __init__(self, name, price):        #构造方法
#5.          self.name = name
#6.          self.price = price
#7.
#8.      @classmethod
#9.      def change_discount(cls, new_discount):#类方法
#10.         cls.__discount = new_discount
#11.
#12.    @property                                #property 装饰器可以把方法当成属性使用
#13.    def finally_price(self):
#14.         return self.price * self.__discount
#15.
#16. banana = Goods('香蕉', 10)
#17. apple = Goods('苹果', 16)
#18.
#19. Goods.change_discount(0.8)
#20. print(banana.finally_price)
#21. print(apple.finally_price)
#22.
#23. Goods.change_discount(0.5)
#24. print(banana.finally_price)
#25. print(apple.finally_price)
```

运行程序，得到的结果如下：

```
8.0
12.8
5.0
8.0
```

#1～#14 行定义了一个 Goods 类，含有一个私有的类属性__discount，以及两个实例属性 self.name 和 self.price。

＃8～＃10 行定义的是类方法 change_discount()，它的第一个参数是 cls，并且只能对类属性操作，而不能对实例属性操作，例如＃10 行是修改类属性__discount 的值，注意它的前面带有前缀 cls，表示类对象。

＃16、＃17 行创建了两个实例对象 banana 和 apple。但是在＃19 行中调用 change_discount()方法是通过类名调用的，这是因为不管是 banana 还是 apple，都采用新的折扣率，所以这是与具体对象无关的操作，而与类本身有关。

＃12 行的@property 是一个神奇的装饰器，可以将一个方法当成属性来使用，例如＃20、＃21、＃24、＃25 行中都是将方法 finally_price()当成属性来使用。finally_price()方法是实例方法，因为它的第一个参数是 self。请读者注意对比 change_discount()和 finally_price()中对类属性__discount 的前缀写法。

11.4.3 静态方法

静态方法一般用于和类对象以及实例对象无关的代码，作用与普通函数一样，只是写在了类中。凡是写在类中的函数都被称为方法，而不说成是函数，只有独立于类外的函数才是通常意义上的普通函数。

静态方法的定义形式如下：

```
@staticmethod
def 静态方法名([形参列表])
    函数体
```

定义静态方法时的注意事项：

- 方法上面带有装饰器@staticmethod；
- 静态方法对第一个参数没有任何要求，整个参数列表可以有参数也可以无参数；
- 调用方式一般是“类名.静态方法名”，也可以使用“对象名.静态方法名”。

【例 11-6】 静态方法的例子。

程序代码如下：

```
class Game:
    @staticmethod
    def menu():                          #静态方法
        print('------')
        print('开始[1]')
        print('暂停[2]')
        print('退出[3]')
Game.menu()
```

本例的 Game 类中只有一个静态方法 menu()，它不带有任何参数，该方法其实与类本身以及任何实例无关。所以程序中没有实例化任何对象，调用 menu()方法是通过类名调用的，本例的类名是 Game。静态方法的作用与普通函数差不多，本例就是打印一份菜单。

11.5　继承和多态

面向对象的三大特性是封装、继承和多态。定义类时把属性与方法都写在类中，这就是封装的具体体现。下面介绍另外两个特性。

11.5.1　继承

采用面向对象技术编程的一个主要优点是代码的复用性。通过继承，可以在已有类的基础上，创建其子类，子类将自动获得父类的所有公有属性和方法，即子类不用写任何代码就能使用父类的属性和方法。子类除了继承父类的属性和方法外，也能派生自己特有的属性和方法。

在继承关系中，被继承的类称为父类、基类或超类，继承的类称为子类或派生类。定义子类的形式如下：

```
class 子类名(父类 1 [, 父类 2, ...])
    类体
```

在子类名的后面有一对括号，里面是父类的名字，父类可以只有一个，也可以有多个，有多个父类的情况就称为多重继承。

【例 11-7】 创建父类 Person，派生出子类 Man。

程序代码如下：

```
class Person:                                # 父类，又叫基类
    def __init__(self, name, age):           # 构造方法
        self.name = name
        self.age = age
    def print_age(self):                     # 父类的实例方法
        print("%s's age is %s" % (self.name, self.age))

class Man(Person):                           # 子类，也叫派生类
    work = "Teacher"
    def print_age(self):                     # 父类、子类同名的实例方法
        print("Mr. %s's age is %s" % (self.name, self.age))
    def print_work(self):                    # 子类扩展出来的实例方法
        print("Mr. %s's work is %s" % (self.name, self.work))

bob = Man('Bob', 33)
bob.print_age()
bob.print_work()
```

运行程序，得到的结果如下：

```
Mr. Bob's age is 33
Mr. Bob's work is Teacher
```

本例的父类 Person 中有两个实例属性 self. name 和 self. age，这些属性在子类 Man 中是可以直接使用的，所以可以见到在 Man 中没有刻意定义 self. name 和 self. age，但是在其方法 print_age()中有对这两个属性的引用。

父类 Person 除了构造方法__init__()外，还有一个方法 print_age()，而子类 Man 中也有一个方法 print_age()，仔细观察这两个方法，它们的代码是不同的。当父类和子类中有同名方法时，子类对象调用的方法就是子类中的方法。子类 Man 另外还有一个方法 print_work()，这个方法是父类没有的，这一个方法是子类扩展出来的功能，它是子类特有的方法。

本例的属性和方法都是公有的，因此程序能得到正常运行。读者可以尝试将父类的属性和方法改成私有，再次运行程序，就会发现发生了异常。这说明，子类只能继承父类的公有属性和方法，而不能继承父类的私有属性和方法。

11.5.2 多态

在不同的类中，可能存在同名的方法，而不同类的对象调用这些同名方法时，执行的代码是不一样的，这种情况就属于多态的一种体现。

【例 11-8】 定义三个类 Circle、Square 和 Rectangle，它们都有求面积的 Area()方法。

程序代码如下：

```
import math
class Circle:
    def __init__(self, r):
        self.r = r
    def Area(self):                           #求圆面积
        area = math.pi * self.r ** 2
        return area

class Square:
    def __init__(self, size):
        self.size = size
    def Area(self):                           #求正方形面积
        area = self.size * self.size
        return area

class Rectangle:
    def __init__(self, a, b):
        self.a = a
        self.b = b
    def Area(self):                           #求矩形面积
        area = self.a * self.b
        return area

a = Circle(5)
print(a.Area())
b = Square(5)
print(b.Area())
c = Rectangle(2, 3)
print(c.Area())
```

运行程序，得到的结果如下：

```
78.53981633974483
25
6
```

以上三个类中，都有 Area()方法，它们的计算公式不同，代码也不一样，a、b、c 分别是这三种不同类的对象，在调用 Area()方法时，使用的求面积公式不同，这就是多态的一种重要体现。

另外，Python 本身就是一种多态语言，在很多地方都体现了多态性。比如，Python 中的变量无须指明类型，它会根据需要在运行时自动确定变量的类型；len()函数不仅可以计算字符串的长度，还可以计算列表、元组等对象的数据个数，它会在运行时通过参数类型确定具体的计算过程，这都是多态性的一种体现。

11.6 重　　载*

重载是面向对象技术中的一种常用手段，在很多其他 OOP 语言中，例如 C++、Java 等，一般都包括了方法重载和运算符重载。但是 Python 语言自身有其特殊性，有人认为 Python 不支持方法重载，而只有运算符重载。

因为在其他语言(C++、Java 等)中所谓的方法重载是指函数名相同，但是参数的类型或数量不同的情况，需要编写多个函数。而 Python 是一种动态语言，它能自动根据传入参数的类型选用合适的数据类型，因此针对不同类型的参数无须重新编写函数。此外，参数数量的不同也是可以通过默认参数和不定长参数来解决的，所以 Python 中不存在方法重载的问题。

至于运算符重载，是指同一个运算符，例如“＋”(加号)，在算术运算中代表做加法，在字符串或列表等运算中代表连接，同一个运算符在不同场景下有不同的处理方式，这就是运算符重载。

运算符重载主要用于对已有的运算符进行重新定义，赋予其另一种功能，以适应不同的数据类型。为了做好灵活性、可用性和安全性方面的平衡，Python 对运算符重载施加了一些限制：

- 不能重载内置类型的运算符；
- 不能新建运算符，只能重载现有运算符；
- 某些运算符不能重载，如 is、and、or 和 not。

Python 的运算符实际上是通过调用对象的特殊方法实现的，表 11-2 列出了常见的运算符与对应的特殊方法。

表 11-2　常见的运算符与对应的特殊方法

类　　型	运算符	特 殊 方 法	含　　义
一元运算符	－	__neg__()	负号
	＋	__pos__()	正号
	～	__invert__()	对整数按位取反

续表

类　　型	运算符	特殊方法	含　　义
算术运算符	+	__add__()	加法
	−	__sub__()	减法
	*	__mul__()	乘法
	/	__truediv__()	除法
	//	__floordiv__()	整除
	%	__mod__()	取模(求余)
	**	__pow__()	幂运算
复合赋值算术运算符	+=	__iadd__()	加法
	−=	__isub__()	减法
	*=	__imul__()	乘法
	/=	__itruediv__()	除法
	//=	__ifloordiv__()	整除
	%=	__imod__()	取模(求余)
	**=	__ipow__()	幂运算
比较运算符	<	__lt__()	小于
	<=	__le__()	小于或等于
	>	__gt__()	大于
	>=	__ge__()	大于或等于
	==	__eq__()	等于
	!=	__ne__()	不等于
位运算符	&	__and__()	位与
	|	__or__()	位或
	^	__xor__()	位异或
	<<	__lshift__()	左移
	>>	__rshift__()	右移
复合赋值位运算符	&=	__iand__()	位与
	|=	__ior__()	位或
	^=	__ixor__()	位异或
	<<=	__ilshift__()	左移
	>>=	__irshift__()	右移

重写运算符所对应的特殊方法,就可以实现运算符的重载。

【例 11-9】 设计一个新的数值类型,有自己的表示形式,并重载运算符+。

程序代码如下:

```
class MyNumber:
    def __init__(self, value):
        self.data = value                     #用 data 保存数据
    def __repr__(self):                       #对应于内置函数 str(),用于显示数据
```

```
#5.         return "Mynumber(%d)" % self.data
#6.     def __add__(self, other):
#7.         v = self.data + other.data
#8.         r = MyNumber(v)
#9.         return r
#10.
#11. n1 = MyNumber(100)
#12. n2 = MyNumber(200)
#13.
#14. n3 = n1 + n2              #运算符重载的计算结果
#15. print(n3.data)
#16. print(n1, '+', n2, '=', n3)
```

运行程序,得到的结果如下:

```
300
Mynumber(100) + Mynumber(200) = Mynumber(300)
```

Python 中一切皆是对象,各种数据类型都是某一类对象,本例中的 MyNumber 类,也可以看成是一种自定义的数据类型。MyNumber 类中有三个方法:构造方法__init__()可以初始化对象的实例属性 self.data; __repr__()可以控制打印输出的数据格式; __add__()就是重载运算符"+",使得两个 MyNumber 类型的数据相加后,得到的结果也是 MyNumber 类型。

注意,#15 行输出的是 n3 的 data 属性,其值是由传入的参数决定的,本例中是 100+200 的结果,也就是整数 300。#16 行输出的是 n1、n2 和 n3,它们的输出形式由__repr__()决定。

11.7　面向对象程序设计应用举例

【例 11-10】 定义一个 Dog 类,类属性有名字(name)、毛色(color)、体重(weight),方法为叫(bark),调用该方法时输出"wang! wang!"。

程序代码如下:

```
class Dog:                                       #定义类
    def __init__(self, name, color, weight):     #构造方法
        self.name = name
        self.color = color
        self.weight = weight
    @class method
    def bark(cls):                               #类方法
        print("wang! wang!")

Dog.bark()                                       #通过类名调用方法
```

上述代码只是定义了类,没有创建对象,调用方法是通过类名 Dog 进行的,而不是通过实例对象调用的。

运行程序，得到的结果如下：

```
"wang! wang!"
```

【例 11-11】 设计一个 Rectangle 类，属性为左上角和右下角的坐标，编写方法，实现根据坐标计算矩形的面积。

程序代码如下：

```
class Rectangle:
    def __init__(self, left, top, right, bottom):   #构造方法
        self.left = left
        self.top = top
        self.right = right
        self.bottom = bottom

    def get_area(self):                              #实例方法求面积
        a = self.right - self.left
        b = self.bottom - self.top
        return abs(a * b)

rec = Rectangle(0, 1, 5, 8)
print("Area = ", rec.get_area())
```

运行程序，得到的结果如下：

```
Area =  35
```

【例 11-12】 首先设计一个颜色类作为基类，包括红、绿、蓝三原色成员变量，并添加构造方法、显示三原色值的方法以及修改红色值的方法；接着设计一个颜色类的派生类，叫彩虹类，它在颜色类的基础上再增加四种颜色，即橙、黄、青、紫，也添加构造方法，显示方法和修改紫色值的方法；最后在主模块中定义这两个类的对象，测试所设计的方法并显示最后结果。

程序代码如下：

```
class Color:                                     #定义颜色基类
    def __init__(self, red, green, blue):        #构造方法
        self.red = red
        self.green = green
        self.blue = blue

    def show_color(self):                        #显示颜色
        color_str = "(" + str(self.red) + "," + str(self.green)
        color_str = color_str + "," + str(self.blue) + ")"
        print(color_str)

    def modi_red(self, red):                     #修改红色
        self.red = red

```

```
class Rainbow(Color): #定义子类
    def __init__(self, red, green, blue, orange, yellow, cyan, purple): # 构造方法
        self.red = red
        self.green = green
        self.blue = blue
        self.orange = orange
        self.yellow = yellow
        self.cyan = cyan
        self.purple = purple

    def show_color(self): #显示颜色
        color_str = "(" + str(self.red) + "," + str(self.green) + ","
        color_str = color_str + str(self.blue) + "," + str(self.orange) + ","
        color_str = color_str + str(self.yellow) + "," + str(self.cyan) + ","
        color_str = color_str + str(self.purple) + ")"
        print(color_str)

    def modi_purple(self, purple): #修改紫色
        self.purple = purple

if __name__ == '__main__': #控制只能在主程序中执行
    c1 = Color(150, 230, 100) #创建一个 Color 类对象
    print("Before:c1 = ", end = "")
    c1.show_color()
    c1.modi_red(200)
    print("After:c1 = ", end = "")
    c1.show_color()
    c2 = Rainbow(100, 200, 50, 30, 60, 80, 150) #创建一个 Rainbow 类对象
    print("Before:c2 = ", end = "")
    c2.show_color()
    c2.modi_red(200)
    c2.modi_purple(0)
    print("After:c2 = ", end = "")
    c2.show_color()
```

运行程序，得到的结果如下：

```
Before:c1 = (150,230,100)
After:c1 = (200,230,100)
Before:c2 = (100,200,50,30,60,80,150)
After:c2 = (200,200,50,30,60,80,0)
```

【例 11-13】 为学校人事部门设计一个简单的人事管理程序，满足如下要求：

(1) 学校人员分为教师、学生、职员三类；

(2) 三类人员的共同属性是姓名、性别、年龄、部门；

(3) 教师的特别属性是职称、主讲课程；

(4) 学生的特别属性是专业、入学日期；

(5) 职员的特别属性是工资。

编写程序统计学校总人数和各类人员的人数,并随着新人进入注册和离校注销而动态变化。

程序代码如下:

```
class Member:                                          #定义基类
    count = 0                                          #人数,类属性
    def __init__(self, name, sex, age, department) #构造方法
        self.name = name
        self.sex = sex
        self.age = age
        self.department

class Teacher(Member):                                 #定义教师子类
    count = 0                                          #人数,类属性
    def __init__(self, name, sex, age, department, title, course):
        self.name = name
        self.sex = sex
        self.age = age
        self.department = department
        self.title = title
        self.course = course
        Teacher.count += 1
        Member.count += 1

    def __del__(self):                                 #析构方法
        Teacher.count -= 1
        Member.count -= 1

class Student(Member):                                 #定义学生子类
    count = 0                                          #人数,类属性
    # 构造方法
    def __init__(self, name, sex, age, department, major, time_enrollment):
        self.name = name
        self.sex = sex
        self.age = age
        self.department = department
        self.major = major
        self.time_enrollment = time_enrollment
        Student.count += 1
        Member.count += 1

    def __del__(self):                                 #析构方法
        Student.count -= 1
        Member.count -= 1

class Staff(Member):                                   #定义职员子类
    count = 0                                          #人数,类属性
    def __init__(self, name, sex, age, department, salary):                #构造方法
        self.name = name
```

```
        self.sex = sex
        self.age = age
        self.department = department
        self.salary = salary
        Staff.count += 1
        Member.count += 1

    def __del__(self):                #析构方法
        Staff.count -= 1
        Member.count -= 1

t1 = Teacher("Holly", "female", 30, "Computer", "Professor", "Network")
t2 = Teacher("John", "male", 40, "Computer", "Lecture", "OS")
t3 = Teacher("Jenny", "female", 50, "Maths", "Professor", "Matrix")
stu1 = Student("Ada", "female",20, "Computer", "Network Engineering", "Sept 1,2018")
stu2 = Student("Jorge", "male", 21, "Computer", "Network Engineering", "Sept 1,2017")
stf1 = Staff("Rose", "famale", 35, "Maths", 3500)

print("Before:")
print("教师有:", Teacher.count)
print("学生有:", Student.count)
print("职员有:", Staff.count)

del t1
del stu1
del stf1

print("After:")
print("教师有:", Teacher.count)
print("学生有:", Student.count)
print("职员有:", Staff.count)
```

运行程序,得到的结果如下：

```
Before:
教师有: 3
学生有: 2
职员有: 1
After:
教师有: 2
学生有: 1
职员有: 0
```

程序中的__del__()方法是析构方法,作用是控制删除对象时所执行的事情。

11.8　习　　题

1. 简述面向对象编程的三大特性。
2. 什么是类？什么是对象？两者之间有何关系？
3. Python 中如何定义类和对象？

4. Python 中类的属性有哪几种？如何访问它们？

5. self 在类中有何意义？

6. 公有成员和私有成员有什么不同？命名时如何区分公有成员和私有成员？

7. 继承和派生有何关系？如何实现类的继承？

8. 什么是多态？Python 中如何体现多态的？

9. 在 Python 中如何实现运算符重载？

10. 设计一个 Date 类，属性包括 year、month、day 三个属性和能够实现取日期值、取年份、取月份、设置日期、输出日期的方法。

11. 定义一个圆类，具有圆心位置、半径、颜色等属性，编写构造方法和其他成员函数，能够设置属性值、获取属性值、计算周长和面积。

12. 设计一个课程类，包括课程编号、课程名称、任课教师、上课地点等成员，其中上课地点是私有的。添加构造方法及显示课程信息的方法，最后在主模块中定义类的对象，测试所设计的方法并显示最后结果。

第12章 错误和异常处理

程序编写时,总是会出现这样或那样的错误,使程序无法运行或没有得到正确的执行结果。异常是指程序运行中那些使程序无法继续执行的错误或意外情况。引发异常的原因有很多,如除数为0、下标越界、文件不存在、数据类型错误、命名错误、内存空间不够、用户操作不当等。

12.1 程序的错误

程序中的错误通常分为语法错误、运行时错误和逻辑错误。

1. 语法错误

语法错误是代码中存在不符合Python语法规则的地方。例如,缺少符号、英文符号错输成中文符号、表达式方括号不配对、关键字拼写错误等。

程序在完成输入后,可以选择Run菜单中的Check Module或按Alt+X快捷键先进行语法检查。若存在语法错误则会弹出如图12-1所示的出错提示。第一个有语法错误的行会被突出显示。运行程序前,编译器也会进行语法错误检查,没有语法错误时,才会去执行程序。

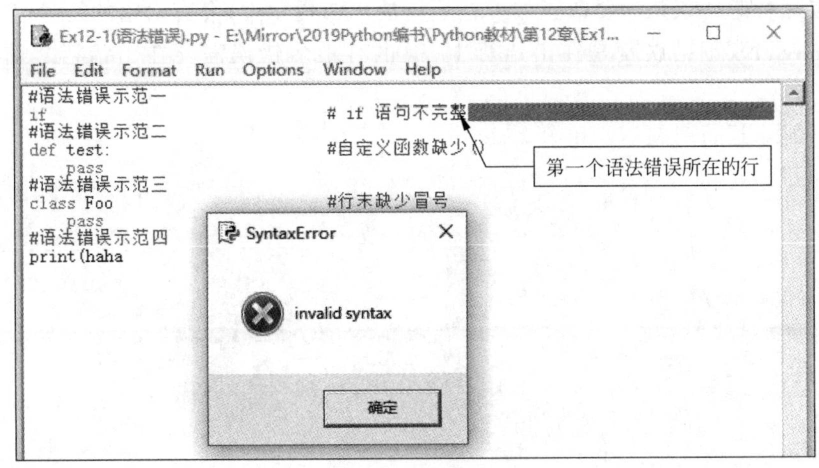

图12-1 语法出错提示

【例 12-1】 语法错误示范。

```
#语法错误示范一
if                                   #if 语句不完整
#语法错误示范二
def test:                            #自定义函数缺少()
    pass
#语法错误示范三
class Foo                            #行末缺少冒号
    pass
#语法错误示范四
print(haha                           #行末缺少)
```

语法错误只需要根据弹出的出错提示，就能找到错误点，然后进行修改即可。

2. 运行时错误

运行时错误往往是一些不可预料或可预料但无法避免的错误。例如，两数相除，可能很多次执行中，都能正常执行，但某次除数为 0 时，就会报“除数不能为 0”的运行时错误。发生运行时错误后，程序会提示出错信息(如图 12-2 所示)，并中止程序的执行。

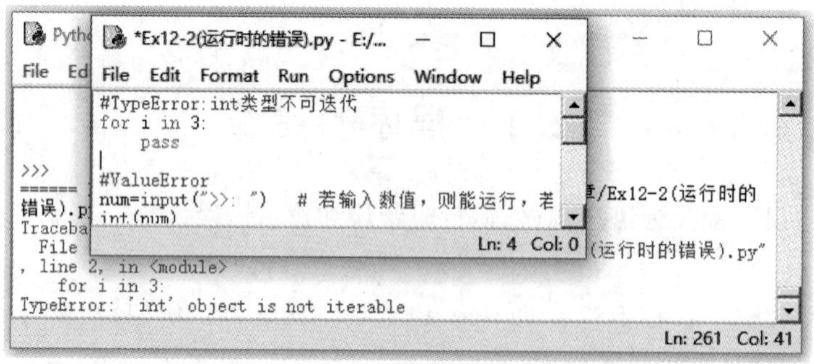

图 12-2 例 12-2 运行时错误的出错提示

常见的运行时错误有除数为 0、内存空间不够、数组下标越界、文件打开失败、用户输入不合理的数据等。

有很多运行时错误是需要改正的。在运行的出错提示中，会有出错的行号、出错语句和出错原因。一般改正错误就是在出错行上，但也有很多错误需要在出错行之前的代码中修改。

【例 12-2】 运行时错误示范。

```
#TypeError:int 类型不可迭代
for i in 3:
    pass
# ValueError
num = input(">>: ")                  #若输入数值，则能运行，若输入 hello，则报错
int(num)
# NameError
aaa
# IndexError
```

```
l = ['egon','aa']
l[3]
# KeyError
dic = {'name':'egon'}
dic['age']                #出错提示会提示本行出错,但可能需要在上一行修改
# AttributeError
class Foo:pass
Foo.x
# ZeroDivisionError:无法完成计算
res1 = 1/0
res2 = 1 + 'str'
```

3. 逻辑错误

只包含逻辑错误的程序是能够执行的,并会得到运行结果,只是该运行结果是错误的或不是编程者预期的结果。发生逻辑错误的原因有很多,例如:算法不正确使得程序不能得到正确结果;程序语句使用不合适,使得程序无法完成预计的功能;对程序语句的语法规则理解不正确,即编程者的意图与语句的执行效果不相符……

发生逻辑错误的程序是没有错误提示的,因此修改难度较大,需要仔细阅读程序并逐条分析语句,或重新考察算法的正确性、算法是否存在错误或漏洞等。

检查逻辑错误可以利用IDLE提供的一些调试工具,运用这些调试手段,编程者可以观察和跟踪程序运行过程中变量的变化情况和语句的执行情况,从而发现引发错误的原因。IDLE的调试方法参见12.4节。

12.2　异常处理

12.2.1　异常概述

一个好的程序,应具备较强的容错能力,也就是说,除了在正常情况下能够完成所预想的功能外,在遇到各种异常的情况下,也能够做出恰当的处理。对各种异常情况给予适当处理的技术就是异常处理。

Python提供了一套异常处理方法,在一定程度上可以提高程序的健壮性,即程序在发生不可预见的错误时,仍能正常运行。同时,Python还能将晦涩难懂的异常错误信息转换为友好的提示呈现给最终用户。

1. 异常捕捉

发生异常时,Python系统默认的异常处理办法是用所谓的回溯(traceback)来终止程序运行并抛出异常,即生成异常对象,并给出错提示信息。例如:

```
>>> a = b + 3
Traceback (most recent call last):
  File "<pyshell#0>", line 1, in <module>
    a = b + 3
NameError: name 'b' is not defined
```

上述＃1行的代码中，因不存在b变量，代码中试图使用b变量值进行计算时，发生了错误，＃2～＃5行是抛出异常后的出错提示信息。＃3行显示了错误发生的位置，如果在程序文件模式下，就是错误代码在程序文件中的行号。＃5行提示Python捕获到此次的错误属于异常类NameError，错误提示信息为name 'b' is not defined。

2. 异常类*

在Python中，异常也是对象，可以对其进行操作。Python检测到异常发生时，会生成相应的异常对象，用户可以根据不同的异常类，结合try异常处理语句进行异常处理。

所有的异常类都是基类Exception的成员。所有异常都是从基类Exception继承，且都在exceptions模块中定义。Python自动将所有异常类名称放在内置命名空间中，所以程序不必导入exceptions模块即可使用异常。一旦引发而且没有捕捉到SystemExit异常，程序执行就会终止。如果交互式会话遇到一个未被捕捉的SystemExit异常，会话就会终止。Python中常见的异常类如表12-1所示。

表12-1　Python中常见的异常类

异常类名	说　明
Exception	所有异常类的基类
AttributeError	尝试访问未知的对象属性时引发
IOError	试图打开不存在的文件时引发
IndexError	使用序列中不存在的索引时引发
KeyError	使用字典中不存在的关键字时引发
NameError	找不到变量名时引发
SyntaxError	语法错误时引发
TypeError	传递给函数的参数类型不正确时引发
ValueError	函数应用于正确类型的对象，但是该对象使用不适合的值时引发
ZeroDivisionError	在做除法或模运算中除数为0时引发
EOFError	发现一个不期望的文件或输入结束时引发
SystemExit	Python解释器请求退出时引发
KeyboardInterrupt	用户中断执行(通常是按Ctrl＋C快捷键)时引发
ImportError	导入模块或对象失败时引发
IndentationError	缩进错误时引发

除了这些内置的异常类之外，用户也可以创建自己的异常类，必须确保是从Exception类继承的。

12.2.2　try-except语句

当Python程序发生错误时，可以使用try-except语句捕获异常。try-except语句可以识别异常类，并根据不同的异常设定不同的异常处理代码。若不使用try-except语句，程序将终止执行。

1. 最简形式的异常处理

try-except语句的最简单的形式如下：

```
try:
    被检测的语句块
except:
    异常处理语句块
```

try-except 语句中,“被检测的语句块”是程序中原有的潜在可能发生错误的语句,为了增强程序的健壮性,使用 try 来检测语句块中是否出错。“异常处理语句块”是当被检测语句块抛出异常后会执行的语句。这种用法中,任何类型的异常出现,都会执行 except 后的语句块。

【例 12-3】 利用 try 语句判断输入数据的类型。

```
import sys
x = input('请输入一个整数:')
try:
    y = int(x)
except:
    print('输入的内容无法转换为整数!')
    sys.exit(0)
print(y)
```

测试一的结果:

```
请输入一个整数:34↙
34
```

测试二的结果:

```
请输入一个整数:abc↙
输入的内容无法转换为整数!
```

2. 分类的异常处理

若被检测语句潜在的错误不止一种,且不同的错误需分类处理时,就要在 try-except 语句中使用多个 except 子句,还可以再增加一个 else 子句。其格式如下:

```
try:
    被检测的语句块
except 异常类型 1[ as 错误描述 1]:
    异常处理语句块 1
except 异常类型 2[ as 错误描述 2]:
    异常处理语句块 2
except (异常类型 3, 异常类型 4,…)[ as 错误描述 3]:
    异常处理语句块 3
…
except:
    异常处理语句块 n
else:
    语句块
```

此结构的 try-except 语句中，异常类型是 Python 异常类的类名，当与 except 后罗列的异常类名匹配成功时，执行相应的异常处理语句块。元组(异常类型 3，异常类型 4，…)表示只要出现的是元组中的某个异常，即执行其后的异常处理语句块 3。最后一个无参数项的 except 是异常与之前所罗列的异常类型都不匹配时，则执行异常处理语句块 n。当无异常发生时，则执行 else 子句后的语句块。“错误描述”一般设为某个变量，异常匹配成功后，变量会被赋予系统返回的错误提示信息。

【例 12-4】 对除法运算的分类异常处理。

```
#1.  a = 12
#2.  # b = 0                        #会引发第一个 except 子句
#3.  # b = 'abc'                    #会引发第二个 except 子句
#4.  # b = 2                        #会引发 else 子句
#5.  try:
#6.      c = a / b
#7.  except (NameError, ZeroDivisionError) as e:
#8.      print(111, e)
#9.  except:
#10.     print(22)
#11. else:
#12.     print(3)
```

程序的执行结果为：

```
111 name 'b' is not defined
```

因#2～#4 行都是注释语句，即 b 变量未被定义即出现在了#6 行的除法表达式中，故抛出了 NameError 的异常，与#7 行的 except 子句匹配成功，将显示 111 和变量 e 的值。变量 e 的值是与异常对应的错误提示信息，即系统将错误提示信息的内容存入到了变量 e 中供编程者使用。

在例 12-4 中，若只将#2 行改为：

```
#2.  b = 0                    #会引发第一个 except 子句
```

则程序的执行结果为：

```
111 division by zero
```

此时因变量 b 的值为 0 后，发生了除数为 0 的错误，即引发异常类 ZeroDivisionError，仍然是与#7 行的 except 子句匹配成功，显示 111 和变量 e 的值。

在例 12-4 中，若只将#3 行改为：

```
#3.  b = 'abc'                #会引发第二个 except 子句
```

则程序的执行结果为：

```
22
```

此时因变量 b 的值为字符串'abc',字符串无法进行除法运算,即系统抛出的异常既非 NameError 也非 ZeroDivisionError,故与#9 行的 except 子句匹配,执行#10 行的语句,显示 22。

在例 12-4 中,若只将#4 行改为:

```
#4.  b = 2                    #会引发 else 子句
```

则程序的执行结果为:

```
3
```

此时,变量 b 的值为整数 2,#7 行的 c = a / b 语句能够正确执行,无异常抛出,则触发 try 语句的 else 子句,即执行#12 行的语句,显示 3。

3. try 语句中的 finally 子句

带 finally 子句的 try 语句格式:

```
try:
    被检测的语句块
finally:
    语句块
```

try-finally 语句中,无论被检测的语句块是否发生异常都将执行 finally 后的语句块。

【例 12-5】 修改例 12-4,增加 finally 子句。

```
#1.  a = 12
#2.  #缺失 b 的赋值语句                      #会引发第一个 except 子句
#3.  #b = 0                                  #会引发第一个 except 子句
#4.  #b = 'abc'                              #会引发第二个 except 子句
#5.  # b = 2                                 #会引发 else 子句
#6.  try:
#7.      c = a / b
#8.  except (NameError, ZeroDivisionError) as e:
#9.      print(111, e)
#10. except:
#11.     print(22)
#12. else:
#13.     print(3)
#14. finally:
#15.     print("I'm here forever!")
```

本例中,修改#2~#5 行中的任何一行,都会在原有的输出结果后增加一行显示内容。例如将#4 行修改为:

```
#4.  b = 'abc'            #会引发第二个 except 子句
```

则程序的执行结果为：

```
22
I'm here forever!
```

12.2.3 自定义异常类*

前面提及的异常类都是由 Python 库提供的，产生的异常也都是由 Python 解释器引发的。但是在开发程序时，往往会有本程序特有的一些异常，Python 可以通过主动引发异常和自定义异常类，来管理和处理这些特有的异常。

1. 主动引发异常

Python 除了自动引发的异常外，还可以使用 raise 语句主动引发异常，即一旦执行了 raise 语句，程序就会终止执行，并报错。raise 语句的格式如下：

```
raise 异常类型[(提示信息)]
```

异常类型应为 Python 的异常类名，提示信息是生成异常实例时传递给异常实例的参数。例如：

```
#1.   >>> raise Exception('bad test!')
#2.   Traceback (most recent call last):
#3.     File "<pyshell#3>", line 1, in <module>
#4.       raise Exception('bad test!')
#5.   Exception: bad test!
```

上述代码与普通的程序出错提示是类似的，但与自动生成的异常不同的是，#5 行中 Exception 的异常类名是由 #1 行中 raise 语句指定的，即 #5 行中的 bad test! 是由 #1 行中的 raise 语句括号中的内容指定的。

raise 主动引发的异常，也可以被 try-except 语句捕获并处理。

2. 自定义异常类

Python 的自定义异常类用于对应 Python 中没有涉及的异常情况。自定义异常类必须继承 Exception 类，建议类名以 Error 或 Exception 作为后缀，表示这是异常的类。

【例 12-6】 raise 语句与自定义异常类。

```
#1.   class TestError(Exception):
#2.       def __init__(self, data):
#3.           self.data = data
#4.
#5.   a = eval(input('Please input:'))
#6.   if a == 0:
#7.       raise TestError('不能为 0 哦!')
#8.   c = 100 / a
#9.   print(c)
```

以上程序中，#1～#3 行是自定义异常类，#2 行中重载了初始化函数__init__()，并将

出错提示传递给 data 属性。

测试一的结果：

```
Please input:100↙
1.0
```

测试二的结果：

```
Please input:0↙
Traceback (most recent call last):
  File "E:/Ex12-6.py", line 7, in <module>
    raise TestError('不能为 0 哦!')
TestError: 不能为 0 哦!
```

第一次程序运行，输入值不为 0，#6 行 if 条件不成立，没有执行 raise 语句。第二次程序运行，输入值为 0，#6 行 if 条件成立，执行 raise 语句后终止了程序的执行，抛出异常 TestError 并报错。

12.3　断言处理

12.3.1　断言处理概述

Python 的断言是指由 assert 语句引发程序终止执行。assert 语句中包含有测试条件，根据条件引发异常。

断言常用于测试程序，其目的是与其让错误的条件导致程序今后莫名其妙地崩溃，不如在错误条件出现的那一瞬间自我止损。可以在程序中置入 assert 语句作为检查点，若发生断言，则说明 assert 语句中测试条件不符合预期，需要修改或调整代码。

12.3.2　assert 语句和 AssertionError 类

assert 语句的格式如下：

```
assert 逻辑表达式 [, 字符串表达式]
```

逻辑表达式是测试条件，若条件成立，则什么都不发生；若条件不成立，则断言不通过，并抛出一个 AssertionError 异常对象。字符串表达式是错误的提示信息，即断言不通过时输出的信息，该信息可省略。

【例 12-7】　用 assert 语句监测程序。

```
#1.  a = eval(input('Please input:'))
#2.  assert a != 0, '不能为 0 哦!'
#3.  c = 100 / a
#4.  print(c)
```

程序的一个测试结果如下：

```
Please input:0↙
Traceback (most recent call last):
  File "E:\Ex12-7.py", line 2, in <module>
    assert a!= 0,'不能为 0 哦!'
AssertionError: 不能为 0 哦!
```

代码的#2 行中测试表达式 a != 0 条件不成立,断言不通过,产生 AssertionError 异常对象,并终止程序运行,即之后的#3、#4 行不再执行。

AssertionError 类专门对应 assert 语句,可以由 try-except 语句捕获并处理。

【例 12-8】 try-except 语句捕获 assert 语句引发的异常。

```
try:
    a = eval(input('Please input:'))
    assert a != 0, '不能为 0 哦!'
    c = 100 / a
    print(c)
except AssertionError:
    print('这是断言错误!')
except:
    print('Other Error!')
```

测试一的结果:

```
Please input:0↙
这是断言错误!
```

测试二的结果:

```
Please input:abc↙
Other Error!
```

12.3.3 启用/禁用断言*

如前所说,断言的作用主要是发现程序中的错误,可以使编程者及时修正程序。断言针对的是程序员的错误,而不是用户的错误;断言是针对开发的,而不是针对最终产品。当将程序交给其他人运行时,它应该没有缺陷,不需要进行调试检查。此时可以使用禁用断言的运行程序方式来运行。

Python 解释器有两种运行模式:调试模式和优化模式。一般情况下为调试模式,内置只读变量_debug_为 True。调试模式下,断言 assert 有效,解释器会根据测试条件决定程序终止或继续执行,断言语句的执行会耗费更多的执行时间,虽然大部分情况下人们感觉不出执行速度的明显差别。

优化模式会忽略 assert 语句,使程序减少耗费在断言上的执行时间。优化模式只有在命令行方式运行 Python 文件时可用,使用选项-O 运行 Python 程序为优化模式,此时内置只读变量_debug_为 False。

将例 12-8 的程序文件在 Windows 的命令行窗口中，分别以调试模式和优化模式执行，观察执行情况，如图 12-3 所示。

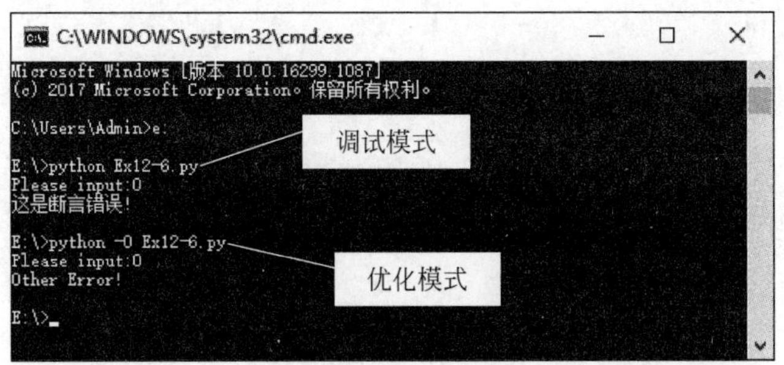

图 12-3　启用/禁用断言

12.4　Python 的调试工具 pdb*

Python 的 IDLE 不具有调试功能，也不能在 Python 的命令行解释器中进行调试。在 Windows 操作系统下，必须打开 Windows 的命令提示符窗口，进入程序文件所在的目录，并输入以下格式的命令后进入 pdb 调试模式。

```
python - m pdb 文件名.py
```

进入 pdb 的标志是光标在提示符"(pdb)"右侧闪烁。进入 pdb 调试模式后，可以使用表 12-2 的 pdb 调试命令进行断点设置、单步跟踪等操作进行代码跟踪和调试。

表 12-2　pdb 调试命令

完整命令	简写命令	说　明
args	a	打印当前函数的参数
break n	b n	设置断点，n 为断点的行号
clear	cl	清除断点
condition	无	设置条件断点
continue	c 或 cont	继续运行，直到遇到断点或者程序结束
disable	无	禁用断点
enable	无	启用断点
help	h	查看 pdb 帮助
ignore	无	忽略断点
jump	j	跳转到指定行数运行
list	l	列出脚本清单
next	n	执行下条语句，遇到函数不进入其内部
p	p	打印变量值，也可以用 print
quit	q	退出 pdb
return	r	一直运行到函数返回
tbreak	无	设置临时断点，断点只中断一次
step	s	执行下一条语句，遇到函数进入其内部
where	w	查看所在的位置
!	无	在 pdb 中执行语句

【例 12-9】 输入以下程序,并利用 pdb 进行调试。

```
def test(n):
    x = 100
    for i in range(n):
        x = x - i
        print(x)
    print('----- end ----- ')

test(5)
```

利用 IDLE 输入程序,并将程序保存在 d:\pdb 文件夹下的 Ex-pdf.py 文件中。参考图 12-4,先进入 Windows 的命令行窗口,然后输入各项命令执行,并观察输出的显示内容。图 12-4 中白线上方的行就是 pdb 调试模式的命令输入行,可以输入必要的调试命令。

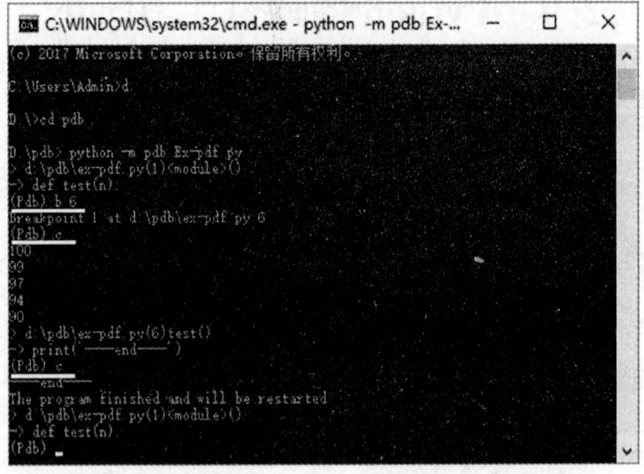

图 12-4 pdb 调试模式

12.5 习 题

1. 程序出错包括哪几种情况? 简述各自的特点。
2. 什么是异常和异常捕获? 如何进行异常捕获?
3. 如何主动引发异常?
4. 语句 try-except 和 try-finally 有何不同?
5. 简述 raise 语句的使用规则和作用。
6. 简述 assert 语句的使用规则和作用。

第13章　图形界面程序设计*

13.1　图形用户界面概述

13.1.1　图形用户界面

图形用户界面(Graphical User Interface,GUI,又称图形用户接口)是指采用图形方式显示的计算机操作用户界面。与早期计算机使用的命令行界面相比,图形界面对于用户来说在视觉上更易于接受,GUI通过在显示屏的特定位置,以"各种美观而不单调的视觉消息"提示用户"状态的改变"。GUI极大地方便了非专业用户的使用,人们不再需要死记硬背大量的命令,取而代之的是通过窗口、菜单、按键等方式来方便地进行操作。

图形用户界面允许用户使用鼠标等输入设备操纵屏幕上的图标或菜单选项,用来选择命令、调用文件、启动程序或执行其他一些日常任务。图形用户界面由窗口、下拉菜单、对话框及其相应的控制机制构成,在各种应用程序中都是标准化的,即相同的操作总是以同样的方式来完成。

13.1.2　tkinter库创建图形用户界面

1. tkinter库

前面介绍的Python程序都是以命令行方式输入和输出信息的。Python提供了用于图形界面编程的内置图形用户界面库tkinter,另外还有种类繁多的第三方库,如wxPython、PyGTK、PyQt、PySide、wxWidgets、easygui等。

tkinter模块(Tk interface,Tk接口)是Python的标准Tk图形用户界面工具包的接口。Tk和tkinter可以在大多数的UNIX平台下使用,同样可以应用在Windows和Macintosh系统里。Tk会调用操作系统提供的本地GUI,完成最终的GUI。tkinter模块通过定义一些类和函数,封装了Tk的接口,通过调用tkinter提供的接口就可以进行图形用户界面的设计和编程。但tkinter没有可视化界面设计工具,需要通过代码完成窗口设计和元素布局。

tkinter库由_tkinter、tkinter、tkinter.constants、tkinter.ttk、tkinter.font等模块组成。

_tkinter 是二进制扩展模块，tkinter 是主模块，tkinter.constants 模块定义了很多常量。

导入 tkinter 模块一般采用以下两种方法：

- import tkinter。
- from tkinter import * 。

【例 13-1】 分别用两种方法导入 tkinter 模块，并创建包含一个标签控件和一个按钮控件的窗口。

第一种方法导入 tkinter 模块：

```
import tkinter
win = tkinter.Tk()                                          #创建主窗口对象 win
win.title('Hello Python! ')                                 #修改主窗口标题栏上显示的内容
L1 = tkinter.Label(win, text = 'Label1')                    #创建标签控件对象 L1
B1 = tkinter.Button(win, text = 'Command1')                 #创建按钮控件对象 B1
L1.pack()                       #用 pack 布局管理器将标签 L1 放到窗口 win 的合适位置
B1.pack()                       #用 pack 布局管理器将命令按钮 B1 放到窗口 win 的合适位置
win.mainloop()                  #进入主窗口事件循环
```

第二种方法导入 tkinter 模块：

```
from tkinter import *
win = Tk()
win.title('Hello Python! ')
L1 = Label(win, text = 'Label1')
B1 = Button(win, text = 'Command1')
L1.pack()
B1.pack()
win.mainloop()
```

从上述程序中可知，第一种方法导入 tkinter 模块，以后调用模块中的函数时需要加上模块名作为前缀。第二种方法导入 tkinter 模块的所有内容，以后调用模块中的函数时不需要加模块名作为前缀。

2. tkinter 库创建图形用户界面的基本步骤

Python 的图形用户界面包括一个主窗口，主窗口是一个容器，主窗口中又包含各种界面元素，例如，命令按钮、文本框、标签、列表框等控件。主窗口及其包含的界面元素都是对象。用 tkinter 模块创建图形用户界面应用程序的基本步骤如下。

Step1：创建主窗口及设置主窗口的属性；

Step2：在主窗口中添加各种控件并设置其属性；

Step3：调整对象的位置和大小；

Step4：为控件定义事件处理程序；

Step5：进入主窗口的事件循环。

以上步骤中 Step2～Step4 的顺序可以打乱进行，例如先创建一个控件，设置其属性、位置、大小及定义事件处理程序，再创建另一个控件对象并设置相关内容。

3. 设置主窗口或控件的属性

对于 tkinter 中主窗口或控件的属性，可以在创建它们的同时设置，也可以通过如下形

式修改属性：

```
对象名['属性名'] = 属性值
```

例如，btn['text']='退出'，btn 为命令按钮对象，text 是命令按钮上的文字，即命令按钮被设置为“退出”按钮。

tkinter 的主窗口或有些控件还提供了 configure()方法(也可简写为 config)用于修改属性，格式如下：

```
对象名.configure(属性名 1 = 属性值 1, 属性名 2 = 属性值 2)
```

例如，mywindows.config(height=100, width=150)，mywindows 为主窗口，调用主窗口的 config 将窗口的高度和宽度设为 100 和 150。

4. 创建主窗口

创建主窗口需要调用 tkinter 库中 Tk()函数，调用该函数时一般无参数。格式如下：

```
import tkinter
窗口名 = tkinter.Tk()
```

或

```
from tkinter import *
窗口名 = Tk()
```

创建窗口后，可以设置窗口属性或调用窗口方法，以使窗口具有不同的外观或特征。表 13-1 给出了窗口对象常用的属性和方法。

表 13-1 窗口对象常用的属性和方法

属性或方法	含义或作用
background 属性	窗口的背景颜色，该属性可简写为 bg
height 属性	窗口的高度
width 属性	窗口的宽度
attributes(self, * args)	设置窗口的属性，注意属性前面的短横杠(-)不能少。 -toolwindow：可设置窗口为工具栏样式。 -alpha：可设置透明度，0 表示完全透明，1 表示不透明。 -fullscreen：设置全屏。 -topmost：设置窗口置顶。两个同时被置顶的窗口为同级(能互相遮盖)，但它们都能同时遮盖住没有被设置为置顶的窗口。 例如，win. attributes ("-toolwindow", True)、win. attributes ("-fullscreen", True)等
geometry(self, newGeometry=None)	参数 newGeometry 用于指定窗口的大小和位置，其格式为 widthxheight±m±n，无参时返回窗口的大小和位置
minsize(self, width = None, height = None)	设置窗口的最小尺寸，参数 width 指定最小宽度，参数 height 指定最小高度

续表

属性或方法	含义或作用
maxsize(self, width=None, height=None)	设置窗口的最大尺寸，参数 width 指定最大宽度，参数 height 指定最大高度
overrideredirect(self,boolean=None)	参数 boolean 为 True 则去掉窗口的框架，脱离 Windows 窗口管理，此时不能拖动窗口，也不会出现在任务栏
winfo_screenwidth()	获取屏幕分辨率的宽度
winfo_screenheight()	获取屏幕分辨率的高度
title(self,string=None)	参数 string 指定窗口的新标题内容，无参时返回现有标题的内容
resizable(self, width=None, height=None)	width 参数指定窗口的宽度是否可调，height 参数指定窗口的高度是否可调
state(self,newstate=None)	参数 newstate 指定窗口的模式
mainloop(n=0)	调用该方法进入窗口的主事件循环

【例 13-2】 创建并设置窗口。

```
#1.  from tkinter import *
#2.
#3.  mainWin = Tk()
#4.  btn1 = Button(mainWin, text='关闭', command=mainWin.destroy)
#5.  mainWin['width'] = 350
#6.  btn1.place(x=0, y=0)
#7.
#8.  mainWin.config(background="pink")
#9.  mainWin.resizable(True, False)              #窗口的高度和宽度是否可变
#10. mainWin.title("I'm peppig!")
#11.
#12. mainWin.minsize(200, 200)                   #窗口的最小缩放
#13. mainWin.maxsize(600, 400)                   #窗口最大缩放
#14.
#15. #以下代码行测试利用 attributes()方法改变窗口的状态
#16. # mainWin.attributes("-alpha", 0.9)         #设置窗口的透明度,1 为不透明,0 为完全透明
#17. #mainWin.attributes("-toolwindow", 1)       #设置为 toolwindow 模式
#18. #mainWin.attributes("-topmost", 1)         #设置为窗口置顶模式
#19. #mainWin.attributes("-fullscreen", 1)      #全屏窗口,需注释掉 #13 行
#20.
#21. #以下代码行演示如何控制窗口最大化、最小化、图标化等
#22. #mainWin.overrideredirect(True)             #无边框窗口
#23. #mainWin.state("zoomed")                    #窗口最大化
#24. #mainWin.state("iconic")       #参数还可是"withdrawn"(隐藏窗口),"icon"(最小化窗口)
#25. #mainWin.iconify()                          #窗口最小化
#26. #mainWin.deiconify()                        #还原窗口
#27. print('1111' + mainWin.state())             #获取当前窗口状态
#28.
#29. SrnWidth = mainWin.winfo_screenwidth()      #获得屏幕分辨率的宽度
#30. SrnHeight = mainWin.winfo_screenheight()    #获得屏幕分辨率的高度
#31. print(SrnWidth, SrnHeight)
#32.
#33. mainWin.mainloop()
```

程序的运行结果如图 13-1 所示，读者可以将代码行＃16～＃26 行中的起始注释＃逐个去掉后再运行本例，观察窗口的变化。

窗口的大小和位置的设置除了使用 width 和 height 属性外，还可以通过窗口的 geometry()方法设置。该方法的设置格式如下：

```
窗口名.geometry(newGeometry)
```

图 13-1　创建并设置窗口

参数 newGeometry 是一个字符串，其格式为 widthx height±m±n，width、height 是窗口的宽度和高度，两者之间的是小写英文字符 x；±m±n 用于指定窗口在屏幕上的位置，若 m、n 之前用＋号，是窗口距离屏幕左边和上边的距离，若 m、n 之前用－号，是窗口距离屏幕右边和下边的距离。注意，newGeometry 字符串中不能含有空格。

【例 13-3】 创建指定大小和位置的窗口。

```
#1.  from tkinter import *
#2.  mainw = Tk()
#3.  mainw.geometry('200x300 + 400 + 200')
#4.  mainw.mainloop()
```

5. 进入主窗口的事件循环

创建和设置进入主窗口的事件循环的方法是调用窗口的 mainloop()方法，格式如下：

```
窗口名.mainloop()
```

窗口的 mainloop()方法使窗口及控件显示出来，然后进入消息处理循环，等待各种消息并准备响应事件，例如鼠标的移动或单击、按键等操作。除非关闭窗口，否则程序将一直处于消息处理循环中。

13.2　常用控件

13.2.1　概述

tkinter 提供的控件对应 tkinter 模块中相应的类。建立图形用户界面时，创建的是控件类对应的一个个对象实例。tkinter 中提供的常用控件类及功能简介如表 13-2 所示。

表 13-2　tkinter 的常用控件类及功能简介

控　件　名	tkinter 类	功 能 简 介
按钮	Button	类似标签，主要对鼠标的单击做出响应
标签	Label	用来显示文字或图片
消息	Message	类似于标签，但可以显示多行文本

续表

控件名	tkinter类	功能简介
文本框	Entry	单行文字域,用来收集键盘输入
文本域	Text	多行文字区域,可用来收集或显示用户输入的文字
单选框	Radiobutton	一组按钮,其中只有一个可被"按下"
复选框	Checkbutton	一组方框,可以选择其中的任意多个
列表框	Listbox	一个选项列表,用户可以从中选择一个或多个条目
框架	Frame	包含其他组件的纯容器
滚动条	Scrollbar	对其支持的组件(如文本域、画布、列表框、文本框等)提供滚动功能
进度条	Scale	线性"滑块"组件,可设定起始值和结束值,会显示当前位置的精确值
菜单	Menu	单击菜单按钮后弹出的一个选项列表,用户可以从中选择
菜单按钮	Menubutton	用来包含菜单的组件(有下拉式、层叠式等)
顶级	Toplevel	类似框架,但提供一个独立的窗口容器
画布	Canvas	提供绘图功能(如直线、椭圆、多边形、矩形等),可以包含图形或位图

1. 创建控件实例

创建控件实例的一般格式如下:

```
[tkinter.]控件类名(父窗口对象[, 其他参数])
```

控件类名前的前缀取决于导入 tkinter 模块的方法(参见 13.1.2 节)。控件类名见表 13-2。其他参数用于指定创建的控件对象的某些属性,其他参数视控件不同而有所不同,也可能不需要使用其他参数。

父窗口对象是指控件放置的窗口。父窗口也可以省略,此时系统自动生成一个容纳当前控件的父窗口,但是此时因没有获得指向父窗口的变量,该父窗口是不可控的。例如:

```
#1.  >>> import tkinter
#2.  >>> btn1 = tkinter.Button(text = '自动生成父窗口')
#3.  >>> btn1.pack()
```

2. 控件的布局

上述#2 行代码执行时,会产生一个窗口;#3 行代码执行后,其中的 pack()方法会使按钮出现在窗口中合适的位置,并调整窗口大小以适应需要。

简单地讲,创建完对象后,可以调用对象的 pack()方法、grid()方法或 place()方法,让对象在父窗口中显示出来。关于这些方法,13.4 节会有详细的介绍。

3. 控件的公共属性

所谓公共属性是指很多控件都具有的属性。

(1) height 和 width 属性。height 是控件的高度,width 是控件的宽度。不同控件的高度和宽度的度量单位是不同的,有些是像素,有些是字符。

(2) font 属性。font 属性用于控制控件的字体。有以下两种格式。

格式一:

```
font = '字体 - 字号 bold italic underline overstrike '
```

格式二：

```
font = ('字体', 字号, 'bold', 'italic', 'underline', 'overstrike')
```

表示字体格式的参数有六项，第一项是字体，第二项是字号大小，后面四项的顺序可以任意，也可以不出现。

格式一是一个字符串，里面六项格式信息之间有空格，字号前有个负号。

格式二是一个元组，其中的字号可以是整数也可以是字符串，其他项是字符串。字体和字号设为空字符串时，采用系统默认的设置。

(3) command 属性。当对控件进行特定操作时，调用 command 属性指定的代码。例如，b1＝Button(mainw，text＝'按钮'，command＝CallBack)，是单击该按钮控件时执行 CallBack()函数，CallBack()也被称为回调函数。

13.2.2 按钮

Button(按钮)控件用来实现各种按钮。按钮能够包含文本或图像，并能将按钮与一个 Python 函数或方法相关联。当这个按钮被按下时，tkinter 自动调用相关联的函数或方法。

创建 Button 实例的常用格式如下：

```
变量 = Button(父容器对象名[, text = 显示文本[, command = 事件响应函数或命令]])
```

text 属性和 command 属性是两个最常被用到的 Button 属性，此外还有表 13-3 中的 Button 属性。

表 13-3 Button 控件的属性

属 性	作用及用法
text	按钮表面的提示文字
command	对按钮单击时系统会执行的响应代码
width	宽度，度量单位为字符
height	高度，度量单位为字符
bitmap	显示系统内置的图标，可选图标参数有 error、hourglass、info、questhead、question、warning、gray12、gray25、gray50、gray75
image	显示自定义的图片
bg	背景色
fg	前景色
bd	按钮的边框粗细，默认为 1 或 2 像素
state	按钮的状态，可以设为正常(normal)、激活(active)或禁用(disabled)
relief	按钮边框的 3D 效果，可以设为 FLAT、GROOVE、RAISED、RIDGE、SOLID、SUNKEN 等

【例 13-4】 图标按钮的演示。

```
#1.  from tkinter import *
#2.
#3.  bm = ['error', 'hourglass', 'info', 'questhead', 'question',
#4.        'warning', 'gray12', 'gray25', 'gray50', 'gray75']
```

```
#5.  i = 0
#6.  def CallBack():
#7.      global i
#8.      i = (i + 1) % 10
#9.      b1['bitmap'] = bm[i]          #修改按钮 b1 的 bitmap 属性,令按钮图标改变
#10. mainw = Tk()
#11. b1 = Button(mainw, text = '请反复\n 单击我', command = CallBack)
#12. b1['fg'] = 'red'                  #指定按钮的前景色
#13. b1['bd'] = 5
#14. b2 = Button(mainw, text = '不可用按钮', state = DISABLED)
#15. b2['relief'] = GROOVE              #指定按钮边框的 3D 效果
#16. b1.pack()
#17. b2.pack()
#18. #b1.place(x = 10, y = 30)          #若启用#16、#17 行,则注释掉#14、#15 行
#19. #b2.place(x = 10, y = 100)
#20. mainw.mainloop()
```

程序的运行结果如图 13-2 所示。本例中,按钮表面一开始是文字提示,单击之后就是系统内置的图标,单击一次按钮则按钮表面的图标发生一次改变。#11 行中的 command 属性被设置为单击按钮则调用 CallBack()函数,注意,此处调用时只需要写自定义函数名即可。

图 13-2　图标按钮的演示

13.2.3　标签和消息

1. Label 控件

Label(标签)控件用于显示文本。创建 Label 实例的常用格式如下:

```
变量 = Label(父容器对象名[, text = 显示文本])
```

Label 控件文本的内容由 text 属性指定。Label 控件还可以使用 bitmap 属性显示系统图标,或使用 image 属性显示自定义图片。此外,表 13-4 列出了 Label 控件的常用属性。

表 13-4　Label 控件的常用属性

属　性	作用及用法
text	显示的文字内容
width	宽度,度量单位为字符
height	高度,度量单位为字符
bitmap	显示系统内置的图标,可选图标参数有 error、hourglass、info、questhead、question、warning、gray12、gray25、gray50、gray75
image	显示自定义的图片
bg	背景色
fg	前景色
bd	按钮的边框粗细,默认为 1 或 2 像素
wraplength	指定多少单位后开始换行,用于多行文本显示
justify	多行文本的对齐方式,可以设为左对齐(LEFT)、居中(CENTER)或右对齐(RIGHT)
relief	按钮边框的 3D 效果,可以设为 FLAT、GROOVE、RAISED、RIDGE、SOLID、SUNKEN 等

【例 13-5】 标签控件的演示。

```
from tkinter import *

mainw = Tk()
L1 = Label(mainw, text = 'Python 程序设计')
L1['fg'] = 'green'
L1['bg'] = 'pink'
L1['bd'] = 3
L1['wraplength'] = 80          #标签换行的位置
L1['relief'] = RAISED          #指定标签的边框 3D 效果
L1['justify'] = RIGHT          #指定标签中多行文本的对齐方式
L1.pack()
mainw.mainloop()
```

图 13-3 标签控件的演示

程序的运行结果如图 13-3 所示。

2. Message 控件

Message(消息)控件与 Label 控件用法基本一致,但显示的是多行文本。创建 Message 实例的常用格式如下:

```
变量 = Message(父容器对象名[, text = 显示文本])
```

Message 控件的文本行数是系统自动选择的。Message 的属性与 Label 控件基本一致,可参考 Label 控件,但无 wraplength 属性。

【例 13-6】 消息控件的演示。

```
from tkinter import *

mainw = Tk()
M1 = Message(mainw, text = 'Python 程序设计')
M1['fg'] = 'blue'
M1['bg'] = 'white'
M1['bd'] = 3
M1['relief'] = SOLID           #指定消息控件的边框 3D 效果
M1['justify'] = RIGHT          #指定消息控件中多行文本的对齐方式
M1.pack()
mainw.mainloop()
```

程序的运行结果如图 13-4 所示。

图 13-4 消息控件的演示

13.2.4 文本框

文本框用于输入和编辑文本,输入过程中可以进行编辑,如光标定位、修改和插入等。Python 提供了两种文本框:单行文本框 Entry 控件和多行文本框 Text 控件。

1. 单行文本框 Entry 控件

Entry 类主要实现单行文本的输入和编辑。创建 Entry 实例的常用格式如下:

```
变量 = Entry(父容器对象名[, textvariable = 变量 1])
```

(1) 要获得文本框的输入内容有以下办法：

- 调用文本框 Entry 对象的 get()方法。
- 为文本框 Entry 对象的 textvariable 属性指定一个 Tkinter 模块定义的 StringVar 类型的变量，即文本框 Entry 对象的 textvariable 属性会与该变量绑定，调用变量的 get()方法可以获得用户输入的内容。

(2) 用代码设置文本框的内容有以下办法：

- 调用文本框的 delete(字符起始位置，结束字符的位置+1)方法。
- 调用与 textvariable 属性绑定的变量的 set(指定字符串)方法。

表 13-5 列出了 Entry 控件的常用属性。

表 13-5 Entry 控件的常用属性

属　性	作用及用法
width	宽度，度量单位为字符(文本框无 height 属性)
bg	背景色
fg	前景色
bd	文本框的边框粗细
justify	多行文本的对齐方式，可以设为左对齐(LEFT)或右对齐(RIGHT)
relief	按钮边框的 3D 效果，可以设为 FLAT、GROOVE、RAISED、RIDGE、SOLID、SUNKEN 等
state	按钮的状态，可以设为正常(normal)、激活(active)或禁用(disabled)
show	指定输入的文本都显示为该属性字符

【例 13-7】 单行文本框的基本功能演示。

```
from tkinter import *
def Butt1_Call():
    L1['text'] = eTxt1.get()
    L2['text'] = sv.get()
def Butt2_Call():
    eTxt1.delete(4, len(eTxt1.get()))
def Butt3_Call():
    sv.set('')
def Butt4_Call():
    sv.set('Hi,我是小智,我很聪明的哦!')
def Butt5_Call():
    eTxt1['show'] = '?'

mainw = Tk()
mainw.geometry('220x240')

sv = StringVar()
eTxt1 = Entry(mainw, width = 24, textvariable = sv)
eTxt1.place(x = 20, y = 10)

```

```
L1 = Label(mainw, text = '无内容!')
L1.place(x = 20, y = 40)
L2 = Label(mainw, text = '无内容!')
L2.place(x = 20, y = 80)

b1 = Button(mainw, text = '显示输入的内容', command = Butt1_Call)
b1.place(x = 20, y = 120)
b2 = Button(mainw, text = '清空文本框 1', command = Butt2_Call)
b2.place(x = 120, y = 120)
b3 = Button(mainw, text = '清空文本框 2', command = Butt3_Call)
b3.place(x = 120, y = 160)
b4 = Button(mainw, text = '打招呼', command = Butt4_Call)
b4.place(x = 20, y = 200)
b5 = Button(mainw, text = '密码文本框', command = Butt5_Call)
b5.place(x = 20, y = 160)

mainw.mainloop()
```

程序的运行结果如图 13-5 所示。

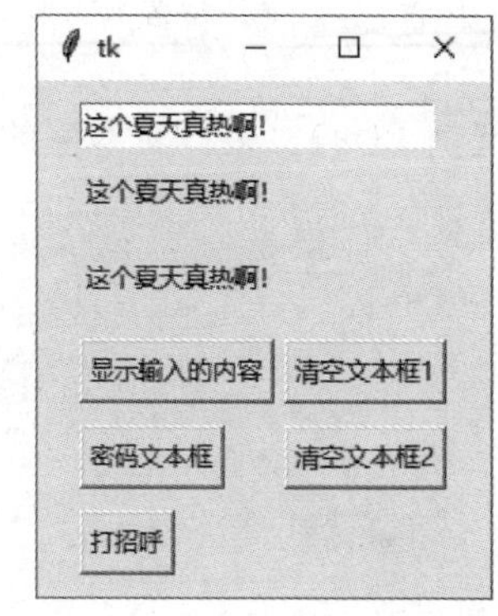

图 13-5　单行文本框的基本功能演示

2. 多行文本框 Text 控件

Text 类主要支持多行文本的输入与编辑。Text 的基本用法与 Entry 类似,但其用途更广泛,它允许设置文本的格式,甚至超链接文本等。创建 Text 实例的常用格式如下:

```
变量 = Text (父容器对象名)
```

其运行结果是一个允许文本编辑的多行区域。与 Entry 不同,Text 不允许绑定 StringVar 变量,它通过表 13-6 所列的方法获取、删除、插入和替换文本。

表 13-6　Text 控件的常用方法

方　法	作用及用法
get(index1,index2=None)	获取从 index1 开始到 index2 为止的文本,不包含 index2
delete(index1,index2=None)	删除从 index1 开始到 index2 为止的文本,不包含 index2
insert(index,chars)	在 index 前插入 chars 的文本内容
replace(index1,index2,chars)	用 chars 替换从 index1 开始到 index2 为止的文本,不包含 index2

表 13-6 中的参数 index 代表了多行文本的位置。其格式如下:

```
标号 1.标号 2
```

说明:

(1) index 可以是字符串,也可以是一个实数,建议优先选择字符串。例如,'4.10'表示第 4 行第 10 个字符,但 4.10 表示的是第 4 行第 1 个字符,末尾的 0 被无视了。

(2) 小数点是分隔符;标号 1 代表行号,行号从 1 开始;标号 2 代表行中字符的位置,行中字符从 0 开始编号。

（3）index 后面可以跟 linestart、lineend、wordstart 或 wordend 辅助关键字，其含义如表 13-7 所示。

（4）index 也可以直接使用表 13-7 中的大写常量。

表 13-7　文本位置常量

关 键 字	作　用
linestart	文本位置为 index 中标号 1 所指的一行的首字符
lineend	文本位置为 index 中标号 1 所指的一行的最后一个字符
wordstart	文本位置为 index 中标号 1 所指的一行、编号为标号 2 的单词的首字符
wordend	文本位置为 index 中标号 1 所指的一行、编号为标号 2 的单词的最后一个字符之后的位置
INSERT	文本位置为光标的插入点
CURRENT	文本位置为鼠标的当前位置
END	文本位置为文本框的最后一个字符之后的位置
SEL_FIRTST	文本位置为选中文本的第一个字符
SEL_LAST	文本位置为选中文本的最后一个字符之后的位置

【例 13-8】 多行文本框的基本功能演示。

```
from tkinter import *
def Butt1_Call():
        L1.config(text = mTxt1.get(1.0, 3.0))
def Butt2_Call():
        mTxt1.delete('4.2', '4.10')
def Butt3_Call():
        mTxt1.insert('5.8 linestart', 'aaaa')
def Butt4_Call():
        mTxt1.replace(INSERT,'8.9', 'bbbbb')

mainw = Tk()
mainw.geometry('600x360')

sv = StringVar()
mTxt1 = Text(mainw)
mTxt1.config(height = 12)

b1 = Button(mainw, text = '获取文本', command = Butt1_Call)
b2 = Button(mainw, text = '删除文本', command = Butt2_Call)
b3 = Button(mainw, text = '插入文本', command = Butt3_Call)
b4 = Button(mainw, text = '替换文本', command = Butt4_Call)
L1 = Label(mainw, text = '无内容!')

b1.pack()
b2.pack()
b3.pack()
b4.pack()
mTxt1.pack()
```

```
#29. L1.place(x=20, y=280)
#30.
#31. mainw.mainloop()
```

程序的运行结果如图 13-6 所示。多行文本 Text 类不支持滚动条,tkinter 的子模块 scrolledtext 中包含有带滚动条的多行文本框。

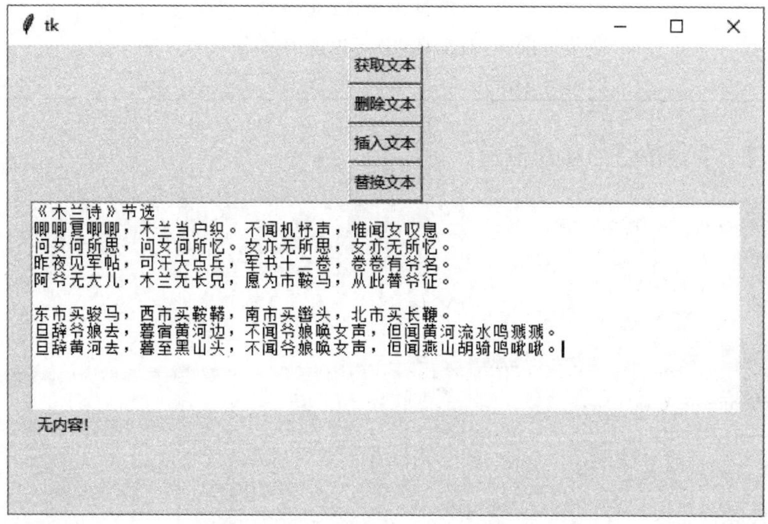

图 13-6 多行文本框的基本功能演示

13.2.5 单选按钮和复选框

1. Radiobutton 控件

Radiobutton(单选按钮)外观上是一个小圆圈加上邻近的描述性文字,未选中时小圈内为空白,选中后小圈内会出现一个圆点。创建 Radiobutton 实例的常用格式如下:

```
变量 = Radiobutton(父容器对象名[, text=显示文本[, variable=变量[, value=值[, command=事件响应函数或命令]]]])
```

variable 属性与变量绑定,选中该单选按钮时,valuc 属性对应的值会被存入该变量。其中的变量应为 tkinter 模块中的 IntVar 或 SrtingVar 类型的变量,若 value 属性值为整型时应选 IntVar 类型,若 value 属性值为字符串则应选 SrtingVar 类型。利用与 variable 属性绑定的变量即可了解单选按钮是否被选中。

单选按钮的功能特征是同组的多个单元按钮中只能有一个被选定,即多选一,选定任意一个单选按钮后,同组的其他单选按钮则处于未选中状态。所谓的同组单选按钮,组内的所有单选按钮的 variable 属性与同一个变量绑定。对 variable 属性绑定变量的值判定代码一般放置在 command 属性对应的事件函数代码中。Radiobutton(或 Checkbutton)控件的常用属性和方法如表 13-8 所示。

表 13-8　Radiobutton(或 Checkbutton)控件的常用属性和方法

属性/方法	作用及用法
text	单选按钮(或复选框)附近的提示文字
command	对单选按钮(或复选框)单击鼠标时系统会执行的响应代码
variable	指定与单选按钮(或复选框)绑定的变量
value	单击单选按钮(或复选框)后对应的取值
state	按钮的状态,可以设为正常(normal)、激活(active)或禁用(disabled)
select()	令单选按钮(或复选框)变为选中状态
deselect()	取消单选按钮(或复选框)的选中状态

【例 13-9】 单选按钮的功能演示。

```
from tkinter import *

def Radio1_Call():
        L1.config(fg = color.get())
def Radio2_Call():
        L1.config(font = ('宋体', size.get()))
def Button_Call():
        if R20['state'] != 'disabled':
            R20.config(state = 'disabled')
            b1['text'] = '启用'
        else:
            R20.config(state = 'normal')
            b1.config(text = '禁用')

mainw = Tk()
mainw.geometry('240x120')
L1 = Label(mainw, text = 'GUI 界面设计', fg = 'green')
L1.place(x = 20, y = 10)

color = StringVar()
color.set('green')
Radiobutton(mainw, text = '红色', variable = color, value = 'red',
                          command = Radio1_Call).place(x = 20, y = 50)
Radiobutton(mainw, text = '蓝色', variable = color, value = 'blue',
                          command = Radio1_Call).place(x = 70, y = 50)
Radiobutton(mainw, text = '绿色', variable = color, value = 'green',
                          command = Radio1_Call).place(x = 120, y = 50)
Radiobutton(mainw, text = '黄色', variable = color, value = 'yellow',
                          command = Radio1_Call).place(x = 170, y = 50)

size = IntVar()
size.set = 12
Radiobutton(mainw, text = '12', variable = size, value = 12,
                          command = Radio2_Call).place(x = 20, y = 80)
Radiobutton(mainw, text = '16', variable = size, value = 16,
                          command = Radio2_Call).place(x = 60, y = 80)
R20 = Radiobutton(mainw, text = '20', variable = size, value = 20,
                          command = Radio2_Call)
```

```
#39. R20.place(x = 100, y = 80)
#40. b1  = Button(mainw, text = '禁用', command = Button_Call)
#41. b1.place(x = 180, y = 10)
#42.
#43. mainw.mainloop()
```

程序的运行结果如图 13-7 所示。

2. Checkbutton 控件

Checkbutton(复选框)外观上是一个小方框加上邻近的描述性文字,未选中时小方框内为空白,选中后小方框内会出现一个对勾。创建 Checkbutton 实例的常用格式如下:

```
变量 = Checkbutton(父容器对象名[, text = 显示文本[, variable =
变量[, value = 值[, command = 事件响应函数或命令]]]])
```

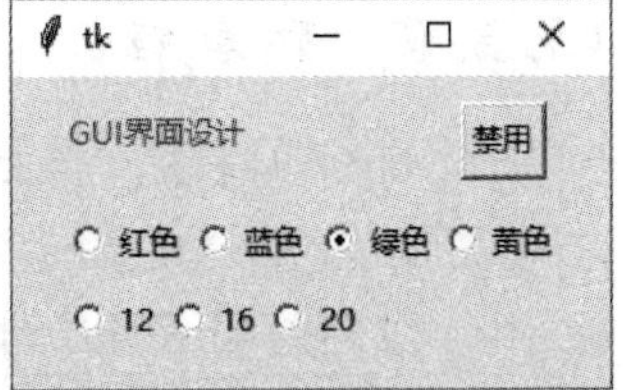

图 13-7　单选按钮的功能演示

复选框也有两种状态:勾选和未被勾选,但每个复选框都是独立的,每个复选框与其他复选框的状态无关。复选框的属性和方法基本与单选按钮相同,参见表 13-8。

复选框的 variable 属性绑定的变量只能是 IntVar 类型的变量,不可以是 SrtingVar 类型。未被勾选对应值为 0,被勾选对应值为 1。

与单选按钮不同,每个复选框往往绑定不同的变量,且其对应的响应事件函数也各不相同。

【例 13-10】 改写例 13-9,增加两个复选框。

修改例 13-9 的#16 行代码为:

```
#16. mainw.geometry('240x160')
```

在例 13-9 的#14 行增加以下代码:

```
#14. def Check_Call():
#15.         Flist = ['宋体', 12, 'bold', 'italic']
#16.         if v1.get() == 0:
#17.             Flist.remove('bold')
#18.         if v2.get() == 0:
#19.             Flist.remove('italic')
#20.         L1.config(font = tuple(Flist))
#21. def Button2_Call():
#22.         c1.select()
#23.         c2.select()
#24.         L1.config(font = ('宋体', 12, 'bold', 'italic'))
```

在例 13-9 的#42 行增加以下代码:

```
#51. v1  = IntVar()
#52. v2  = IntVar()
#53. c1  = Checkbutton(mainw, text = '粗体', variable = v1,
                 command = Check_Call)
```

```
#54. c1.place(x=20, y=110)
#55. c2 = Checkbutton(mainw, text='斜体', variable=v2, command=Check_Call)
#56. c2.place(x=70, y=110)
#57. b2 = Button(mainw, text='一键粗斜体', command=Button2_Call)
#58. b2.place(x=140, y=110)
```

程序的运行结果如图 13-8 所示。

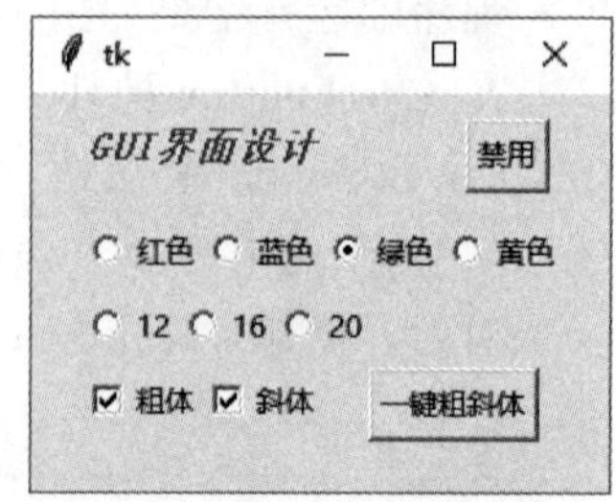

图 13-8　单选按钮的功能演示

13.2.6　列表框

Listbox(列表框)显示由单行文本所组成的多个条目,通过列表浏览其中的内容,选择一条或者多条条目。创建 Listbox 实例的常用格式如下:

```
变量 = Listbox(父容器对象名[, listvariable=变量[, selectmode=
MULTIPLE| BROWSE| EXPANDED,…]]])
```

列表框中的条目有对应的索引值,索引编号从 0 开始,每个条目显示的内容为该条目的值。listvariable 属性与 SrtingVar 类型的变量绑定,列表框的所有条目值都会存储在变量中。

列表框有一组方法用于对列表框进行控制,各方法的用法和作用如表 13-9 所示。tkinter 的子模块 ttk 中包含了 Combobox(下拉列表框)控件,与列表框相似度很高。

表 13-9　Listbox 控件的常用属性和方法

属性/方法	作用及用法
width	宽度,度量单位为字符
height	高度,度量单位为字符
listvariable	指定与列表框绑定的变量,变量中存放的是所有条目的值,修改绑定变量即可修改列表框的条目内容和数量
selectmode	指定是否可以多选,不设置该属性则为单选。该参数的可选值如下。 MULTIPLE: 允许多选; BROWSE: 通过鼠标移动来选中 Listbox 中的位置; EXPANDED: 使 Listbox 支持 Shift 键和 Ctrl 键
insert(index, * elements)	向 Listbox 中添加一个条目。参数 index 指定添加为索引值,索引值可以为整数,也可以为 ACTIVE 和 END。ACTIVE 是向当前选中的条目前插入一项(即使用当前选中的索引作为插入位置); END 是向 Listbox 的最后一项后插入一项。参数 elements 为添加的值
delete(first,last=None)	删除索引值从 first 到 last(包含)的条目,省略 last 则只删除索引值为 first 的一个条目
selection_set(first,last=None)	选中索引值从 first 到 last(包含)的条目,省略 last 则只选中索引值为 first 的一个条目
size()	当前 Listbox 中的 item 个数
get(first,last=None)	获取从 first 到 last(包含)的条目内容,省略 last 则只获取索引值为 first 的一个条目内容
curselection()	获取选中条目的索引值
selection_includes(index)	判断索引值为 index 的条目是否被选中,若选中则返回 1

【例 13-11】 列表框的功能演示之一。

```
from tkinter import *
def CallBack1():
    # selection_includes()方法可以判定指定条目是否被选中
    for i in range(listb1.size()):
        if listb1.selection_includes(i):
            #get方法获取相关条目的内容
            print(listb1.get(i))
    for i in range(listb2.size()):
        if listb2.selection_includes(i):
            print(listb2.get(i))
def CallBack2():
    #通过修改绑定变量来改变列表框的值
    lv1.set(('桃子', '西瓜', '芒果'))

mainw = Tk()
mainw.geometry('400x200')

lv1 = StringVar()
listb1 = Listbox(mainw, listvariable = lv1)
#insert()方法可以插入新的条目
listb1.insert(END, '语文')
listb1.insert(END, '数学')
listb1.insert(END, '英语')
listb1.insert(END, '物理')

lv2 = StringVar()
l = ['小升初', '中考', '高考', '研考', '博考']
listb2 = Listbox(mainw, listvariable = lv2, selectmode = MULTIPLE)
for i in l:
    listb2.insert(ACTIVE, i)

listb1.pack(side = LEFT)
listb2.pack(side = LEFT)

b1 = Button(mainw, text = '选了什么?', command = CallBack1)
b1.place(x = 300, y = 20)
b2 = Button(mainw, text = '改头换面', command = CallBack2)
b2.place(x = 300, y = 60)

mainw.mainloop()
```

程序的运行结果如图 13-9 所示。

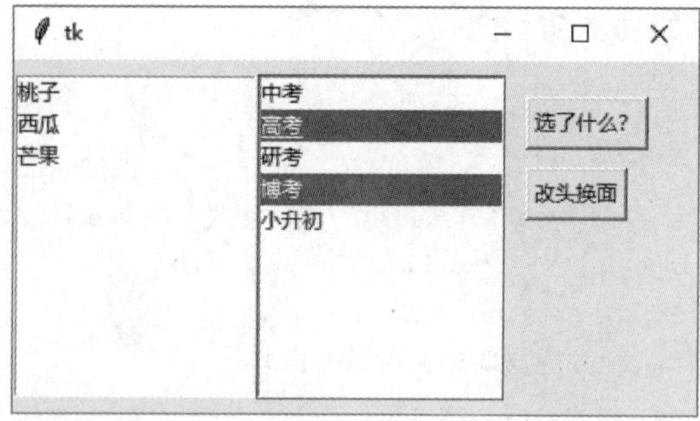

图 13-9　例 13-11 的运行结果

【例 13-12】 列表框的功能演示之二。

```
from tkinter import *
def CallBack1():
    global item
    l = ('周日', '周一', '周二', '周三', '周四', '周五', '周六')
    listb1.insert(END, l[item])
    item = (item + 1) % 7
def CallBack2():
    listb1.delete(3, 5)
def CallBack3():
    listb1.selection_set(0, 2)
def CallBack4():
    print(listb1.get(5))
def CallBack5():
    print(listb1.curselection())
def CallBack6():
    print(listb1.selection_includes(1))

mainw = Tk()
mainw.geometry('300x200')

lv1 = StringVar()
listb1 = Listbox(mainw, listvariable = lv1)
listb1.pack(side = LEFT)                    # side = LEFT 令控件自左向右排列

item = 0
b1 = Button(mainw, text = '插入条目', command = CallBack1)
b1.place(x = 160, y = 5)
b2 = Button(mainw, text = '删除第 3～5 项', command = CallBack2)
b2.place(x = 160, y = 35)
b3 = Button(mainw, text = '选中第 0～2 项', command = CallBack3)
b3.place(x = 160, y = 65)
b4 = Button(mainw, text = '第 5 项的值', command = CallBack4)
b4.place(x = 160, y = 95)
b5 = Button(mainw, text = '选中项的值', command = CallBack5)
b5.place(x = 160, y = 125)
b5 = Button(mainw, text = '选第 1 项了吗', command = CallBack6)
```

```
b5.place(x = 160, y = 155)

mainw.mainloop()
```

程序的运行结果如图 13-10 所示。

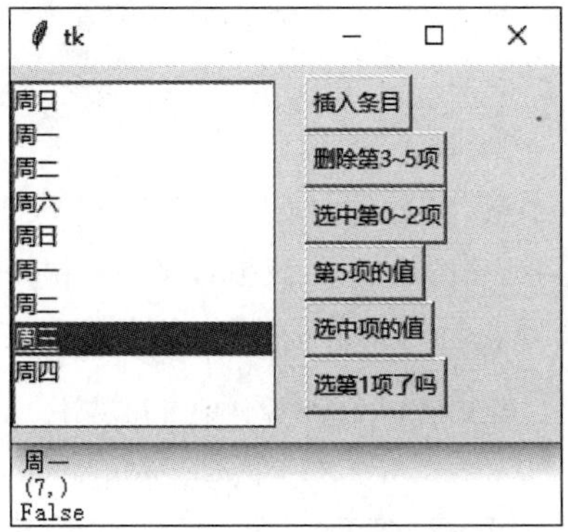

图 13-10　例 13-12 的运行结果

13.2.7　滚动条和刻度条

1. Scrollbar 控件

Scrollbar(滚动条)控件用于辅助有较多显示内容的界面元素，只能与控件 Canvas、Entry、Listbox、Text 相结合。创建 Scrollbar 实例的常用格式如下：

```
变量 = Scrollbar (父容器对象名[, orient = HORIZONTAL])
```

参数 orient 省略时，默认为垂直滚动条，指定为 HORIZONTAL 后为水平滚动条。滚动条一般不单独使用，与其他控件结合时，应按以下步骤设置。

Step1：设置其他控件的 yscrollcommand 属性为 Scrollbar 控件的 set()方法；

Step2：设置 Scrollbar 控件的 command 属性为其他控件的 yview()方法。

【例 13-13】 列表框与滚动条绑定的功能演示。

```
from tkinter import *

mainw = Tk()
sb = Scrollbar(mainw)                  #垂直滚动条
sb.pack(side = RIGHT, fill = Y)      #side 指定滚动条的位置靠右,fill 指充满剩余区域
#创建 Listbox 时,指定列表框的 yscroll 的回调函数为滚动条的 set()方法
lb = Listbox(mainw, yscrollcommand = sb.set)
for i in range(1000):
    lb.insert(END, i)
lb.pack(side = LEFT, fill = BOTH)
#设置滚动条的 command 回调函数是列表框的 yview()方法
sb.config(command = lb.yview)

mainloop()
```

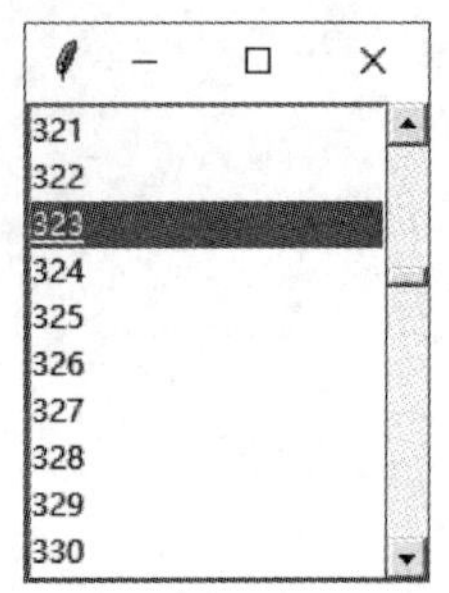

图 13-11　列表框与滚动条绑定的功能演示

程序的运行结果如图 13-11 所示。

2. Scale 控件

Scale(刻度条)控件可以输出限定数字区间内的某个数值。创建 Scale 实例的常用格式如下：

```
变量 = Scale(父容器对象名[, from_ = 最小值[, to = 最大值[, resolution = 步长[, orient = HORIZONTAL[, variable = 变量[, command = 事件响应函数或命令]]]]]])
```

注意，参数 from 后的下画线不能缺少，这是为了不与系统的关键字 from 混淆。该控件的 command 属性对应的响应函数有一个 value 参数，value 的值代表刻度条的当前值。Scale 控件的常用属性如表 13-10 所示。

表 13-10　Scale 控件的常用属性

属　性	作用及用法
from_	限定区间的最小值，默认值为 0
to	限定区间的最大值，默认值为 100
resolution	指定移动滑块跳动一下递增递减的值，默认值为 1
orient	参数 orient 省略时，默认为垂直滚动条，指定为 HORIZONTAL 后为水平滚动条
variable	指定与刻度条绑定的变量
command	刻度值发生变化时系统会执行的响应代码

【例 13-14】 刻度条的功能演示。

```
from tkinter import *
def CallBack1(value):                                  #响应函数需要有个参数 value
    L1.config(font = ('宋体', int(scv1.get())))        #或使用 int(value)

mainw = Tk()
scv1 = StringVar()
sc = Scale(mainw, from_ = 8, to = 32, resolution = 2, orient = HORIZONTAL,
           variable = scv1, command = CallBack1)       #垂直滚动条
sc.pack()
L1 = Label(mainw, text = 'GUI 界面设计', fg = 'green')
L1.pack()

mainloop()
```

程序的运行结果如图 13-12 所示。

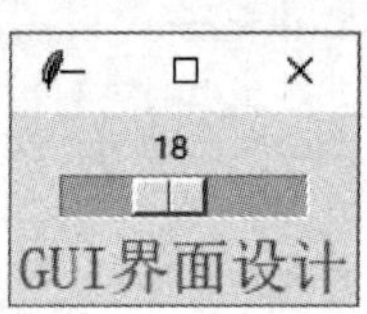

图 13-12　刻度条的功能演示

13.2.8　框架

1. Frame 控件

Frame(框架)显示为一个矩形区域，它是一个容器控件，用于包含其他控件。窗口也是一个容器。创建 Frame 实例的常用格式如下：

```
变量 = Frame(父容器对象名[, bd = 边框粗细[, relief = 边框 3D 效果[,…]]])
```

被框架包含的控件在创建时，第一个参数需要设置为框架。框架的常见作用是将不同作用的控件分组，或利用框架进行空间分割或填充。

bd 属性指定框架边框的粗细，relief 属性指定边框 3D 效果。不指定 relief 属性，框架无边框，bd 属性也就无效。还有其他一些外观属性，可参考前面的 Button 控件及其他控件。

【例 13-15】 框架的功能演示。

```
from tkinter import *
mainw = Tk()
f = Frame(mainw, bd = 2, relief = GROOVE)
f.pack()
Radiobutton(f, text = '红色').pack()
Radiobutton(f, text = '蓝色').pack()
mainw.mainloop()
```

程序运行结果如图 13-13 所示。

2. LabelFrame 控件

LabelFrame(标题框架)控件比 Frame 控件多了文字提示部分，且默认的边框线是 3D 风格的。创建 Frame 实例的常用格式如下：

```
变量 = LabelFrame(父容器对象名[, text = 文字提示[,…]])
```

【例 13-16】 标题框架的功能演示。

```
from tkinter import *
mainw = Tk()
f = LabelFrame(mainw, text = '字体颜色')
f.pack()
Radiobutton(f, text = '红色').pack()
Radiobutton(f, text = '蓝色').pack()
mainw.mainloop()
```

程序的运行结果如图 13-14 所示。

图 13-13　框架的功能演示

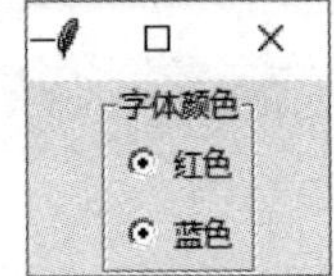

图 13-14　标题框架的功能演示

13.2.9　菜单

一个窗体的菜单由顶层菜单条、菜单组和菜单项组成，窗体中放置菜单条，菜单条中放置菜单，菜单中放置菜单项，而菜单项引发相应的动作事件。菜单的结构如图 13-15 所示。tkinter 模块提供了 Menu(菜单)控件用于创建菜单。

1. 菜单创建步骤和格式

菜单创建的一般步骤如下：

（1）创建顶层菜单条。

创建顶层菜单条的常用格式如下：

```
顶层菜单条变量 = Menu([父窗口变量] [[,] tearoff = 0])
```

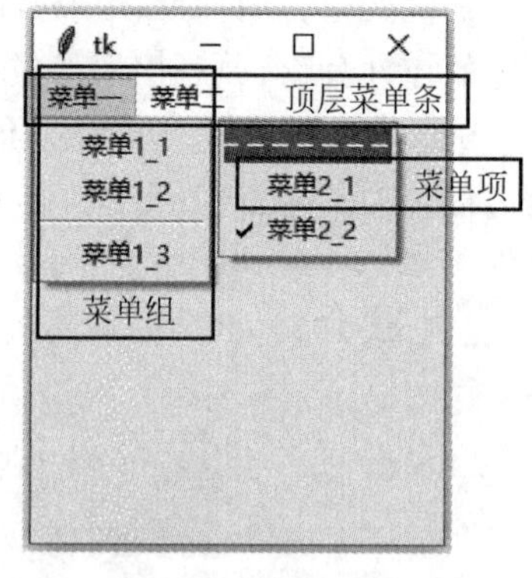

图 13-15　菜单的结构

（2）将顶层菜单条关联到父窗口。

顶层菜单条关联到父窗口的常用格式如下。

格式一：

```
父窗口变量.config(menu = 顶层菜单条变量)
```

格式二：

```
父窗口变量['menu'] = 顶层菜单条变量
```

（3）分别创建菜单组。

创建菜单组的常用格式如下：

```
菜单组变量 = Menu([顶层菜单条变量| 父窗口变量[, tearoff = 0]])
```

属性 tearoff 默认值为 1，表示整组菜单可以游离在屏幕上，值为 0 则不能游离。单击图 13-15 中“菜单二”上的 - - - - - - - 区域，即出现游离的“菜单二”。

（4）将菜单组关联到顶层菜单条。

菜单组关联到顶层菜单条的常用格式如下：

```
顶层菜单条变量.add_cascade(label = 菜单组提示文字, menu = 菜单组变量)
```

（5）为菜单组添加菜单项。

菜单组添加菜单项的常用格式如下：

格式一：

```
菜单组变量.add_command(label = 菜单项提示文字, command = 响应函数或代码)
```

格式二：

```
菜单组变量.add_radiobutton (label = 菜单项提示文字, command = 响应函数或代码, variable = 与
单选按钮绑定的变量)
```

格式三：

```
菜单组变量.add_command(label = 菜单项提示文字, command = 响应函数或代码, variable = 与复选
框绑定的变量)
```

add_command 创建的是普通菜单项，还可以用 add_radiobutton 创建单选按钮菜单项，用 add_checkbutton 创建复选按钮菜单项。

（6）为菜单组添加分隔线。

图 13-15 中，“菜单 1_2”和“菜单 1_3”之间的灰线就是分隔线，用于区域分隔。菜单组添加分隔线的常用格式如下：

```
菜单组变量.add_separator()
```

上述的步骤不是每步都必须做，且某些步骤的顺序可前可后。

【例 13-17】 菜单的功能演示。

```
from tkinter import *
mainw = Tk()
def funpass():
    pass
topmenu = Menu()                        #创建顶层菜单
mainw.config(menu=topmenu)              #顶层带单与窗口关联
#创建两个菜单,并添加到顶层菜单
m1 = Menu(topmenu, tearoff=0)
topmenu.add_cascade(label='菜单一', menu=m1)
m2 = Menu()
topmenu.add_cascade(label='菜单二', menu=m2)

#添加菜单项到菜单一上
m1.add_command(label='菜单 1_1', command=funpass)
m1.add_command(label='菜单 1_2', command=funpass)
m1.add_separator()
m1.add_command(label='菜单 1_3', command=funpass)

#添加菜单项到菜单二上
m2.add_radiobutton(label='菜单 2_1', command=funpass)
m2.add_radiobutton(label='菜单 2_2', command=funpass)

mainw.mainloop()
```

程序的运行结果如图 13-15 所示。本程序的菜单项的响应代码为空，即选择菜单后不做任何操作。

2. 菜单控件的常用方法

菜单控件除了以上的方法外，还有表 13-11 所示的一些常用方法。

表 13-11　菜单控件的常用方法

方　法	作　用
add_command(选项)	在菜单中添加一个菜单项
add_radiobutton(选项)	创建单选按钮菜单项
add_checkbutton(选项)	创建一个复选按钮菜单项
add_cascade(选项)	通过将给定的菜单与父菜单相关联来创建新的分层菜单
add_separator()	在菜单中添加分隔线

续表

方　法	作　用
add(类型,选项)	在菜单中添加一个特定类型的菜单项
delete(startindex[,endindex])	删除从 startindex 到 endindex 的菜单项
entryconfig(index,options)	允许修改由索引标识的菜单项,并更改其选项
index(item)	返回给定菜单项标签的索引号
insert_separator(index)	在 index 指定的位置插入一个新的分隔符
invoke(index)	调用与位置索引选择相关联的命令回调。如果是一个复选框,其状态在设置和清除之间切换;如果是一个单选按钮,则选中该单选按钮
type(index)	返回由 index 指定的选项的类型:cascade、checkbutton、command、radiobutton、separator 或 tearoff

3. 上下文菜单

上下文菜单也叫快捷菜单,它是右击对象时弹出的菜单,会随着对象的不同而出现不同的内容。在程序中使用快捷菜单,步骤如下。

Step1:建好菜单组并添加上必要的菜单项,或直接使用普通菜单中的某个菜单组,甚至顶层菜单。

Step2:定义以下格式的响应函数。

```
def 响应函数名(event):
    菜单组变量|顶层菜单条变量.post(event.x_root, event.y_root)
```

Step3:设置需要弹出快捷菜单的对象的事件绑定。

```
控件对象变量.bind('<Button-3>', 响应函数名)
```

【例 13-18】 修改例 13-17,使之增加上下文菜单,并修改"菜单一"。

在例 13-17 的代码#22 行,插入以下代码:

```
#22. #增加"退出"菜单项
#23. m1.add_command(label='退出', command=lambda :exit())
#24. def popup(event):
#25.         m1.post(event.x_root, event.y_root)
#26. mainw.bind('<Button-3>', popup)
```

程序的运行结果如图 13-16 所示。

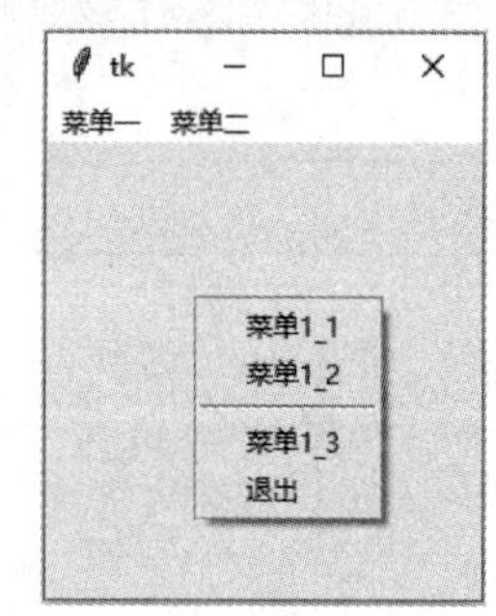

图 13-16　快捷菜单功能演示

13.2.10　ttk 子模块

tkinter 模块下的 GUI 控件看上去特别"复古",仿佛是从 20 年前的程序上抠出来的组件。为了弥补这点不足,tkinter 导入了一个 ttk 子模块作为补充。ttk 对各种控件进行了美化,并使用功能更强大的 Combobox 取代了原来的 Listbox,且新增了 LabeledScale(带标签的 Scale)、Notebook(多文档窗口)、

Progressbar(进度条)、Treeview(树)等组件。ttk 子模块的 Style 对象可以统一设置控件的样式。使用以下语句即可在程序中导入 ttk 子模块。

方式一：

```
import tkinter.ttk [as 别名]
```

方式二：

```
from tkinter import *
```

13.3 对　话　框

13.3.1 弹出消息框

标签是存在于窗口上的提示信息，而消息对话框是独立于窗口的弹出式提示信息。要显示弹出式的消息对话框，首先需要导入 tkinter 的子模块 messagebox，导入方式有两种。

方式一：

```
import tkinter.messagebox [as 别名]
```

方式二：

```
from tkinter.messagebox import *
```

1. 弹出消息框的格式

一个消息框分成四个区域：标题区、图标区、提示区、按钮区，如图 13-17 所示。在多数情况下，调用 messagebox 模块中的函数时只要设置标题区和提示区的字符串即可，图标区的图标、按钮区的按钮都有默认设置。

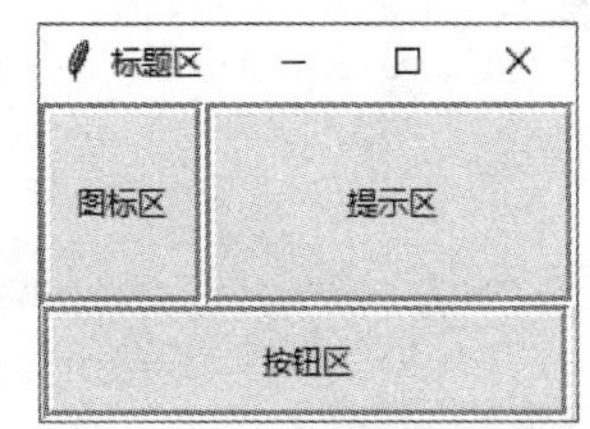

图 13-17　消息框的结构

messagebox 模块提供了以下消息框函数：showinfo、showwarning、showerror、askquestion、askyesnocancel、askokcancel 和 askretrycancel。消息框调用的一般格式如下：

```
变量 = 消息框函数(title = 标题文字, message = 提示文字, icon = 图标类型, type = 按钮类型)
```

其中，属性 title 用于设置标题区的文字。属性 message 用于设置提示区的文字。如有必要，可用属性 icon 指定别的图标，可选的属性值有'error'、'info'、'question'、'warning'；也可用属性 type 指定不同的命令按钮组合，可选的属性值有'abortretryignore'(取消、重试、忽略)、'ok'(确定)、'okcancel'(确定、取消)、'retrycancel'(重试、取消)、'yesno'(是、否)、'yesnocancel'(是、否、取消)。

2. 提示消息框

提示消息框是给出一定的提示信息，消息框中只有一个“确定”按钮。

1）showinfo()函数

showinfo()函数产生的提示消息框中，图标是一个圆形的惊叹号，并返回字符串'ok'。例如：

```
>>> from tkinter.messagebox import *
>>> btxt = showinfo(title='提示', message='再见!欢迎下次光临!')
```

上述代码生成的消息框如图13-18所示。

2）showwarning()函数

showwarning()函数产生的警告消息框中，图标是一个三角型的叹号，并返回返回字符串'ok'。例如：

```
>>> from tkinter.messagebox import *
>>> btxt = showwarning(title='提示', message='不能输入数字!')
```

上述代码生成的消息框如图13-19所示。

图13-18　showinfo消息框

图13-19　showwarning消息框

3）showerror()函数

showerror()函数产生的错误消息框中，图标是一个圆形的×符号，并返回字符串'ok'。例如：

```
>>> from tkinter.messagebox import *
>>> btxt = showerror(title='提示', message='用户名或密码错误')
```

上述代码生成的消息框如图13-20所示。

3. 疑问消息框

疑问消息框在给出提示信息的同时，会给出不同数量和种类的按钮，供用户进行选择。

1）askquestion()函数

askquestion()函数产生一个带"是"和"否"按钮的疑问消息框，单击"是"按钮返回字符串'yes'，单击"否"按钮则返回'no'。例如：

```
>>> from tkinter.messagebox import *
>>> btxt = askquestion(title='提示', message='是否删除该同学?')
```

上述代码生成的消息框如图13-21所示。

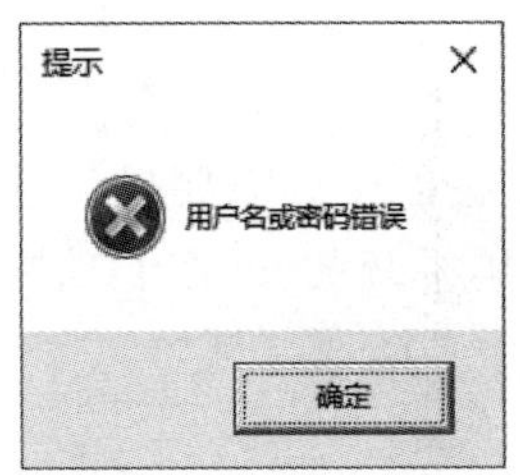

图 13-20　showerror 消息框

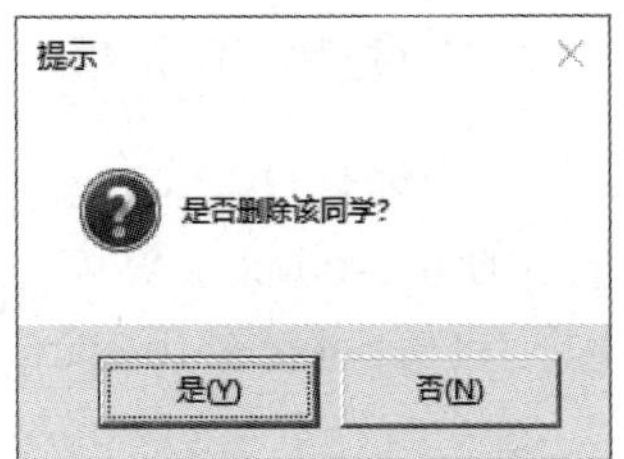

图 13-21　askquestion 消息框

2）askyesnocancel()函数

askyesnocancel()函数产生一个带“是”“否”和“取消”按钮的疑问消息框，单击“是”按钮返回字符串'yes'，单击“否”按钮返回'no'，单击“取消”按钮则返回 None。例如：

```
>>> from tkinter.messagebox import *
>>> btxt = askyesnocancel (title = '提示', message = '是否删除该同学?')
```

上述代码生成的消息框如图 13-22 所示。

3）askokcancel()函数

askokcancel()函数产生一个带“确定”和“取消”按钮的疑问消息框，单击“确定”按钮返回 True，单击“取消”按钮返回 False。例如：

```
>>> from tkinter.messagebox import *
>>> btxt = askokcancel(title = '提示', message = '是否确定退出系统')
```

上述代码生成的消息框如图 13-23 所示。

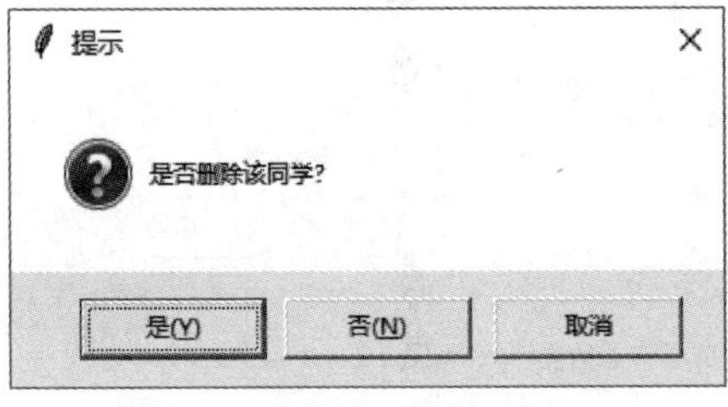

图 13 22　askyesnocancel 消息框

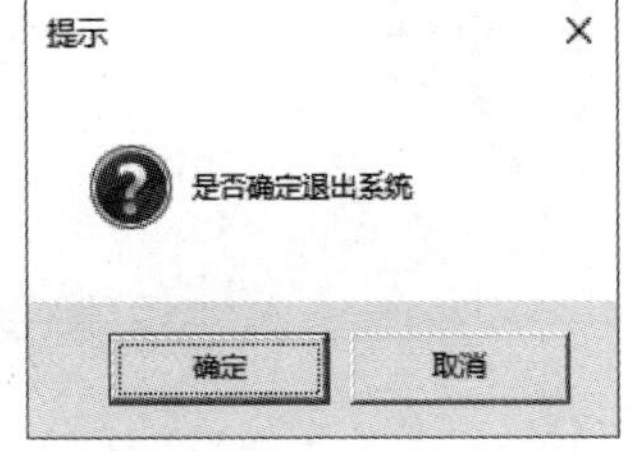

图 13-23　askokcancel 消息框

4）askretrycancel()函数

askretrycancel()函数产生一个带“重试”和“取消”按钮的疑问消息框，单击“重试”按钮返回布尔值 True，单击“取消”按钮返回 False。例如：

```
>>> from tkinter.messagebox import *
>>> btxt = askretrycancel(title = '提示', message = '消息无法发送,请选择')
```

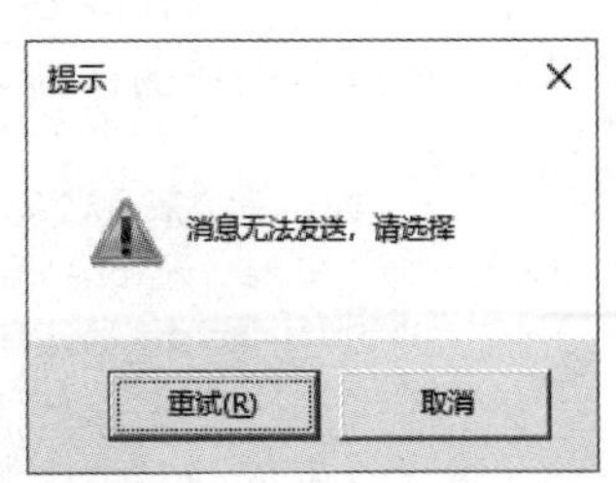

图 13-24　askretrycancel 消息框

上述代码生成的消息框如图 13-24 所示。

13.3.2 文件选择对话框

多数实用程序都有打开文件进行读取/写入的功能，有些程序还需要提供选择目录功能。tkinter 中的 filedialog 子模块提供了相关函数，用于调用系统的文件浏览、打开和保存的标准对话框，包括 askopenfilename()、asksaveasfilename()等函数。例如：

```
>>> from tkinter import *
>>> from tkinter.filedialog import *
>>> askopenfilename(title = '打开 Python 程序文件',
                    filetypes = [('Python 源文件','.py'),
                                 ('所有文件','*.*')])
```

上述代码生成的对话框如图 13-25 所示。

图 13-25　文件选择对话框

13.3.3 颜色选择对话框

有些程序需要选择颜色，tkinter 中的 colorchooser 子模块提供了 askcolor()函数，用于调用系统的颜色选择的标准对话框。例如：

```
>>> from tkinter import *
>>> from tkinter.colorchooser import *
>>> askcolor(title = '请选择颜色')
```

上述代码生成的对话框如图 13-26 所示。

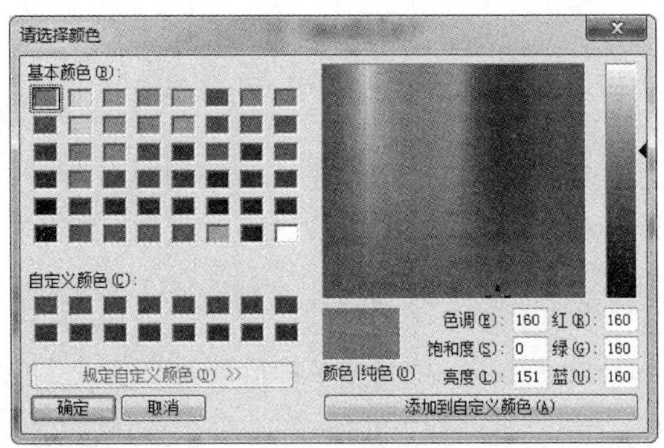

图 13-26　颜色选择对话框

13.3.4　自定义对话框

以上消息框的内容和结构都是限定的，当想要自我定义时，可以直接创建新的窗口或用顶层窗口 Toplevel 来实现，即自定义对话框与其他窗口是一样的。

【例 13-19】　创建自定义对话框。

```
from tkinter import *
def callback1():
    selfd = Toplevel()
    Label(selfd, text = 'Toplevel 自定义对话框,可以给添加更多的控件').pack()
def callback2():
    sectk = Tk()
    Label(sectk, text = 'Tk 自定义对话框').place(x = 20, y = 20)

mainw = Tk()
mainw.title('标题区')
Button(mainw, text = '自定义对话框 1 - Toplevel', command = callback1).place(x = 20, y = 40)
Button(mainw, text = '自定义对话框 2 - Tk', command = callback2).place(x = 20, y = 80)
mainw.mainloop()
```

上述代码生成的自定义对话框如图 13-27 所示。

图 13-27　自定义对话框

13.4 布局管理器

布局指的是子控件在父控件中的位置安排。tkinter 模块提供了三种布局管理器 pack、grid 和 place,可以根据任务的需要来选择合适的布局管理器排列控件。

13.4.1 tkinter 模块绘图坐标系

tkinter 控件的位置可以用父控件的坐标系的值来表示。父控件的坐标系是以父控件的左上角为原点,原点水平向右是 x 轴正方向,原点垂直向下为 y 轴正方向,如图 13-28 所示。tkinter 的相对位置也常常使用方位值 N、S、W、E、CENTER 表示上、下、左、右、中心点,还可以取 NW、SW、NE、SE 表示左上角、左下角、右上角、右下角。

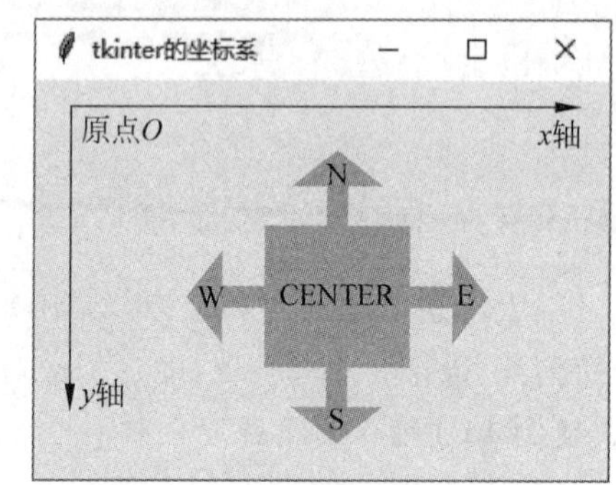

图 13-28 tkinter 模块的坐标系

13.4.2 pack 布局管理器

pack 布局管理器将所有控件排列成一行或一列。每个控件对象都有 pack()方法,调用控件的 pack()方法时,即通知 pack 布局管理器放置控件。控件会被以一个系统自认为合适的大小放置到父控件适当的位置,默认先调用 pack()方法的控件对象放到上面,然后依次向下排成一列。pack()方法的一般调用格式如下:

```
控件对象.pack([选项 1 = 值 1[, 选项 2 = 值 2[,..]]])
```

pack()方法的常用选项如表 13-12 所示。

表 13-12 pack()方法的常用选项

选　项	作　用
side	控件靠在窗口的位置。左:LEFT;上:TOP;右:RIGHT;下:BOTTOM
fill	指定控件是否在 x 和 y 方向上填充(占满)父控件的空闲空间。取值为 X,则在 x 方向上填充;取值为 Y,则在 y 方向上填充;取值为 BOTH,则在 x 和 y 方向上都填充;取值为 NONE 或省略时,不填充
expand	指定如何使用额外的"空白"空间。取值为 1,则随着父控件的大小变化而变化;取值为 0,则子控件大小不能扩展
padx	设置子控件外部在 x 方向的间隙。默认单位为像素,可选单位为 c(厘米)、m(毫米)、i(英寸)、p(打印机的点,即 1/27 英寸),在属性值后加上一个后缀即可
pady	设置子控件外部在 y 方向的间隙。单位同 padx 选项
ipadx	设置子控件内部在 x 方向与其他控件之间的间隙。单位同 padx 选项
ipady	设置子控件内部在 y 方向与其他控件之间的间隙。单位同 padx 选项
after	将控件置于其他控件之后
before	将控件置于其他控件之前
anchor	设置控件的锚点。锚点可用的方位值有 N、S、E、W、CENTER、NE、SE、NW、SW

【例 13-20】 pack 布局管理器的功能演示。

```
from tkinter import *
mainw = Tk()
mainw.title('tkinter 的坐标系')
Button(mainw, text = 'A1').pack(side = LEFT,
                                expand = YES, fill = Y)
Button(mainw, text = 'A2').pack(side = LEFT)
Button(mainw, text = 'B1').pack(side = TOP, expand = YES,
                                fill = BOTH, pady = 4)
Button(mainw, text = 'B2').pack(side = TOP, expand = NO)

Button(mainw, text = 'C').pack(side = RIGHT, expand = YES, fill = NONE)
b1 = Button(mainw, text = 'D')
b1.pack(side = LEFT, expand = NO, fill = Y, ipadx = 10)
Button(mainw, text = 'E').pack(side = TOP, expand = YES, fill = BOTH, before = b1)
Button(mainw, text = 'F').pack(side = BOTTOM, expand = YES)
Button(mainw, text = 'G').pack(anchor = SE)
mainw.mainloop()
```

上述代码的运行结果如图 13-29 所示。

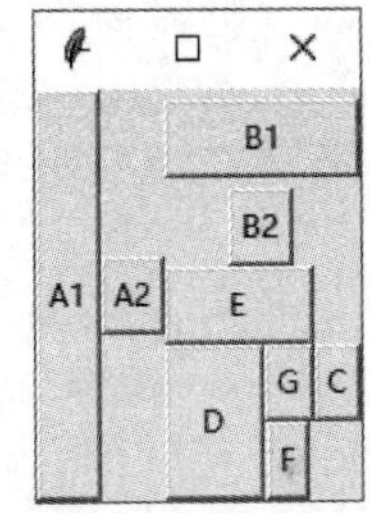

图 13-29　pack 管理器的功能演示

13.4.3　grid 布局管理器

grid 布局管理器是将父控件逻辑上分割成由行列组成的表格，在指定位置放置想要的子控件。每个控件对象都有 grid()方法，调用控件的 grid()方法时，即通知 grid 布局管理器放置控件。grid 布局管理器不用事先指定每个网格的大小，它会自动根据里面的控件调节网格的大小。grid()方法的一般调用格式如下：

```
控件对象.grid([column = 值 1[, row = 值 2[, sticky = 值 3[,..]]]])
```

grid 管理器管理的占位表格的行和列都是从 0 开始编号的。控件定位时，使用 column 选项指定行编号，使用 row 选项指定列编号。grid 管理器管理的占位表格中，若行列上没有控件占位，则这些行列不可见，即没有高度和宽度。

如果子控件的大小比单元格小，未能填满单元格时，则可以通过设置 sticky 选项来指定控件的对齐方式。

grid()方法的常用选项如表 13-13 所示。

表 13-13　grid()方法的常用选项

选　项	作　用
column	控件所在单元格的列号
columnspan	从控件所在单元格算起，控件占据的列数
row	控件所在单元格的行号
rowspan	从控件所在单元格算起，控件占据的行数

续表

选　项	作　用
padx	设置子控件外部在 x 方向的间隙。默认单位为像素,可选单位为 c(厘米)、m(毫米)、i(英寸)、p(打印机的点,即 1/27 英寸),在属性值后加上一个后缀即可
pady	设置子控件外部在 y 方向的间隙。单位同 padx 选项
ipadx	设置子控件内部在 x 方向与其他控件之间的间隙。单位同 padx 选项
ipady	设置子控件内部在 y 方向与其他控件之间的间隙。单位同 padx 选项
sticky	设置控件处在单元格中的方位,默认值为 CENTER。其他方位值包括 N、S、E、W、CENTER、NE、SE、NW、SW

【例 13-21】 grid 布局管理器的功能演示。

```
from tkinter import *
mainw = Tk()
mainw.title('登录')

v1 = StringVar()
v2 = StringVar()
Label(mainw, text = '用户名').grid(column = 0, row = 0,
                                  padx = 6, pady = 4)
Label(mainw, text = '密 码').grid(column = 0, row = 1, padx = 6, pady = 4)
e1 = Entry(mainw, textvariable = v1)
e1.grid(column = 1, row = 0, columnspan = 2, padx = 4, pady = 4)
e2 = Entry(mainw, textvariable = v2)
e2.grid(column = 1, row = 1, columnspan = 2, padx = 4, pady = 4)
Button(mainw, text = '确定').grid(column = 1, row = 3, padx = 6, pady = 4, ipadx = 6)
Button(mainw, text = '取消').grid(column = 2, row = 3, padx = 6, pady = 4, ipadx = 6)

mainw.mainloop()
```

上述代码的运行结果如图 13-30 所示。

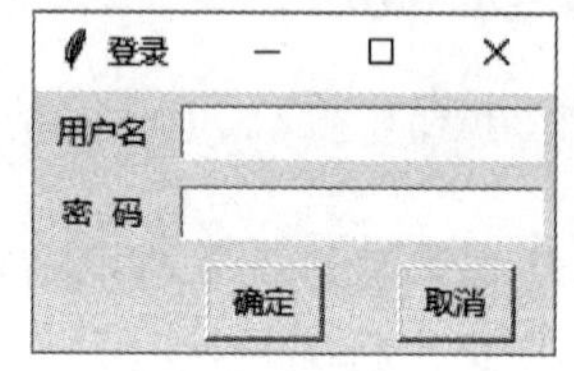

图 13-30　grid 管理器的功能演示

13.4.4　place 布局管理器

place 布局管理器是使用绝对坐标来排列控件。每个控件对象都有 place()方法,调用控件的 palce()方法时,根据指定的坐标值放置控件。place()方法的一般调用格式如下:

```
控件对象.place(坐标[, 其他选项…])
```

坐标有如下两种方式。

方式一:

```
x = 值 1, y = 值 2
```

方式二:

```
relx = 值 1, rely = 值 2
```

方式一是绝对坐标，例如，x＝100，y＝100 表示子控件放置在父控件坐标系的(100，100)点处。方式二是相对坐标，例如，relx＝0.2，rely＝0.4 表示子控件放置在父控件的水平方自左向右的 1/5 和垂直方向自上向下 2/5 的点位处。

方式一和方式二指向的都是父控件的一个点的位置，而子控件是有一定面积的矩形，一个矩形如何放置在一点上？place 管理器中的 anchor 选项用来指定子控件的锚点。放置子控件即是令父控件的坐标点与子控件的锚点重合。anchor 的默认值为 NW，即控件的左上角。锚点选项 anchor 可以取的值有 N、S、E、W、CENTER、NE、SE、NW、SW，其含义参见 13.4.1 节的介绍。

place 管理器中还包括 height 和 width 选项，用于指定控件的绝对高度和宽度。选项 relheight 和 relwidth，用于指定子控件的相对于父控件的高度比例和宽度比例。

place()方法的常用选项如表 13-14 所示。

表 13-14　place()方法的常用选项

选　　项	作　　用
x，y	设置子控件放置到父控件中的绝对坐标
relx，rely	设置子控件放置到父控件中的比例坐标
height	子控件的绝对高度
width	子控件的相对宽度
relheight	子控件相对于父控件的高度比例
relwidth	子控件相对于父控件的宽度比例
anchor	设置控件的锚点。锚点可用的方位值有 N、S、E、W、CENTER、NE、SE、NW、SW

【例 13-22】　place 布局管理器的功能演示。

```
from tkinter import *
mainw = Tk()
mainw.title('place 管理器')

l1 = Label(mainw, text = 'PYTHON', bg = 'white')
l1.place(x = 120, y = 20)
l2 = Label(mainw, text = 'Windows', bg = 'yellow')
l2.place(relx = 0.4, rely = 0.8, width = 60,
           height = 60, anchor = SE)
mainw.mainloop()
```

上述代码的运行结果如图 13-31 所示。

图 13-31　place 管理器的功能演示

13.5 事件处理

13.5.1 tkinter 的事件处理机制

1. 控件的 command 属性

按钮 Button、单选按钮 Radiobutton、复选框 Checkbutton 和刻度条 Scale 等都有 command 属性，command 属性可以绑定某个函数，当用户单击相关控件(也可以是拖动鼠标等其他操作)，tkinter 就会自动去调用被绑定的函数。

2. bind()方法处理事件的机制

在控件上，除了鼠标的单击还有很多别的事件发生，例如按下了某快捷键、右击、鼠标拖曳等。实用程序往往对不同的操作动作会做出不同的反应，仅有 command 属性是不够用的。因此 tkinter 使用 bind()方法来进行更丰富多样的事件处理。

tkinter 的事件处理机制如图 13-32 所示，其中包括 GUI 控件、event 类、bind()方法、事件描述符和用户自定义的回调函数。tkinter 的事件处理过程大致如下。

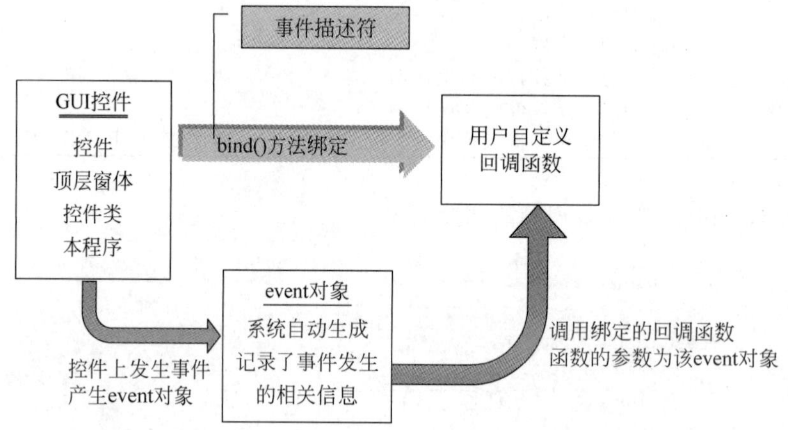

图 13-32 tkinter 的事件处理机制

Step1：在 Python 程序中创建 GUI 控件，一般把需要事件处理的控件存放在变量中。

Step2：创建用户自定义的回调函数，也就是自定义一个函数，但是该函数必须包含一个 event 参数。定义用户自定义回调函数的格式如下：

```
def 函数名(参数):                    #参数名可以任意
    函数体
```

回调函数的参数名可以任意，但一般多使用 event 作为参数。

Step3：调用 bind()方法建立控件和回调函数间的绑定。

Step4：当调用窗口的 mainloop()函数激活窗体及其包含的控件后，tkinter 将监控用户的动作，并生成相应的 event 对象。对建立了事件处理绑定的控件，一旦发生了指定事件后，调用回调函数，执行其中的代码。

13.5.2　event 类

event 类是 tkinter 用来记录事件发生时的环境参数的专用类。event 类不区分键盘事件或鼠标事件，通过丰富的 event 类属性，详细记录了事件发生时的环境状态。当事件发生时，tkinter 会自动生成一个 event 对象，并作为回调函数参数传递给回调函数。在回调函数中，通过访问 event 对象参数的各种属性来了解事件发生时的环境状态，供回调函数做不同的处理。event 对象的属性的使用格式如下：

```
event.属性
```

例如，print('X：',event.x,'Y：',event.y)是显示鼠标的相对位置的命令。

event 类的常用属性如表 13-15 所示。

表 13-15　event 类的常用属性

属　性	说　明
char	键盘事件，按键的字符
delta	鼠标滚动事件，鼠标滚动的距离
height，width	仅用于 Configure 事件，即当控件形状发生变化之后的宽度和高度，相当于 SizeChanged 事件
keycode	键盘事件，按键码
Keysym，keysym_num	按键事件
num	鼠标事件，鼠标按键码，1 为左键，2 为中建，3 为右键
serial	相当于 event 对象的 ID
state	用来表示修饰键的状态，即 Ctrl、Shift、Alt 等修饰键的状态
x，y	鼠标事件，鼠标的相对坐标位置
x_root，y_root	鼠标事件，鼠标的绝对坐标系

13.5.3　事件描述

在应用程序的事件处理中，很多时候需要细致区分事件发生时的动作，不同的动作要对应不同的响应代码。tkinter 用“事件描述符”来描述不同的鼠标键盘等的动作。

事件描述符是以字符串的形式表示的。事件描述符的语法如下。

格式一：

```
可打印的单个字符
```

格式二：

```
<modifier - type - dateil>
```

格式一是用户输入的字符，所有的可打印字符都可以这样使用。例如，mainw.bind('A',callback3)是指在窗口上输入字符 A(注意区分大小写)，回调函数会被调用。

格式二中各部分的说明：

- 事件序列必须包含在尖括号<…>中，连接符(-)前后有无空格都可以。
- type 部分的内容是最重要的，它通常用来描述普通的数据类型，例如鼠标单击或键盘单击(<Button-1>，表示用户单击鼠标左键)
- modifier 部分是可选的，它通常用于描述快捷键，例如 Ctrl＋C。
- dateil 部分是可选的，它通常是描述具体的键。

事件描述符的常用表述方式如表 13-16 所示。

表 13-16　事件描述符的常用表述方式

部　分	值	说　明
type	Button	用户单击鼠标按键
	ButtonRelease	用户释放鼠标按键
	KeyPress	用户按下键盘，简写为 key
	Enter	鼠标指针进入控件范围，注意，该事件不是用户按 Enter 键的意思
	Leave	鼠标指针离开控件范围
	FocusIn	键盘焦点切换到这个控件或者子控件
	FocusOut	键盘焦点从一个控件切换到另外一个控件
modifier	Alt	用户按下 Alt 键
	Control	用户按下 Ctrl 键
	Any	任何类型的按键被按下
	Double	后续两个事件被连续触发
	Lock	打开大写字母
	Shift	按下 Shift 键
	Triple	后续三个事件被触发

事件描述符举例：

(1) <Button-1>。左键单击。<Button-2>、<Button-3>分别是中键单击、右键单击(即右击)。

(2) <B1-Motion>。当鼠标左键被按下的时候移动鼠标(B2 代表中键，B3 代表右键)，鼠标指针的当前位置将会以 event 对象的 x、y 成员的形式传递给回调函数。

(3) <ButtonRelease-1>。鼠标左键被释放，鼠标指针的当前位置将会以 event 对象的 x、y 成员的形式传递给回调函数。

(4) <Double-Button-1>。鼠标左键被双击，可以使用 Double 或者 Triple 前缀。如果同时绑定了一个单击和一个双击，则两个回调函数都会被调用。

(5) <Key>。用户按下键盘上的任何键。

(6) <KeyPress-A>或<Key-A>或 A。A 键被按下，其中的 A 可以换成其他键位。

(7) <Control-V>。Ctrl 和 V 键被同时按下，V 可以换成其他键位。

(8) <F1>或<Return>。按下 F1 键或按下 Enter 键。可以映射键盘上所有的特殊按键，包括 Cancel、BackSpace、Tab、Return、Shift_L、Shift、Control_L、Control、Alt_L、Alt、Pause、Caps_Lock、Escape、Prior、Next、End、Home、Left、Up、Right、Down、Print、Insert、Delete、F1、F2、F3、F4、F5、F6、F7、F8、F9、F10、F11、F12、Num Lock、Scroll Lock。

(9) <Shift-Up>。用户在按住 Shift 键的同时，按下向上箭头↑键。

(10) '1'和<1>。'1'表示键盘数字按键 1。<1>表示鼠标左键，<2>表示鼠标中键，<3>表示鼠标右键。

13.5.4　用 bind()方法进行事件绑定

tkinter 事件绑定有四种方式：控件绑定、父控件绑定、类绑定和应用程序绑定。

1. 控件绑定

控件绑定的一般格式如下：

```
控件对象.bind(事件描述符, 事件回调函数)
```

当在该控件对象上发生了事件描述符对应的事件时，调用事件回调函数。例如：

```
b1.bind('<Return>', callback1)            #之前代码中 b1 为按钮对象
```

2. 窗口绑定

窗口绑定的一般格式如下：

```
窗口对象.bind(事件描述符, 事件回调函数)
```

窗口绑定的事件是在窗口或窗口的控件上发生了事件描述符对应的事件时，调用事件回调函数。例如，以下代码中，若在按钮获得焦点时按 Enter 键则回调函数 callback1()和 callback2()都会被调用。

```
b1.bind('<Return>', callback1)            #之前代码中 b1 为按钮对象
mainw.bind('<Return>', callback2)         #之前代码中 mainw 为窗口
```

3. 类绑定

类绑定的一般格式如下：

```
任意对象.bind_class(控件类描述符, 事件描述符, 事件回调函数)
```

类绑定时，调用任意对象的 bind_class()方法绑定。控件类描述符为控件类的字符串。类绑定后，所有控件类的实例都会响应该事件。例如，以下代码中，窗口中所有的命令按钮都会响应右击事件。

```
mainw.bind_class('Button', '<Button-3>', callback4)        #之前代码中 mainw 为窗口
```

4. 应用程序绑定

应用程序绑定的一般格式如下：

```
任意对象.bind_all(事件描述符, 事件回调函数)
```

应用绑定时，调用任意对象的 bind_all()方法绑定。应用绑定后，当前程序中所有控件都会响应该事件。例如，以下代码中，应用程序中所有的控件都会响应右击事件。

```
mainw.bind_all('<3>', callback4)          #之前代码中 mainw 为窗口
```

5. 事件响应顺序

当某个控件的事件响应与四种类别的绑定都相关时，按控件绑定、类绑定、窗口绑定和应用程序绑定的顺序回调绑定函数。

【例 13-23】 事件绑定演示。

```
from tkinter import *
def b1_callback(event):
        print('控件绑定,对象 ID 为', event.serial)
def Win_callback(e):
        print('窗口绑定,对象 ID 为', e.serial)
def Class_callback(e):
        print('类绑定,对象 ID 为', e.serial)
def App_callback(e):
        print('应用程序绑定,对象 ID 为', e.serial)
        print()

mainw = Tk()
mainw.title('事件驱动')
mainw.geometry("250x100")
b1 = Button(text='按钮一')
b1.pack()
b2 = Button(text='按钮二')
b2.pack()
e1 = Entry(mainw)
e1.pack()

b1.bind('<Button-3>', b1_callback)                     #控件绑定,右击
mainw.bind('<3>', Win_callback)                        #窗口绑定,右击
e1.bind_class('Button', '<3>', Class_callback)         #类绑定
b2.bind_all('<3>', App_callback)                       #应用程序绑定

mainw.mainloop()
```

运行上述程序，先右击“按钮一”，再右击“按钮二”，然后右击文本框，最后在窗口空白处右击。运行结果如图 13-33 所示。

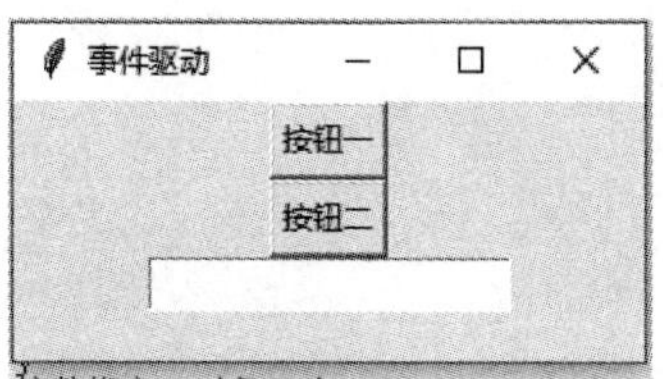


```
控件绑定，对象ID为 37
类绑定，对象ID为 37
窗口绑定，对象ID为 37
应用程序绑定，对象ID为 37

类绑定，对象ID为 40
窗口绑定，对象ID为 40
应用程序绑定，对象ID为 40

窗口绑定，对象ID为 43
应用程序绑定，对象ID为 43

窗口绑定，对象ID为 43
应用程序绑定，对象ID为 43
```

图 13-33　事件绑定演示

13.6　图形用户界面应用举例

【例 13-24】　设计并实现一个简单计算器，其界面如图 13-34 所示。计算器包含菜单、若干按键，能实现基本的算术运算。按键包括数字键、小数点键、括号键、加减乘除键、退格键(←)、清除键(C)和等号键。

图 13-34　简单计算器界面

利用数字键、小数点键、括号键、加减乘除键可以输入连续的算式。单击等号键计算算式并显示结果。退格键删除现有算式的最后一个字符，清除键删除所有已输入的内容。菜单中包括“关于简单计算器”和“退出”两个菜单项。

程序如下：

```
from tkinter import *
#导入子模块 ttk 和子模块 messagebox
from tkinter import ttk
from tkinter.messagebox import *
# ---- 定义各个响应函数
def pressb(char):
```

```
        if char == '=':                 # 单击 = 键,则进行计算
            try:
                tmp = eval(alltext.get())
            except:
                alltext.set('Error')
            else:
                alltext.set(str(tmp))
        elif char == 'C':               # 单击 C 键,则上出末尾的一个字符
            alltext.set('')
        elif char == '←':               # 单击←键,则删除已输入的所有内容
            alltext.set(alltext.get()[: - 1])
        else:                           # 将当前按键的内容添加到现有表达式字符串的末端
            alltext.set(alltext.get() + char)
def showver():
        showinfo(title = '软件信息', message = '简单计算器(练习版) Ver 1.0.1'.
                center(30) + '\n' + '作者:钱毅湘'.center(40)
                 + '\n' + '2019.9'.center(50))
# ---- 创建窗口
mainw = Tk()
mainw.title('简单计算器')
# ---- 创建菜单
topmenu = Menu()
mainw.config(menu = topmenu)
m1 = Menu(topmenu, tearoff = 0)
topmenu.add_cascade(label = '系统', menu = m1)
m1.add_command(label = '关于简单计算器', command = showver)
m1.add_separator()
m1.add_command(label = '退出', command = lambda :exit())
# ---- 变量初始化
alltext = StringVar()
# ---- GUI 布置控件
# ---- 第 1 行放置一个单行文本框
m1frame = Frame(mainw)
m1frame.pack(side = TOP, expand = YES, fill = BOTH, padx = 4)
stxt = Entry(m1frame, textvariable = alltext, width = 32, state = DISABLED, justify = RIGHT)
stxt.pack(expand = YES, fill = BOTH, padx = 2, pady = 4)
# ---- 第 3~6 行放置数字和运算按钮
for key in ('()C←', '789 * ', '456/', '123 + ', '0. = - '):
        mframe = Frame(mainw)
        mframe.pack(side = TOP, expand = YES, fill = BOTH, padx = 4)
        for ch in key:
            c2 = Button(mframe, text = ch, width = 6, command = lambda y = ch:pressb(y))
            c2.pack(side = LEFT, expand = YES, fill = BOTH, padx = 2, pady = 2)
mainw.mainloop()
```

13.7　习　　题

1. 简述 tkinter 创建图形用户界面的基本步骤。

2. 写出导入 tkinter 模块并创建一个窗体的代码。

3. tkinter 的图形用户界面中，绘图坐标系与数学中的坐标系有什么区别？

4. tkinter 模块中有哪三种布局管理器？它们分别是如何布局控件的？

5. 简述 tkinter 模块的事件处理机制。

6. tkinter 模块中如何为控件的事件绑定回调函数？有哪几种绑定方式？它们的事件响应顺序是怎样的？

第 14 章　数据库应用开发*

14.1　数据库技术基础

14.1.1　数据库基本概念

1. 数据库

数据库产生于 60 多年前，随着信息技术和市场的发展，特别是 20 世纪 90 年代以后，数据管理不再仅仅是存储和管理数据，而转变为用户所需要的各种数据管理方式。

简单来说，数据库(Database，DB)是存放数据的仓库，可以通过数据库提供的多种方法来管理数据库里的数据。数据库是目前数据组织的最高形式，也是应用最广泛的数据组织的管理方式与技术。数据库中的数据按一定的数据模型来组织描述和存储，具有较小的冗余度、较高的数据独立性和易扩展性，并可为各个用户所共享。

数据库具有以下特点：

(1) 数据结构化。

数据结构化是数据库的主要特征之一。通过数据的结构化，可以大大降低系统数据的冗余度。这样，不但节省了存储空间，而且还减少了存取时间。另外，结构化后的数据是面向整个管理系统的，而不是面向某项应用的，它有利于系统功能的扩充。

(2) 数据共享性。

数据共享性是大量数据集成的结果。同一组数据可以服务于不同的应用要求，满足不同管理部门的处理业务。另外，多个用户可以在相同的时间内使用同一个数据库，每个用户可以使用自己所关心的那一部分数据，允许其访问的数据相互交叉和重叠。

(3) 数据独立性。

在数据库系统中，数据独立性是指数据的结构与应用程序间相互独立，它包括逻辑独立性和物理独立性两个方面。不论是数据的存储结构还是总体逻辑结构发生变化都不必修改应用程序。

数据库技术的发展给信息社会带来了巨大的便利，数据库使得数据可以长期保存，并且支持跨平台、跨地域的数据查询及操纵，各行各业的发展都离不开数据库的支持。

2. 数据库系统管理系统

数据库管理系统(Database Management System,DBMS)是位于用户与操作系统之间的一层数据管理软件。数据库在建立、运行和维护时由数据库管理系统统一管理、统一控制。数据库管理系统使用户能方便地定义数据和操纵数据,并能够保证数据的安全性、完整性、多用户对数据的并发使用及发生故障后的系统恢复。

DBMS 接收应用程序的数据请求和处理请求,然后将用户的数据请求(高级指令)转换成复杂的机器代码(底层指令),从而实现对数据库的操作,并接收对数据库操作的查询结果,同时可以对查询结果进行处理(格式转换),最后将处理结果返回给用户。

DBMS 的主要功能有数据库定义,数据库操纵,数据库的运行管理,数据组织、存储与管理,数据库的保护,数据库的维护以及通信。

3. 数据库系统

数据库系统(Database System,DBS)是指在计算机系统中导入数据库后的系统构成,一般由数据库、数据库管理系统(及其开发工具)、应用系统、数据库管理员和用户构成。

14.1.2 关系数据库

1. 关系模型

数据模型是对客观事物及其联系的数据化描述。在现实世界中,事物并不是孤立存在的,不仅事物内部属性之间有联系,而且彼此关联。显然,描述实体的数据也是相互联系的。这种联系也有两种:一是数据记录内部即数据项之间的联系;二是数据记录之间的联系。前者对应实体属性之间的联系,后者对应实体之间的联系。

数据库系统中的基本数据模型有四种:层次模型、网状模型、关系模型和面向对象模型。其中,层次和网状模型统称为非关系模型。目前使用最多的是关系数据模型。

关系数据模型源于数学,它把数据看成是二维表中的元素,这个二维表就是关系。例如,管理学生基本信息的关系模型的形式如表 14-1 所示。

表 14-1 学生表

学　号	姓　名	班　级	性　别
1942408024	王　冰	商学院 19 会计	女
1942408025	吴航宇	商学院 19 会计	男
1942408033	王俊贤	商学院 19 审计	男

用关系(表格数据)表示实体和实体之间联系的模型称为关系数据模型。

关系模型的优点是:

- 简单,表达概念直观,用户易理解;
- 具有非过程化的数据请求,数据请求可以不指明路径;
- 数据独立性强,用户只需提出"做什么",无须说明"怎么做"。

关系模型把数据看成是二维表中的元素,一张表就是一个关系(relation)。

表中的每一行称为一个元组(tuple),它相当于一个记录值。

表中的每一列是一个属性(attribute)值集,属性的取值范围称为域(domain),属性相当于数据项或字段,例如表 14-1 中有四个属性(学号,姓名,班级,性别)。

表中的某个或某几个属性,可以唯一确定一个元组的,称为主码或主键(primary key),又称为主关键字。例如,表14-1所示的例子中,学号就是此学生表的主键,因为它可以唯一地确定一个学生。表14-2所示的关系中主码则是(学号,课程号),因为一个学生可以修多门课程,而一门课程也可以有多个学生学,因此,只有(学号,课程号)一起才能共同确定一条记录。由多个列共同组成的主键称为复合主键。

表14-2 选课表

学　号	课　程　号	成　绩
1842408024	c01	85
1842408024	c02	85
1842408025	c01	96
1842408025	c02	70
1842408033	c03	90

关系具有如下性质:

- 关系中的每一列属性都是不可再分的;
- 各列都有相异的名字;
- 各行相异,不允许重复;
- 行、列的次序均无关;
- 关系都有一个唯一标识各元组的主键,它可以是一个属性或属性的组合。

2. 关系操作

关系数据模型的数据操作主要包括查询、插入、删除和修改数据。这些操作必须要满足关系的完整性约束条件。关系模型中的数据操作是基于集合的操作,操作对象和操作结果都是集合(或关系)。

3. 关系模型的数据完整性约束

数据完整性是指数据库中存储的数据是有意义或是正确的。关系模型中的数据完整性规则是对关系的某种约束条件,主要包括三大类:实体完整性、参照完整性和用户定义完整性。

1) 实体完整性

实体完整性约束规定基本关系的所有主键对应的属性不能取空值,且取值唯一,通过主键就可以区别不同的记录(行)。

2) 参照完整性

参照完整性也称为引用完整性。参照完整性指明多个表之间的关联关系,它不允许引用不存在的元组。比如表14-2中,选课表所描述的学生必须受限于学生表中已有的学生,不能在选课表中出现一个根本就不存在的学生。

3) 用户自定义完整性

用户自定义完整性也称为域完整性或应用语义完整性。它是针对某一具体应用定义的数据库约束条件,反映某一具体应用所涉及的数据必须满足应用语义的要求。实际上它就是指明关系中属性域的取值类型及取值范围,防止属性值与应用语义矛盾。例如,学生考试成绩的取值范围为0～100。

4. 关系数据库

关系数据库是建立在关系数据库模型基础上的数据库。在关系型数据库中，对数据的操作几乎全部建立在一个或多个关系表格上，通过对这些关联的表格分类、合并、连接或选取等运算来实现数据库的管理。

目前主流的关系数据库有 MySQL、Oracle、DB2、SQL Server、Sybase、Access 等。

5. 关系数据库语言 SQL

人与人交互必须使用某种人类的自然语言，如英语、汉语等。人与数据库交互就不能使用人类的自然语言了，而需要使用 SQL。人们使用 SQL 可以告诉数据库系统要干什么工作、让其返回什么数据等。

目前，SQL 已经成为几乎所有主流数据库管理系统的标准语言，所以其魅力是可想而知的。SQL 不仅功能强大，而且容易掌握，共分为四大类，即数据定义语言(DDL)、数据查询语言(DQL)、数据操纵语言(DML)和数据控制语言(DCL)，分别完成数据定义、数据查询、数据操纵和数据控制的功能，且总共只用了 9 个动词：CREATE、DROP、ALTER、SELECT、INSERT、UPDATE、GRANT、REVOKE。下面分别介绍常用的 DDL、DQL 和 DML 的用法。

1) DDL

DDL 包括动词 CREATE、ALTER 和 DROP，用于在数据库中创建新表(CREATE TABLE)或删除表(DROP TABLE)；为表加入索引等。

CREATE TABLE 语句的基本语法格式如下：

```
CREATE TABLE <表名> (
<列名 1 > <数据类型> [NOT NULL] [DEFAULT <默认值>]
[, <列名 2 > <数据类型> [NOT NULL] [DEFAULT <默认值>], …
<列名 n > <数据类型>…]
);
```

有时候可能需要更改已创建表的结构，使用 ALTER TABLE 语句可以修改字段的类型和长度、添加新字段、删除不需要的字段等。ALTER TABLE 语句的语法格式如下：

```
ALTER TABLE <表名>
[ADD <新字段名> 数据类型 [完整性约束]]
[DROP [完整性约束]]
[ALTER COLUMN <列名> <数据类型> ;
```

当不再需要数据库中的某张表时，应当删除该表。删除表用 DROP TABLE 语句：

```
DROP TABLE <表名>;
```

2) DQL

DQL 也称为数据查询语言，用以从表中获得数据，确定数据怎样在应用程序中给出。保留字 SELECT 是 DQL(也是所有 SQL)用得最多的动词，其他 DQL 常用的保留字有 WHERE、ORDER BY、GROUP BY 和 HAVING。这些 DQL 保留字常与其他类型的 SQL

语句一起使用。SELECT 语句基本的语法格式如下：

```
SELECT [DISTINCT|ALL] <目标列表达式> [, <目标列表达式>…]
FROM <表名>
[WHERE <条件表达式>]
[GROUP BY <列名>] [HAVING <条件表达式>]
[ORDER BY <列名> [ASC | DESC ]]
```

3）DML

DML 也称为动作查询语言，包括动词 INSERT、UPDATE 和 DELETE，分别用于添加、修改和删除表中的行。

INSERT 语句的语法格式如下：

```
INSERT INTO <表名> [(<列名 1 > [, <列名 2 >, …])]
VALUES (<常量 1 > [, <常量 2 >, …])
```

UPDATE 语句的语法格式如下：

```
UPDATE <表名>
SET 列名 1 = 常量表达式 1[, 列名 2 = 常量表达式 2 …]
WHERE <条件表达式> [AND|OR <条件表达式>…]
```

DELETE 语句的语法格式如下：

```
DELETE FROM <表名>
[WHERE <条件表达式> [AND|OR <条件表达式>…]]
```

14.1.3 数据库应用系统的开发步骤

数据库应用系统是在数据库管理系统（DBMS）支持下建立的计算机应用系统，简写为 DBAS。数据库应用系统由数据库系统、应用程序系统、用户组成，具体包括数据库、数据库管理系统、数据库管理员、硬件平台、软件平台、应用软件、应用界面。以数据库为基础的数据库应用系统有财务管理系统、人事管理系统、图书管理系统等。无论是面向内部业务和管理的管理信息系统，还是面向外部提供信息服务的开放式信息系统，从实现技术角度而言，都是以数据库为基础和核心的计算机应用系统。

数据库应用系统的设计开发分为两个部分：一部分是作为数据库应用系统核心和基石的数据库设计；另一部分是相应的数据库应用软件的设计开发。这两部分是紧密相关、相辅相成的，构成统一的数据库工程。

数据库应用系统的开发是一个复杂的过程，可采用的开发方法和技术有很多，例如结构化生命周期法、原型法、面向对象的开发方法等。以结构化方法为例，其开发过程包含五个步骤，如图 14-1 所示。

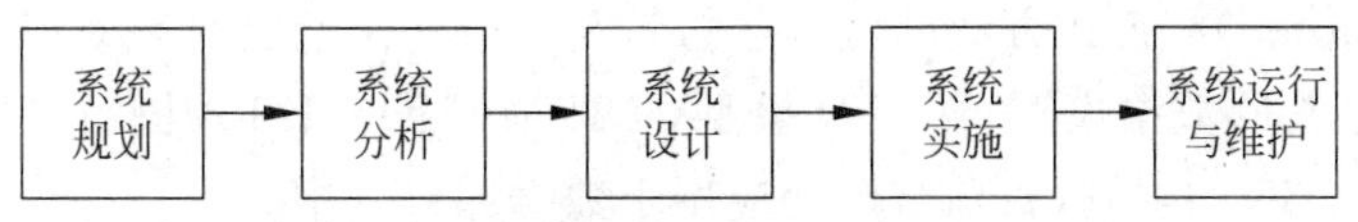

图 14-1　数据库应用系统的开发步骤

1. 系统规划阶段

组建规划小组，进行初步调查，了解企业需求，确定系统总目标和系统功能；论证系统在技术上、经济上和时间上的可行性；如果认为可行，则提出信息系统的主要结构、开发方案、进度计划、资源投入计划等，形成可行性分析报告。

2. 系统分析(需求分析)阶段

对企业进行详细调研，确定用户需求；了解业务流程，分析数据与数据流程、系统功能与数据之间的关系；借助数据流图、数据字典及文字说明建立系统的逻辑模型。

3. 系统设计阶段

将系统逻辑模型转换为物理模型，需要先进行总体设计，然后进行详细设计。

总体设计：主要指系统总体结构设计及层次模块结构设计。

详细设计：主要指模块功能及处理过程设计、模块内部的算法设计和代码设计、数据库设计、输入输出设计等。

4. 系统实施阶段

编码：根据系统详细设计结果进行程序编码。

测试：系统测试与调试。

转换：系统转换(新系统正式代替原系统)。

其他：硬件准备、用户培训、数据准备等。

5. 系统运行与维护阶段

日常管理：逐日提交运行记录，进行系统的维护。

维护管理：软件与硬件维护，包括改正性、适应性、完善性和预防性维护等。

14.1.4　数据库设计

数据库设计在数据库应用系统的开发中占有非常重要的地位，因为数据库设计的好坏将直接影响整个系统的效率。数据库设计属于开发过程中详细设计的重要内容。

数据库设计主要包括四个步骤：需求分析、概念结构设计、逻辑结构设计、物理结构设计。

1. 需求分析

需求分析的任务是详细调查现实世界要处理的对象，充分了解原系统工作概况，明确用户的各种需求，以确定新系统的功能。

需求分析的方法主要是调查组织机构情况；调查各部门的业务活动情况；协助用户明确对新系统的各种要求；确定新系统的边界；确定哪些功能由计算机完成或将来准备让计算机完成，哪些活动由人工完成，由计算机完成的功能就是新系统应该实现的功能。

2. 概念结构设计

概念结构设计的任务是对用户的需求进行综合、归纳和抽象，产生一个独立于 DBMS 的概念数据模型。在概念结构设计阶段，所用的代表工具主要是 E-R 图(Entity-

Relationship Diagram)。E-R 方法的基本思想是在构造一个给定的 DBMS 所接受的数据模型前,建立一个过渡的数据模型,即 E-R 模型(E-R Model)。E-R 模型直接面向现实世界,不必考虑给定 DBMS 的限制,目前被广泛应用于数据库设计中。

构造概念数据模型时要注意如下几点:应充分反映现实世界中实体与实体之间的联系;满足不同用户对数据处理的要求;易于理解,可以与用户交流;易于更改;易于向关系模型转换。概念数据模型是 DBMS 所用数据模型的基础,也是数据库设计过程的关键步骤之一。

3. 逻辑结构设计

逻辑结构设计的任务是将概念模型(如 E-R 模型)转换为某个 DBMS 支持的数据模型,然后再对转换后的模型进行定义描述,并对其优化,最终产生一个优化的数据库模式。

数据库逻辑设计的步骤主要包括两步:第一步是把概念数据模型转换为关系模式,按一定的规则向一般的数据模型转换;第二步则是按照给定 DBMS 的要求,将上一步得到的数据模型进行修改完善。

4. 物理结构设计

物理结构设计是为逻辑结构选取最适合应用环境的物理结构,包括存储结构和存取方法。它主要依赖于给定的计算机系统。在进行物理结构设计时主要考虑数据存储和数据处理方面的问题。数据存储考虑的是数据库所需存储空间的大小,以尽量减少空间占用为原则。数据处理则要考虑操作次数的多少,应尽量减少操作次数,使响应时间越快越好。

14.2 MySQL 数据库

在数据库世界里,关于 MySQL 数据库的新闻一直不断,始终萦绕在程序员的耳边。2008 年,SUN 公司以 10 亿美元收购了 MySQL 数据库,标志着该数据库已成为世界主流的数据库之一。2010 年,Oracle 公司收购了 SUN 公司,标志着该数据库成为 Oracle 公司的主流数据库产品。随着 MySQL 数据库的逐渐成熟,全球规模最大的网络搜索引擎公司 Google 决定使用 MySQL 数据库,国内很多大型的公司也开始使用 MySQL 数据库,例如网易、新浪等。这给 MySQL 数据库带来了前所未有的机遇,同时也出现了学习 MySQL 数据库的高潮。

1. MySQL 简介

MySQL 是一款免费的开源、关系型数据库管理系统。随着该数据库功能的不断完善、性能的不断提高,其可靠性也不断增强。2000 年 4 月,MySQL 对旧的存储引擎进行了整理,命名为 MyISAM。2001 年,支持事务处理和行级锁存储引擎 InnoDB 被集成到 MySQL 发行版中,该版本集成了 MyISAM 与 InnoDB 存储引擎,MySQL 与 InnoDB 的正式结合版本是 4.0。2004 年 10 月,发布了经典的 4.1 版本。2005 年 10 月,发布了里程碑的一个版本——5.0,在 5.0 中加入了游标、存储过程、触发器、视图和事务的支持。在 5.0 之后的版本里,MySQL 明确地表现出迈向高性能数据库的发展步伐。

MySQL 虽然是免费的,但与其他商业数据库一样,具有数据库系统的通用性,提供了数据的存取、增加、修改、删除和更加复杂的数据操作。MySQL 是关系型的数据库系统,支持标准的结构化查询语言 SQL,同时为客户端提供了不同的程序接口和链接库。目前

MySQL 被广泛地应用在 Internet 上的中小型网站中。由于其体积小、速度快、总体拥有成本低，尤其是开放源码这一特点，很多中小型网站为了降低网站总成本而选择了 MySQL 作为网站数据库。在 MySQL 的最新版本中，数据库的可扩展性、集成度以及查询性能都得到了提升。

随着 MySQL 功能的不断完善，该数据库管理系统几乎支持所有的操作系统，同时也支持许多新的特性，这些都使得 MySQL 发展迅猛，目前已经广泛应用在各行业中。

2. 基于客户端/服务器的数据库管理系统

到目前为止，市场上几乎所有的数据库管理系统都是基于客户端/服务器(C/S)模式。基于该模式的数据库管理系统分为两个不同的部分，分别是服务器软件和客户端软件。服务器软件是负责所有数据访问和处理的一个软件，而关于数据添加、删除等请求都来自于客户端软件。

客户端软件和服务器软件可能安装在两台计算机上或一台计算机上。不管这套软件在不在相同的计算机上，客户端软件和服务器软件都可以相互通信，实现数据的相关操作。这里所说的服务器软件和客户端软件的内容如下：

- 服务器端软件为 MySQL 数据库管理系统，可以在本地计算机或者具有访问权限的远程服务器上安装该软件。
- 客户端软件为可以操作 MySQL 服务器的软件，通常为官方客户端 MySQLCommand Line Client、CMD 命令窗口或者第三方图形化工具。

3. MySQL 的各种版本

目前 MySQL 数据库按照用户群分为社区版(Community)和企业版(Enterprise)，这两个版本的重要区别是：社区版可以自由下载而且完全免费，但是官方不提供任何技术支持，适用于大多数普通用户；企业版不仅不能自由下载而且还收费，但是该版本提供了更多的功能，可以享受完备的技术支持，适用于对数据库的功能和可靠性要求较高的企业客户。

MySQL 版本更新非常快，现在主推的社区版本为 8.0.17。从 MySQL 版本 5 开始支持触发器、视图、存储过程等数据库对象。常见的软件版本有 GA、RC、Alpha 和 Bean，它们的含义分别如下。

GA(General Availability)：官方推崇并广泛使用的版本。

RC(Release Candidate)：候选版本的意思，该版本是最接近正式版的版本。

Alpha 和 Bean 都属于测试版本，其中 Alpha 是内测版本，Bean 是公测版本。

14.2.1　安装 MySQL

作为学习和一般应用，社区版的 MySQL 足够用了。MySQL 的官方网站提供的社区版的免费版本下载地址是 https://dev.mysql.com/downloads/mysql/。

下面以最新社区版 8.0.17 为例，说明在 Windows 系统上安装和配置 MySQL 的过程。

首先打开官方的下载选择页面(https://dev.mysql.com/downloads/mysql/)，如图 14-2 所示。

由于 MySQL 可以运行于多个系统，例如 Windows、Linux、MacOS 等，读者可以根据自己所用的系统在下载选择页面选择操作系统，本书使用的是默认的 Windows 系统。当系统选择好之后，可以单击图 14-2 中的 Download 按钮，跳转到下载页面，如图 14-3 所示。

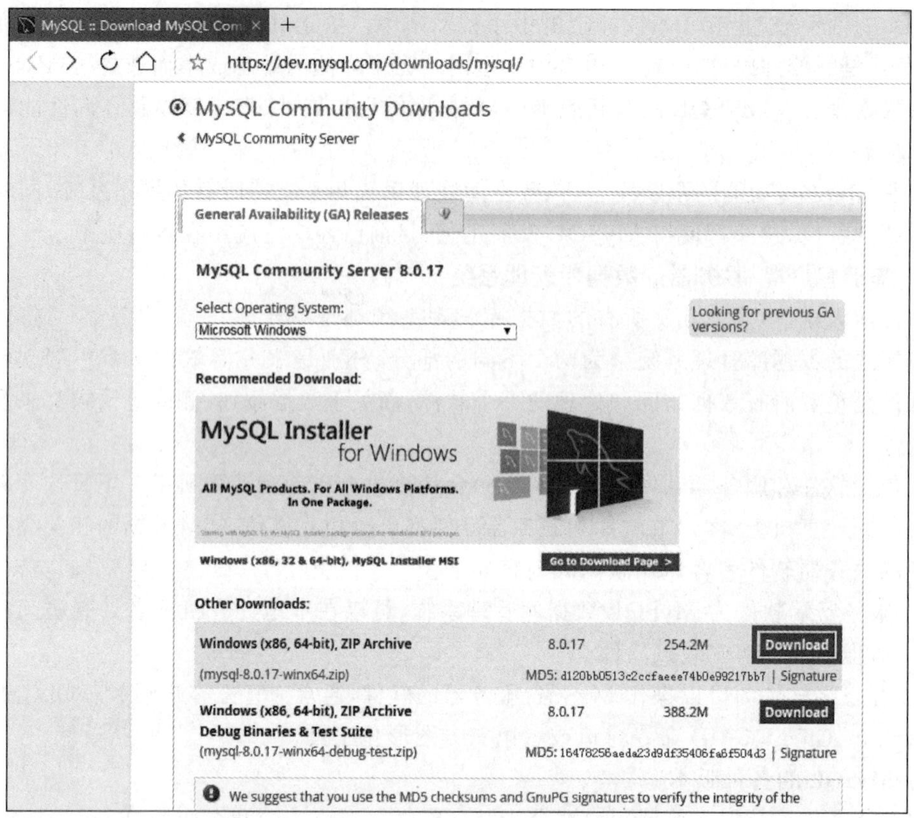

图 14-2　MySQL 社区版官方下载选择页面

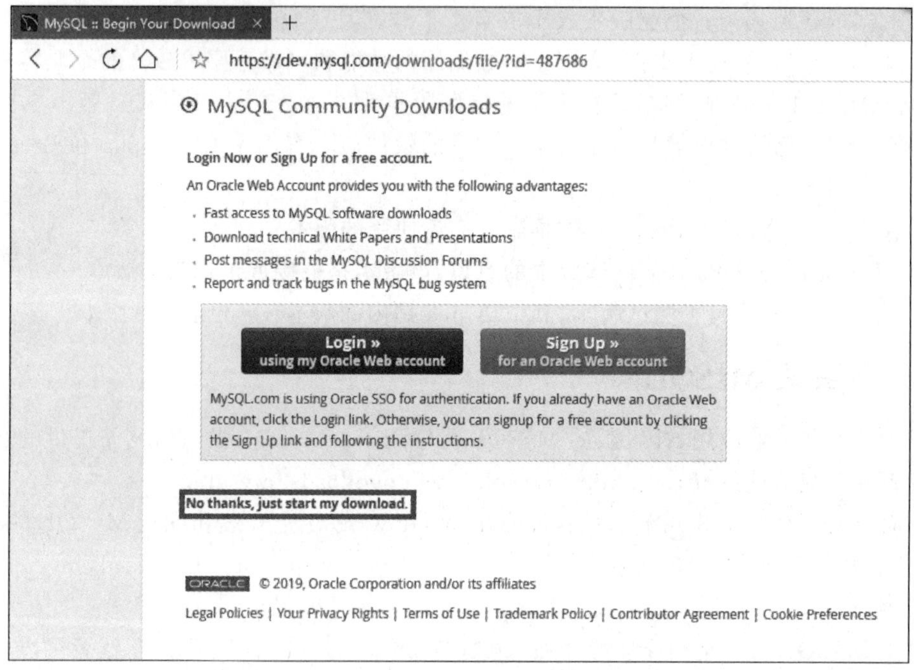

图 14-3　MySQL 社区版下载页面

单击图 14-3 中的“No thanks,just start my download.”,就可下载最新版的 MySQL 8.0.17。将该版本下载到本地计算机后,解压缩,例如解压到 D 盘根目录下,重命名为 MySQL 8.0.17,此时 MySQL 就安装好了。

安装好 MySQL 之后,接下来需要配置 MySQL 的配置文件。打开刚刚解压并重命名的文件夹 D:\MySQL 8.0.17,在该文件夹下创建 my.ini 配置文件,编辑 my.ini 的配置信息如下:

```
[client]
#设置 MySQL 客户端默认字符集
default-character-set=utf8

[mysqld]
#设置 3306 端口
port = 3306
#设置 MySQL 的安装目录
basedir=D:\\MySQL 8.0.17
#设置 MySQL 数据库的数据的存放目录,MySQL 8+不需要以下配置,系统自己生成即可,否则有可能报错
#datadir=D:\\sqldata
#允许最大连接数
max_connections=20
#服务端使用的字符集默认为 8 比特编码的 latin1 字符集
character-set-server=utf8
#创建新表时将使用的默认存储引擎
default-storage-engine=INNODB
```

MySQL 是基于客户端/服务器的数据库管理系统,要使用 MySQL,必须先启动 MySQL 服务,然后使用 MySQL 客户端程序去连接已经启动的 MySQL 服务器,输入正确的用户名和密码以后,就可以使用 MySQL 数据库了。

1. 启动和关闭 MySQL 服务

在 MySQL 安装好之后,需要启动 MySQL 服务,具体步骤如下:

(1) 以管理员身份打开 cmd 命令行工具,切换到目录 D:\MySQL8.0.17\bin。操作方法为:打开文件夹 D:\MySQL8.0.17 中的 bin 文件,按住 Shift 键,右击空白区域,打开快捷菜单,如图 14-4 所示。选择“在此处打开命令窗口”命令,打开命令窗口,如图 14-5 所示。

(2) 在命令窗口输入命令 mysqld --initialize --console(注意,initialize 和 console 前面的是两个减号),初始化数据库,执行完该命令后,会输出 root 用户的初始默认密码(root 是 MySQL 服务器默认的超级管理员账户),如图 14-6 所示,其圈出的部分显示了 root 用户的初始默认密码为 RagwuNI,G0x-,后续登录需要用到,也可以在登录后修改密码。

(3) 执行安装命令 mysqld install。一切准备就绪后,就可以启动或关闭 MySQL 服务了,启动和关闭服务的命令分别是 net start mysql 和 net stop mysql,如图 14-7 所示。

2. 连接 MySQL 数据库

1) 以命令窗口方式连接 MySQL 数据库

当 MySQL 服务已经运行时,可以通过 MySQL 自带的客户端工具登录到 MySQL 数据库中。首先打开 Windows 命令提示符,输入以下格式的命名:

图 14-4　打开命令窗口

图 14-5　命令窗口

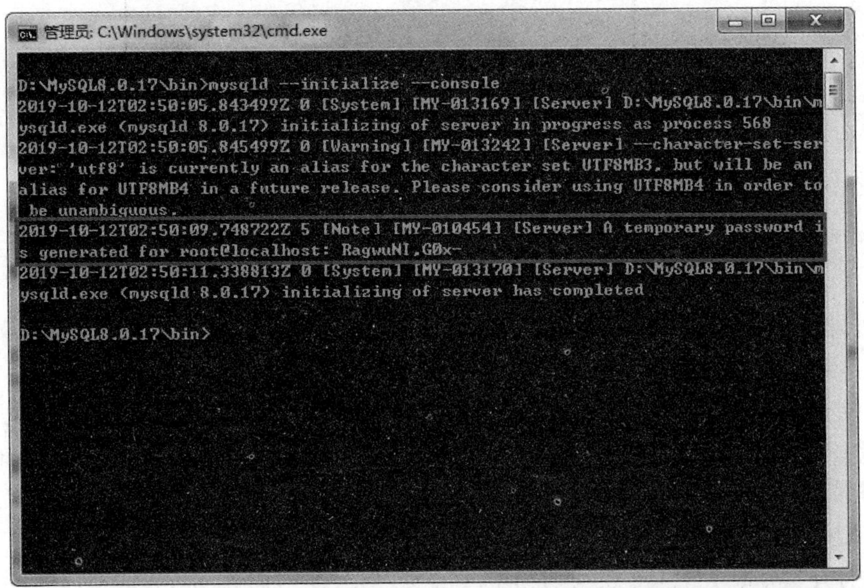

图 14-6　初始化数据库

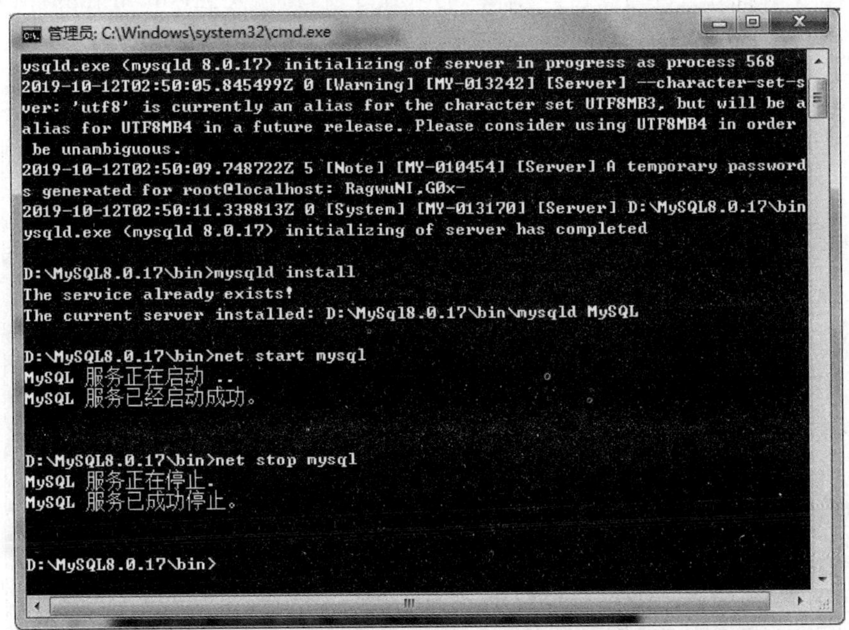

图 14-7　启动和关闭 MySQL 服务

```
mysql -h 主机名 -u 用户名 -p
```

- -h：该命令用于指定客户端所要登录的 MySQL 主机名，若登录当前机器该参数可以省略；
- -u：所要登录的用户名；
- -p：告诉服务器将会使用一个密码来登录，如果所要登录的用户密码为空，可以忽略此选项。

以登录刚刚安装在本机的 MySQL 数据库为例，在命令行下输入：

```
mysql  -u root  -p
```

按 Enter 键确认后，如果安装正确且 MySQL 正在运行，会得到以下响应：

```
Enter password:
```

若密码存在则输入密码登录，若密码不存在则直接按 Enter 键登录。按照本文中的安装方法，默认 root 账号是无密码的。登录成功后将会看到"Welecome to the MySQL monitor..."的提示语。

然后命令提示符会一直以 mysql> 加一个闪烁的光标等待输入命令，输入 exit 或 quit 可退出登录。

以下是具体的操作步骤：

(1) 打开文件夹 MySQL 8.0.17 中的 bin 文件夹，按住 Shift 键，右击空白区域，弹出快捷菜单。

(2) 选择"在此处打开命令窗口"命令，打开命令窗口，输入 mysql -u root -p，然后按照提示输入密码"RagwuNI,G0x-"，即可连接到 MySQL 服务器，如图 14-8 所示。

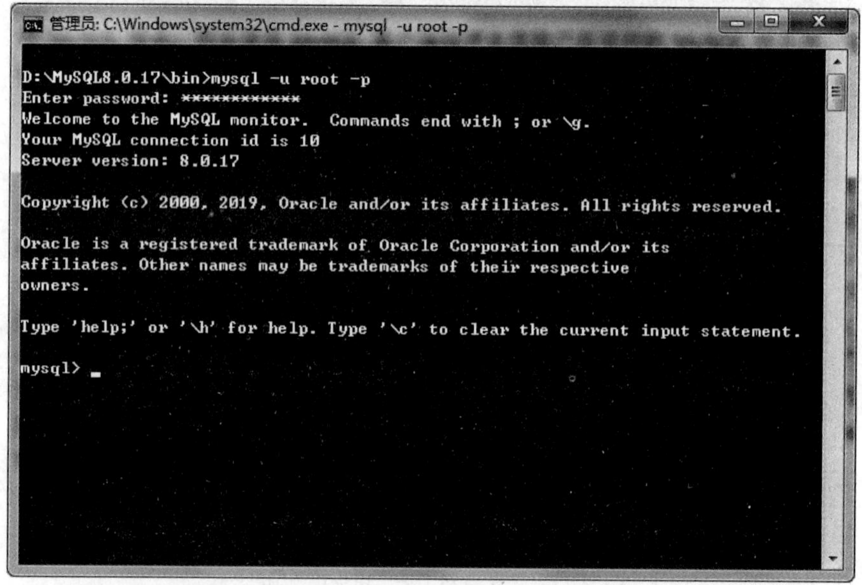

图 14-8　连接 MySQL 服务器窗口

在图 14-8 所示的界面中，就可以通过输入 MySQL 各种命令和 SQL 语句来管理和使用 MySQL 数据库了。

2) 修改 MySQL 登录密码

MySQL 默认的登录用户名是 root，root 的默认密码是初装 MySQL 时系统随机给定的，该密码烦琐且不方便记忆，在连接成功 MySQL 后可以修改密码，这里将 root 密码改为

123456。要修改密码，只要在图 14-8 所示的界面中输入一条命令：

```
alter user 'root'@'localhost' IDENTIFIED BY '123456';
```

修改成功后如图 14-9 所示。

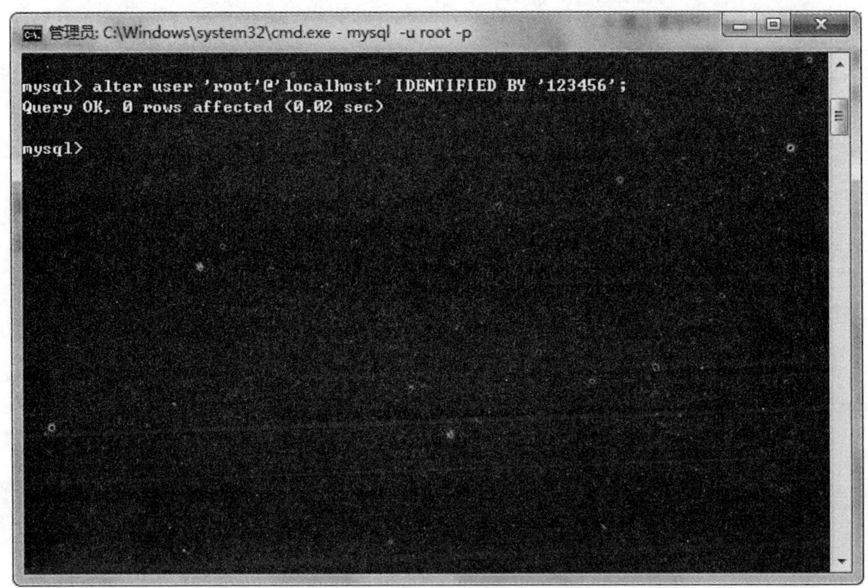

图 14-9　修改 root 账号的密码

3）以图形化方式连接 MySQL 数据库

除了 MySQL 官方提供的命令方式的客户端软件外，很多公司也开发了图形化的客户端软件。Navicat Premium 就是其中的一员，该软件是一套可视化的数据库管理工具，支持单一程序同时连接到包含 MySQL 在内的主流数据库。Navicat Premium 可满足现今数据库管理系统的使用功能，包括存储过程、事件、触发器、函数、视图等。该客户端软件的突出特点是简洁高效、功能强大，可以在世界的任何角落通过网络来维护远端的 MySQL 数据库。Navicat Premium 的功能不仅符合专业开发人员的所有需求，对数据库服务器的新手来说学习起来也相当容易。本书所使用的图形化 MySQL 客户端软件即为 Navicat Premium 软件，下载地址为 https://www.navicat.com.cn/products/。

使用 Navicat Premium 连接 MySQL 的具体操作步骤如下：

(1) 安装并运行 Navicat Premium 图形化数据库管理工具，如图 14-10 所示。

(2) 选择“连接”→MySQL，新建一个 MySQL 数据库连接，如图 14-11 所示。

(3) 在“MySQL-新建连接”对话框中(见图 14-12)，输入连接名 suda，输入密码 123456 并单击“测试连接”按钮，如果弹出“连接成功”对话框，表示可以连接上 MySQL，此时单击“确定”按钮即可成功建立连接。

(4) 双击左侧的 suda 连接，即可打开连接，然后就可以看到 MySQL 自带的 4 个数据库，如图 14-13 所示。

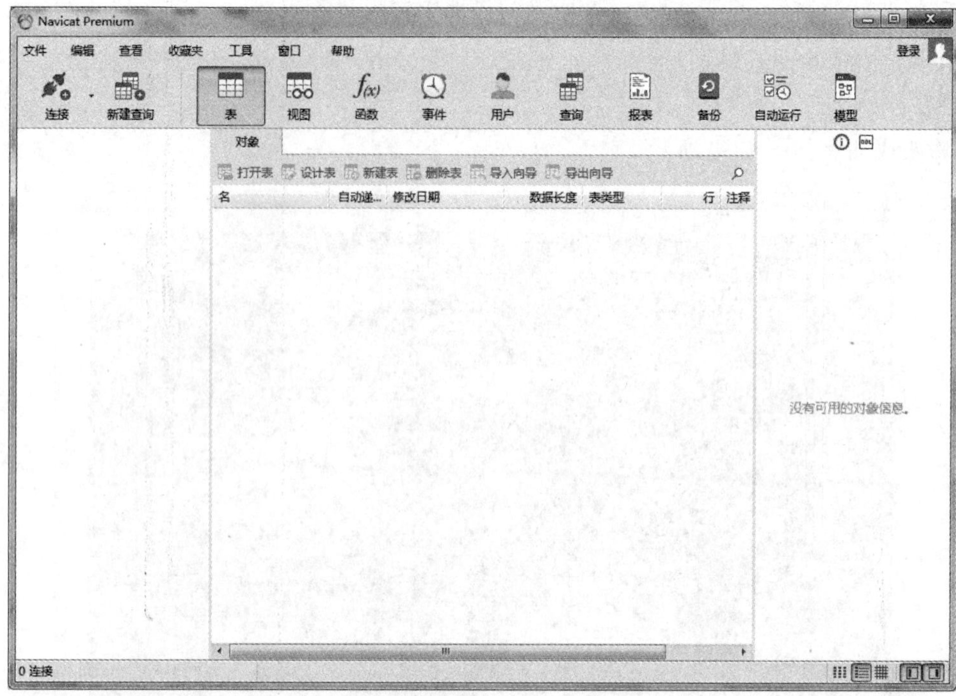

图 14-10　Navicat Premium 软件界面

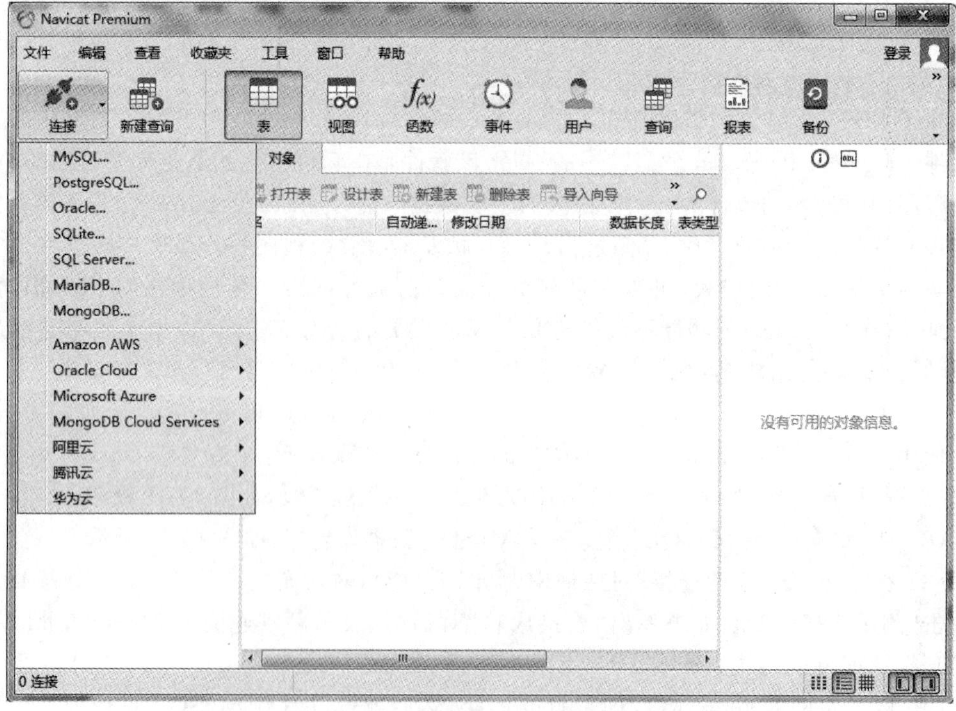

图 14-11　建立 MySQL 连接

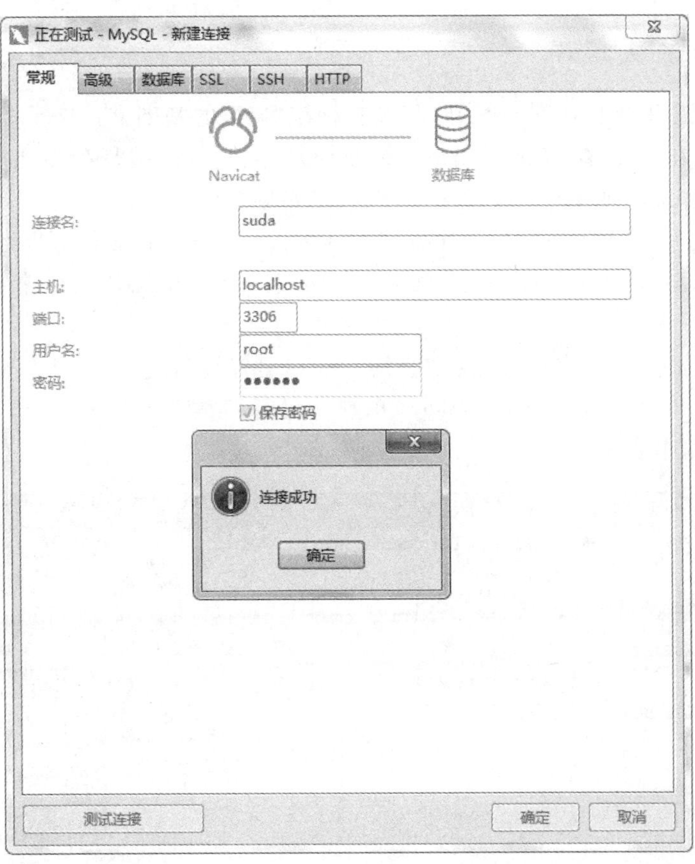

图 14-12　“MySQL-新建连接”对话框

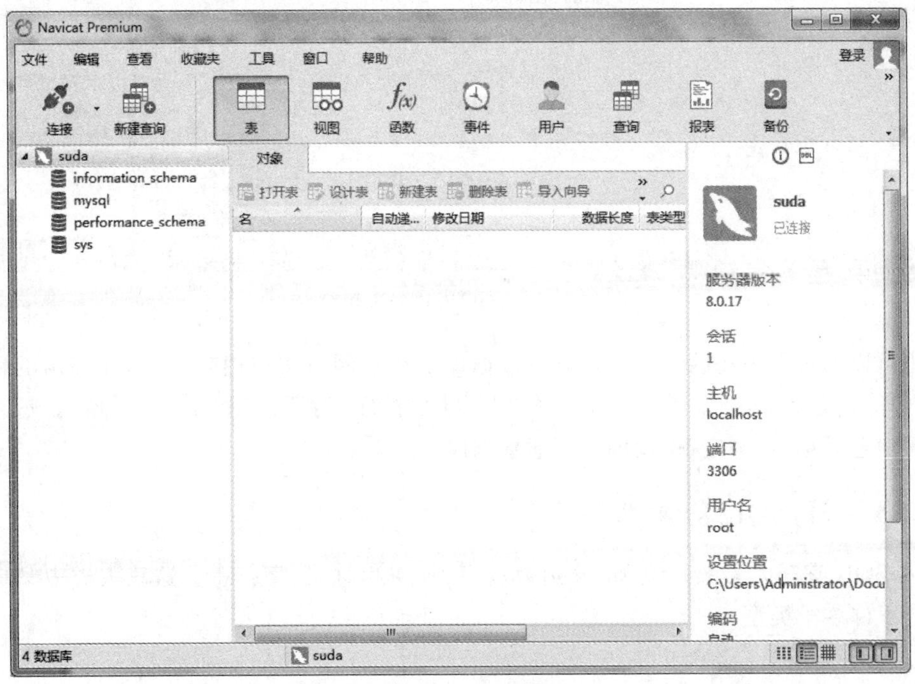

图 14-13　打开 suda 数据库连接

14.2.2 创建数据库

MySQL 数据库支持标准的 SQL，但又在标准 SQL 的基础上扩展了语法。MySQL 中的基本操作(增、删、改、查)语句的语法和标准 SQL 基本一致，但是在 SQL 语言的高级功能中，差异则比较大，详细情况可以查看 MySQL 的帮助文件。

使用命令窗口或者可视化数据库管理工具 Navicat Premium 都可以通过写 SQL 语句来创建数据库，这里介绍使用 Navicat Premium 软件结合 SQL 语句来操作 MySQL 数据库。

在 Navicat Premium 软件中选择“查询”→“新建查询”，进入“查询编辑器”界面，输入 SQL 语句 create database StuManage，单击“运行”按钮(见图 14-14)，就可以创建 StuManage 数据库了。

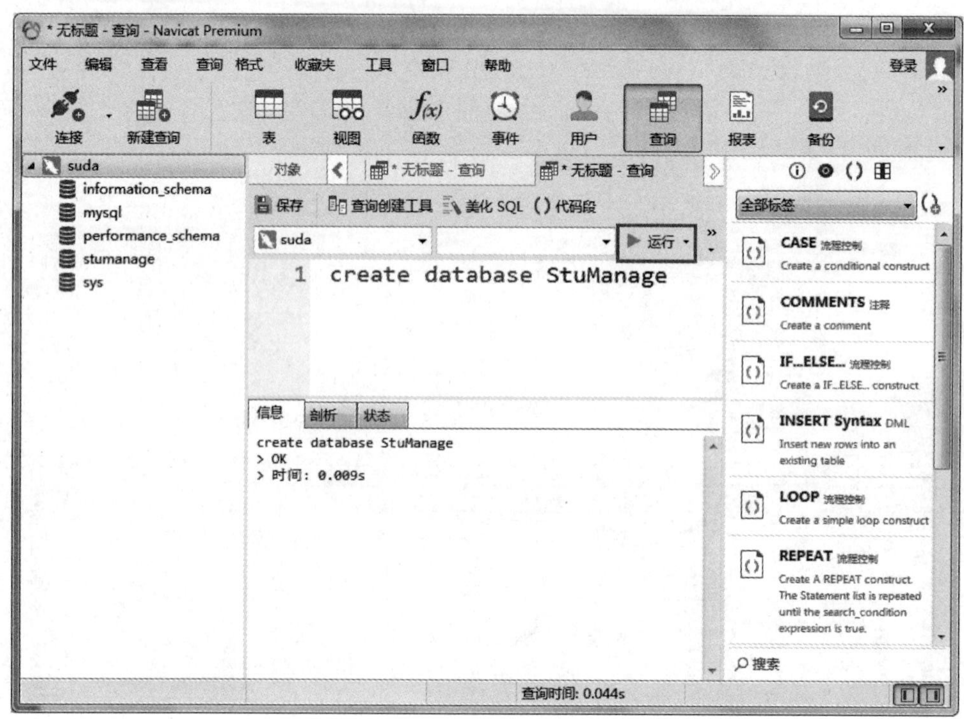

图 14-14　SQL 语句创建数据库

也可以通过可视化的方法直接创建数据库。在左侧窗格空白处右击，在弹出的快捷菜单中选择“新建数据库”命令，此时会弹出“新建数据库”对话框，如图 14-15 所示，输入数据库名等信息后单击“确定”按钮即可创建数据库。

14.2.3 MySQL 的数据类型

MySQL 有三大类数据类型，分别为数字、日期和时间、字符串。这三大类中又更细致地划分了许多子类型。

1. 数字类型

整数有 tinyint、smallint、mediumint、int、bigint。

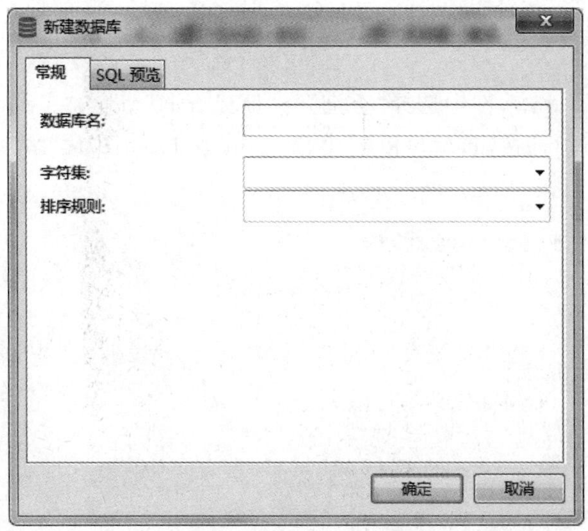

图 14-15　“新建数据库”对话框

浮点数有 float、double、real、decimal。

2. 日期和时间

日期和时间类型有 date、time、datetime、timestamp 和 year，它们的含义如表 14-3 所示。

表 14-3　日期和时间数据类型的含义

类　型	含　义
date	日期格式，如'2008-12-2'
time	时间格式，如'12:25:36'
datetime	日期时间格式，如'2008-12-2 22:06:44'
timestamp	自动存储记录修改时间

3. 字符串类型

字符串有 char、varchar。

文本有 tinytext、text、mediumtext、longtext。

二进制数据(可用来存储图片、音乐等)有 tinyblob、blob、mediumblob、longblob。

数据类型在使用时可以加上一些属性关键字，例如，unsigned int 表示的是无符号整型。数据类型属性如表 14-4 所示。

表 14-4　MySQL 中的数据类型属性

属　性	含　义
NULL	数据列可包含 NULL 值
NOT NULL	数据列不允许包含 NULL 值
DEFAULT	默认值
PRIMARY KEY	主键
AUTO_INCREMENT	自动递增，适用于整数类型
UNSIGNED	无符号
CHARACTER SET name	指定一个字符集

14.2.4 创建表

在 Navicat Premium 软件中选择“查询”→“新建查询”，进入“查询编辑器”界面，输入以下 SQL 语句，单击“运行”按钮，就可以创建 Student 表了，如图 14-16 所示。

```
CREATE TABLE Student(
  sid char(10) NOT NULL PRIMARY KEY,
  sname varchar(30) NOT NULL,
  class varchar(30) NOT NULL,
  sex char(2) NOT NULL,
  birthday date NOT NULL,
  province char(10) NOT NULL
)
```

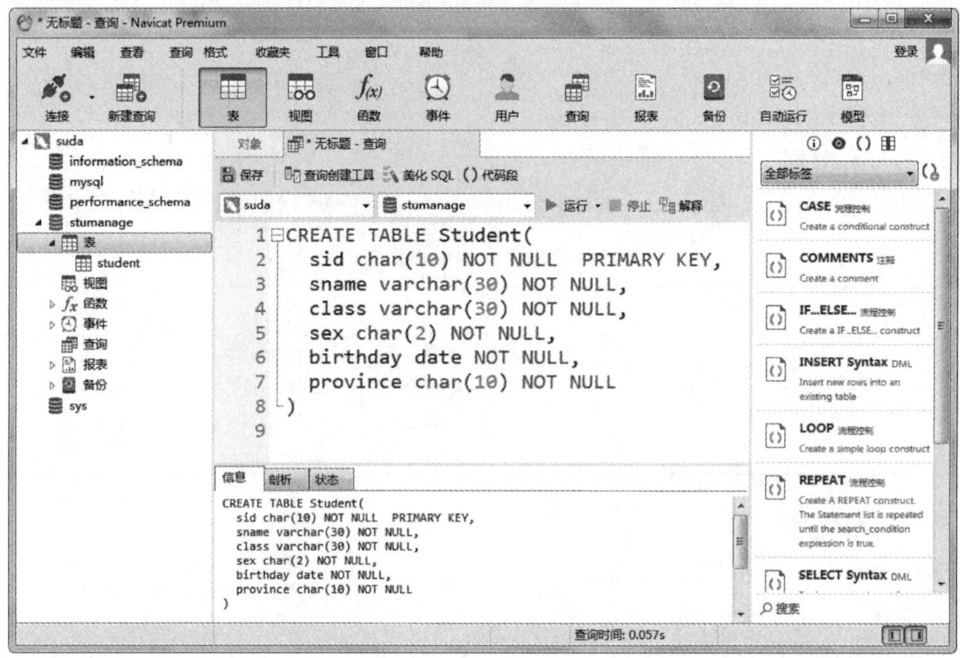

图 14-16　用 SQL 语句创建 Student 表

14.2.5 插入数据

表格建立好之后，就可以往表格中插入数据了。同样，在查询编辑器中输入以下 SQL 语句，插入几条学生记录，如图 14-17 所示。

```
INSERT INTO Student VALUES('1842408024', '王冰', '商学院 18 会计', '女', '1999/12/9','上海');
INSERT INTO Student VALUES('1842408025', '吴航宇', '商学院 18 会计', '男', '2000/8/21','河北');
INSERT INTO Student VALUES('1442402045', '王俊贤', '商学院 18 审计', '男','1999/12/12','山东');
INSERT INTO Student VALUES('1842408033', '杨旭', '商学院 18 审计', '男','1999/9/10','浙江');
INSERT INTO Student VALUES('1842408036', '李莉', '商学院 18 审计', '女','2000/6/11','安徽');
```

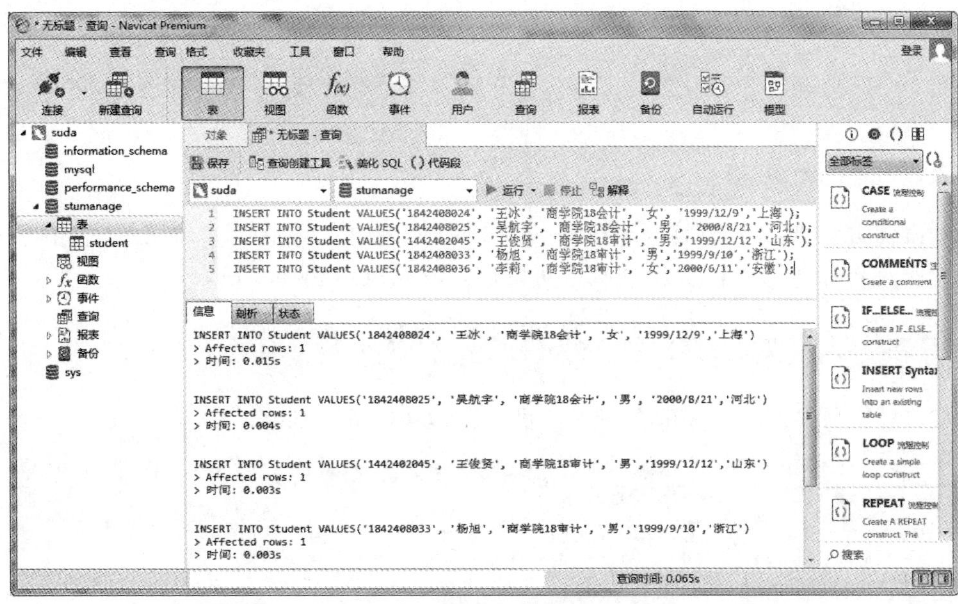

图 14-17　用 INSERT 语句插入记录

14.2.6　查看表

要查看表中的数据,可以用 SELECT 语句查询。例如要查看 Student 表中所有学生的信息,可以输入以下 SQL 语句,查询结果如图 14-18 所示。

```
SELECT * FROM Student
```

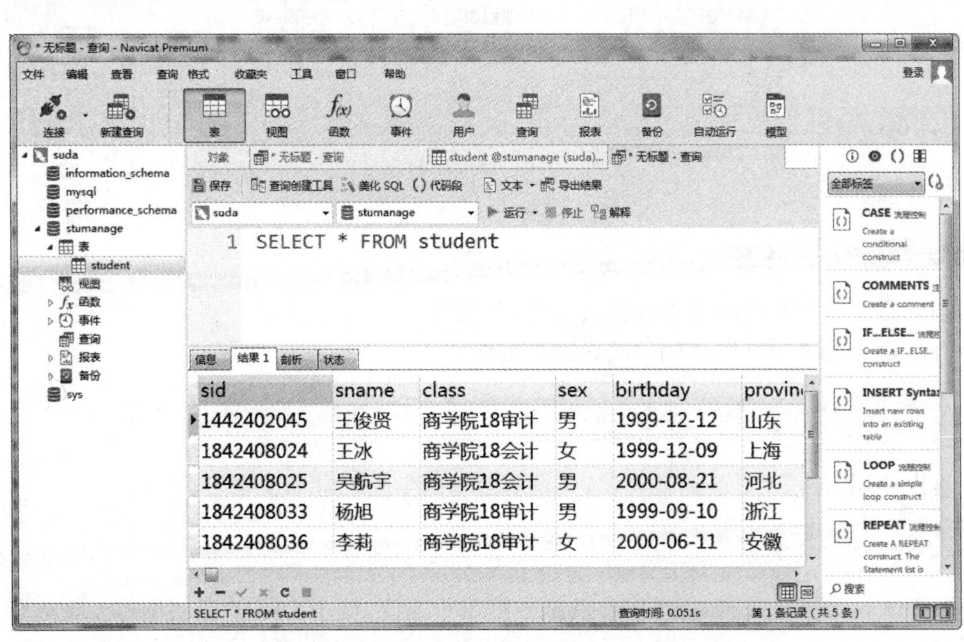

图 14-18　用 SELECT 语句查询的结果

或者

```
SELECT sid, sname, class, sex, birthday, province FROM student
```

14.2.7 修改数据

如果需要修改表中的数据，可以用 UPDATE 语句。例如要将 Student 表中学号为 1842408024 的学生的姓名改为“王彬”，可以输入以下 SQL 语句实现：

```
UPDATE student SET sname = '王彬' WHERE sid = '1842408024'
```

修改后重新查看表中内容，发现姓名已修改，如图 14-19 所示。

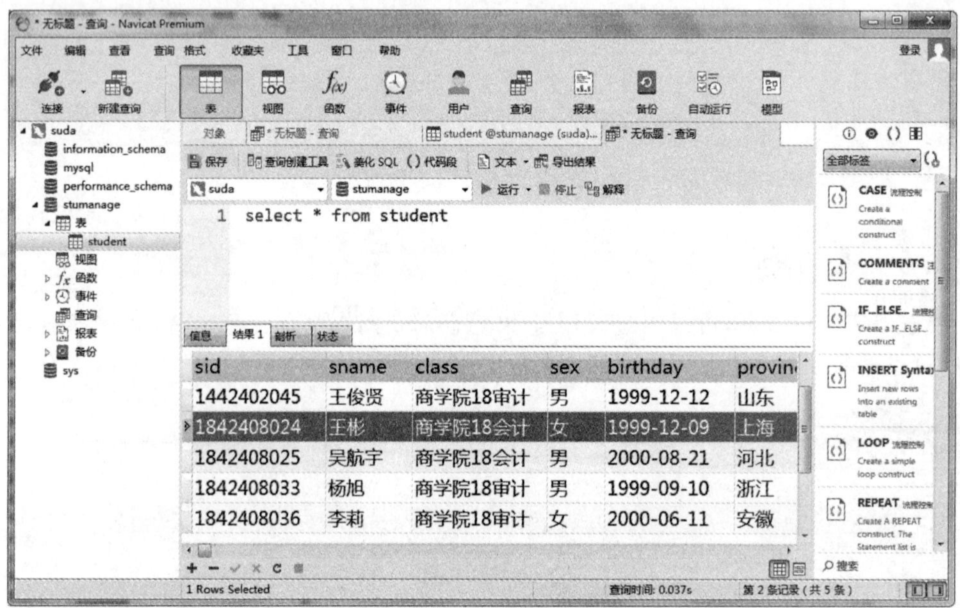

图 14-19 修改后的表格

14.2.8 删除数据

如果需要删除表中的某条或多条记录，可以用 DELETE 语句。例如要删除 Student 表中上海的学生记录，可以写以下 SQL 语句实现：

```
DELETE FROM student WHERE province = '上海'
```

再次使用 SELECT 语句查看表，会发现上海的学生记录都没有了。

14.2.9 删除表

如果不再需要某张表时，可以将其从数据库中删除，使用 DROP 语句即可实现删除表。

```
DROP TABLE student
```

14.3　Python 操作 MySQL 数据库举例

14.3.1　PyMySQL 模块

Python 可以操作很多流行的数据库，包括 MySQL、Oracle、Access、SQL Server、SQLite 等。Python 提供了标准的数据库操作接口，不同的数据库需要下载不同的数据库接口模块，当使用这些接口连接各种数据库后，可以以相同的方式操作各种数据库。Python 对数据库操作的流程如下：

(1) 导入相应数据库操作接口模块。

(2) 连接数据库。

(3) 执行 SQL 语句。

(4) 关闭数据库。

Python 2 中主要使用 mysqldb 模块来连接 MySQL 数据库，而 Python 3. x 版本中用于连接 MySQL 数据库的是 PyMySQL。在使用 PyMySQL 前，需要确保 PyMySQL 已安装。如果还未安装，可以使用以下命令安装最新版的 PyMySQL：

```
pip install PyMySql
```

安装过程：进入 cmd，输入 pip install PyMySql，按 Enter 键等待安装完成。安装成功后会出现如图 14-20 所示的信息，表示安装完成。

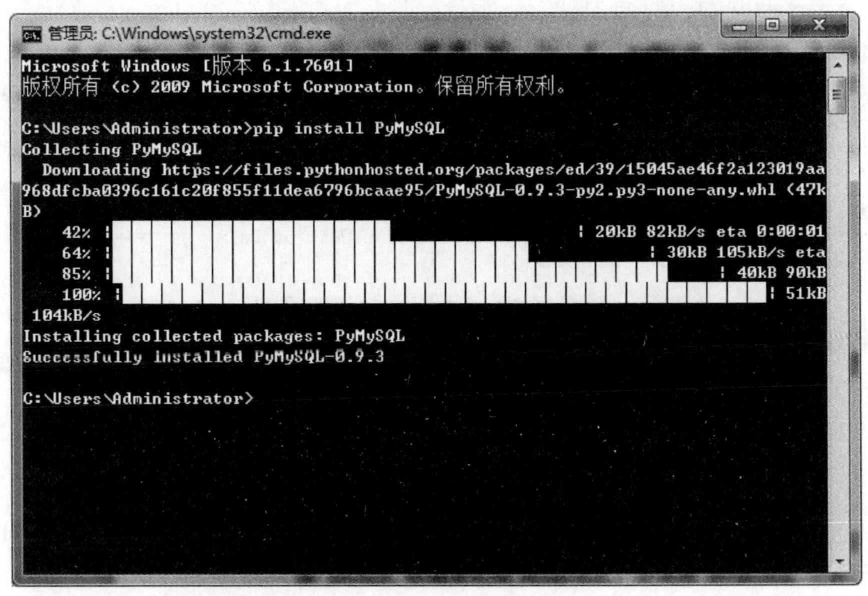

图 14-20　安装 PyMySQL

14.3.2　数据库应用开发举例

当 PyMySQL 安装好以后，Python 就可以连接 MySQL 数据库并执行相应的操作了。

先简单看一个完整的 Python 操作 MySQL 数据库的小例子，该例子中包含了 14.3.1 节中介绍的数据库操作流程的四个步骤。在该例子中，数据库使用了 14.2 节中所创建的 stumanage 数据库。

```
import pymysql                                            # 导入模块
con = pymysql.connect("localhost", "root", "123456", "stumanage")    # 连接数据库
cur = con.cursor()                                        # 创建一个游标对象 cur
# 使用 execute()方法执行 SQL 查询
cur.execute("SELECT * FROM student ORDER BY sid")
rows = cur.fetchall()                                     # 使用 fetchall()方法获取所有查询结果行
for row in rows:                                          # 逐条取数据
    for item in row:                                      # 取每条数据里的每个字段
        print(item, end = '\t')
    print()                                               # 输出换行
con.close()
```

运行结果如图 14-21 所示。

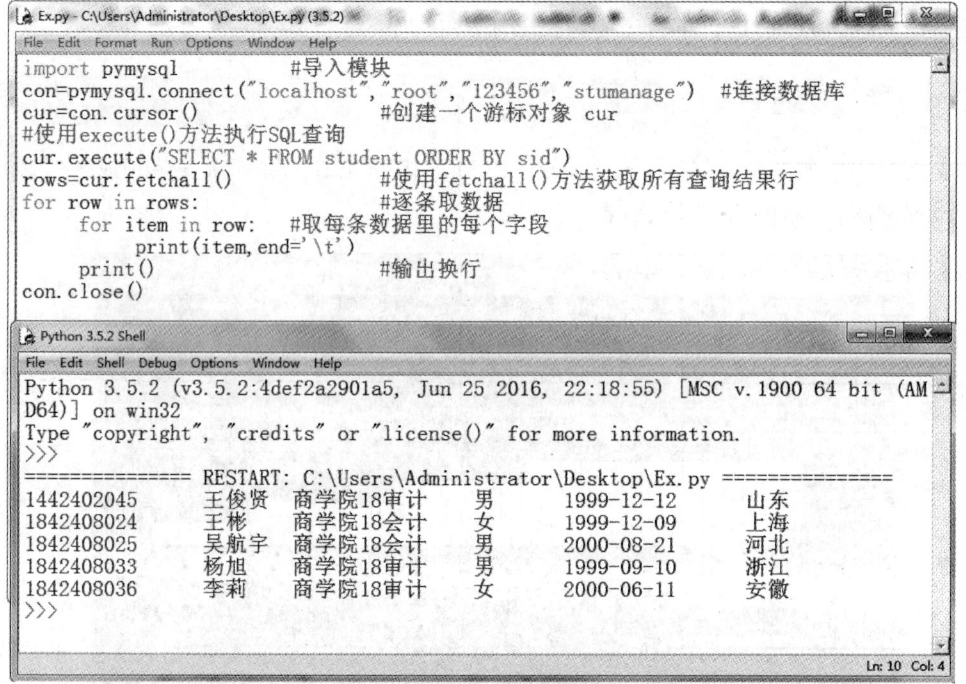

图 14-21 运行结果

上面的例子虽然不大，但是反映了数据库操作的基本流程。如果现在看不懂代码没有关系，后面会详细讲解 Python 访问 MySQL 数据库的一般步骤。

14.3.3 数据库应用开发步骤详解

1. 导入相应的数据库模块

访问和操作 MySQL 数据库时，首先需要导入 pymysql 模块，可以使用下面命令直接

导入：

```
import pymysql                    # 导入 pymysql 模块
```

2. 建立数据库连接，获取 Connection 对象

使用 pymysql 模块的 connect()函数建立数据库连接，返回连接对象 con，命令形式如下：

```
con = pymysql.connect(connectstring)        # 连接数据库，返回 Connection 对象
```

其中，参数 connectstring 是连接字符串。不同的数据库连接对象，其连接字符串的格式可能不同。MySQL 的连接字符串参数如表 14-5 所示。

表 14-5　MySQL 的连接字符串参数

参　数	说　明
host	MySQL 服务器的主机名或 IP 地址，localhost 或 127.0.0.1(默认值)都表示本地服务器
port	MySQL 服务器访问端口号，默认为 3306
user	登录 MySQL 服务器的用户名
passwd	登录 MySQL 服务器的密码
db	连接使用的默认数据库(也称当前数据库)
charset	MySQL 数据库使用的字符集，默认为 UTF-8

建立连接时，如果不指定参数，则使用各个参数的默认值进行连接。

建立连接成功后，可以使用以下 Connection 对象的属性来查看连接的相关属性。Connection 对象的属性如表 14-6 所示。

表 14-6　Connection 对象的属性

属　性	说　明
charset	返回连接使用的字符集
user	返回连接的用户名
server_host	返回 MySQL 服务器所在主机的 IP 地址或名称
server_port	返回访问 MySQL 服务器的 TCP/IP 协议访问端口
db	返回连接的数据库名称
password	返回连接数据库的密码

例如：

```
>>> import pymysql as cn
>>> con = cn.connect(host = "localhost", user = "root", password = "123456", db = "stumanage")
>>> con.charset
'utf8mb4'
>>> con.host_info
'socket localhost:3306'
```

```
>>> con.user
b'root'
>>> con.host
'localhost'
>>> con.port
3306
>>> con.db
b'stumanage'
>>> con.password
b'123456'
```

3. 创建游标(Cursor)对象,并执行 SQL 语句

成功创建 Connection 对象后,再创建一个 Cursor 游标对象,使用游标对象的 execute()方法执行 SQL 语句,可以访问或操纵数据库中的数据。

Connection 对象的常用方法如表 14-7 所示。

表 14-7 Connection 对象的常用方法

方 法	含 义
cursor()	返回连接的游标
commit()	提交当前事务,如果不提交,则上次调用 commit()方法后的所有修改都不会真正保存到数据库中
rollback()	撤销当前事务,将数据库恢复至上次调用 commit()方法后的状态
close()	关闭数据库连接

创建游标对象的语句如下:

```
cur = con.cursor()            #创建游标对象 cur
```

在数据库中,游标是一个十分重要的概念。游标是系统为用户开设的一个数据缓冲区,存放 SQL 语句的执行结果。游标提供了一种对从表中检索到的数据进行操作的灵活手段,就本质而言,游标实际上是一种能从包括多条数据记录的结果集中每次提取一条记录的机制。游标对象的常用方法和属性如表 14-8 所示。

表 14-8 Cursor 对象的常用方法和属性

方法/属性	含 义
execute()	执行一条 SQL 语句
executemany()	执行多条 SQL 语句
fetchone()	取得结果集的下一行
fetchmany()	获取结果集的下几行
fetchall()	获取结果集的所有行
close()	关闭游标对象
Rowcount 属性	返回受影响的行数或结果集的行数

当游标对象创建成功后,可以调用游标对象的 execute()方法执行一条 SQL 语句。例如:

```
cur.execute("SELECT * FROM student")            #执行一条 SELECT 查询语句
```

4. 获取游标的结果集

使用游标对象 execute()方法执行了 SQL 查询语句后，会得到一个结果集(例如，查询数据库表得到的一行或多行数据集)。使用游标对象的 fetchone()、fetchmany()、fetchall()共三个方法可以将数据集的结果取出来，交由 Python 进一步处理。fetchone()、fetchmany()、fetchall()方法分别获得结果集的一行、多行和全部行，由这些行组成元组作为返回值。例如：

```
>>> import pymysql as cn
>>> con = cn.connect(host = "localhost", user = "root", password = "123456", db = "stumanage")
>>> cur = con.cursor()
>>> n = cur.execute("SELECT * FROM student")     #execute()方法返回结果集行数
>>> print(n)                                      #输出行数,student 表中一共有 5 行数据
5
>>> row = cur.fetchone()                          #获取结果集的第一条数据
>>> type(row)                                     #row 为元组 tuple
<class 'tuple'>
>>> print(row)
('1842408024', '王冰', '商学院 18 会计', '女', datetime.date(1999, 12, 9), '上海')
>>> print(row[0])                                 #可使用下标引用元组的元素
1842408024
>>> rows = cur.fetchmany(2)          #一次获取 2 行数据,此时获取的是第 2、3 两行数据
>>> print(rows)
(('1842408025', '吴航宇', '商学院 18 会计', '男', datetime.date(2000, 8, 21), '河北'),
('1442402045', '王俊贤', '商学院 18 审计', '男', datetime.date(1999, 12, 12), '山东'))
>>> print(rows[0])                   #元组的元素还是元组
('1842408025', '吴航宇', '商学院 18 会计', '男', datetime.date(2000, 8, 21), '河北')
>>> rows = cur.fetchall()            #获取余下的全部数据(前面已读取 3 行,只剩两行数据了)
>>> print(rows)
(('1842408033', '杨旭', '商学院 18 审计', '男', datetime.date(1999, 9, 10), '浙江'),
('1842408036', '李莉', '商学院 18 审计', '女', datetime.date(2000, 6, 11), '安徽'))
```

当然，为了输出结果更规则，可以使用循环来控制输出的格式。例如：

```
>>> for r in rows:
        for item in r:
            print(item, end = '\t')
        print()
1842408033   杨旭   商学院 18 审计   男   1999 - 09 - 10   浙江
1842408036   李莉   商学院 18 审计   女   2000 - 06 - 11   安徽
```

5. 关闭数据库连接

当数据库不再使用时，要及时关闭连接。关闭数据库连接可使用 close()方法。格式如下：

```
con.close()                  #关闭数据库连接
```

14.3.4 数据库表的插入、更新和删除操作

在 14.3.3 节中演示了 Python 对 MySQL 数据库的操作的详细过程和步骤，但例子中仅仅演示了从数据库中查询表的操作，本节再通过例子来演示如何对数据库表进行插入、更新和删除操作。

```
import pymysql
con = pymysql.connect(host = "localhost", user = "root", \
    password = "123456", db = "stumanage")
cur = con.cursor()
#查询 student 表中所有记录并输出
cur.execute("SELECT * FROM student ORDER BY sid")
rows = cur.fetchall()
for row in rows:
    print(row)
print("=================================================================\n")

#插入一条记录到 student 表中
cur.execute("INSERT INTO student VALUES('1842408050','张明','商学院 18 工商','男','2000/3/9','北京')")
con.commit()                #提交当前事务,保存数据
#重新查询 student 表中所有记录并输出,观察是否多了一条记录
cur.execute("SELECT * FROM student ORDER BY sid")
rows = cur.fetchall()
for row in rows:
    print(row)
print("=================================================================\n")

#将 student 表中姓名为"王俊贤"的学号改为 1842408045
cur.execute("UPDATE student SET sid = '1842408045' WHERE sname = '王俊贤'")
con.commit()                #提交当前事务,保存数据
#重新查询 student 表中所有记录并输出,观察"王俊贤"的学号是否更改了
cur.execute("SELECT * FROM student ORDER BY sid")
rows = cur.fetchall()
for row in rows:
    print(row)
print("=================================================================\n")

#将 student 表中的女生记录全部删除
cur.execute("DELETE FROM student WHERE sex = '女'")
con.commit()                #提交当前事务,保存数据
#重新查询 student 表中所有记录并输出,观察性别为女的记录是否删除
cur.execute("SELECT * FROM student ORDER BY sid")
rows = cur.fetchall()
for row in rows:
    print(row)

con.close()
```

运行结果如图 14-22 所示。

```
Python 3.5.2 Shell
File Edit Shell Debug Options Window Help
Python 3.5.2 (v3.5.2:4def2a2901a5, Jun 25 2016, 22:18:55) [MSC v.1900 64 bit (AMD64)]
on win32
Type "copyright", "credits" or "license()" for more information.
>>>
=============== RESTART: C:\Users\Administrator\Desktop\Ex.py ===============
student表中记录如下：
('1442402045', '王俊贤', '商学院18审计', '男', datetime.date(1999, 12, 12), '山东')
('1842408024', '王冰', '商学院18会计', '女', datetime.date(1999, 12, 9), '上海')
('1842408025', '吴航宇', '商学院18会计', '男', datetime.date(2000, 8, 21), '河北')
('1842408033', '杨旭', '商学院18审计', '男', datetime.date(1999, 9, 10), '浙江')
('1842408036', '李莉', '商学院18审计', '女', datetime.date(2000, 6, 11), '安徽')
================================================================================

插入一条记录，student表中记录如下：
('1442402045', '王俊贤', '商学院18审计', '男', datetime.date(1999, 12, 12), '山东')
('1842408024', '王冰', '商学院18会计', '女', datetime.date(1999, 12, 9), '上海')
('1842408025', '吴航宇', '商学院18会计', '男', datetime.date(2000, 8, 21), '河北')
('1842408033', '杨旭', '商学院18审计', '男', datetime.date(1999, 9, 10), '浙江')
('1842408036', '李莉', '商学院18审计', '女', datetime.date(2000, 6, 11), '安徽')
('1842408050', '张明', '商学院18工商', '男', datetime.date(2000, 3, 9), '北京')
================================================================================

修改一条记录，student表中记录如下：
('1842408000', '王俊贤', '商学院18审计', '男', datetime.date(1999, 12, 12), '山东')
('1842408024', '王冰', '商学院18会计', '女', datetime.date(1999, 12, 9), '上海')
('1842408025', '吴航宇', '商学院18会计', '男', datetime.date(2000, 8, 21), '河北')
('1842408033', '杨旭', '商学院18审计', '男', datetime.date(1999, 9, 10), '浙江')
('1842408036', '李莉', '商学院18审计', '女', datetime.date(2000, 6, 11), '安徽')
('1842408050', '张明', '商学院18工商', '男', datetime.date(2000, 3, 9), '北京')
================================================================================

删除女生记录，student表中记录如下：
('1842408000', '王俊贤', '商学院18审计', '男', datetime.date(1999, 12, 12), '山东')
('1842408025', '吴航宇', '商学院18会计', '男', datetime.date(2000, 8, 21), '河北')
('1842408033', '杨旭', '商学院18审计', '男', datetime.date(1999, 9, 10), '浙江')
('1842408050', '张明', '商学院18工商', '男', datetime.date(2000, 3, 9), '北京')
>>> |
Ln: 36 Col: 4
```

图 14-22　运行结果

14.4　习　　题

1. 简述 DB、DBMS、DBS、DBAS 的基本概念。
2. 数据库的主要特点是什么？与传统的文件系统相比，数据库系统有哪些优点？
3. 简述数据库应用系统的开发步骤。
4. 在数据库系统中，有四种基本的数据模型，简要介绍这四种数据模型。
5. 目前主流的关系数据库有哪些？列举至少五种。
6. 简述 Python 对数据库操作的基本流程。
7. 简述 pymysql 模块中，Connection 对象和 Cursor 对象的使用方法。

第15章 Python网站开发*

15.1 Web 开发框架概述

15.1.1 常用的 Web 开发框架

在 Web 开发中,框架的作用是把程序的整体架构搭建好,程序员只需要在其基础上编写业务逻辑,以最少的代码实现自定义功能,而不需要浪费精力在编写基础组件上。

Python 是一个百花齐放的世界,各种 microframework、framework 数不胜数,所以在 Python 社区总有关于 Python 框架孰优孰劣的话题。事实上,世上没有最好的框架,只有最适合你自己、最适合你的团队的框架。任何框架都只是个工具,能多、快、好、省干完活的就是好框架。

下面介绍常用的 Web 开发框架。

1. Flask

Flask 是一个轻量级的 Web 应用框架,使用 Python 编写,也被称为 microframework。因为 Flask 使用简单的核心,所以没有默认使用的数据库、窗体验证工具。然而 Flask 保留了扩增的弹性,可以用 Flask-extension 加入关系对象模型(Object Relational Mapping, ORM)、窗体验证工具、文件上传、各种开放式身份验证技术功能。

2. Web2py

Web2py 是一个用 Python 语言编写的免费的开源 Web 框架,旨在敏捷、快速地开发 Web 应用,具有快速、可扩展、安全以及可移植的数据库驱动的应用,遵循 LGPLv3 开源协议。

Web2py 提供一站式的解决方案,整个开发过程都可以在浏览器上进行,提供了 Web 版的在线开发、HTML 模版编写、静态文件上传、数据库编写、日志功能,以及一个自动化的 admin 接口。

3. CherryPy

CherryPy 是一种用于 Python 的简单而非常有用的 Web 框架,其主要作用是以尽可能少的操作将 Web 服务器与 Python 代码连接,其功能包括内置的分析功能、灵活的插件系统

以及一次运行多个 HTTP 服务器的功能，可运行在最新版本的 Python、Jython、Android 上。

4. Django

Django 是一个开源的 Web 应用框架，由 Python 编写而成，它鼓励快速开发，并遵循 MVC 设计。Django 在近年来发展迅速，应用越来越广泛，被认为是该领域的佼佼者。

如果说 Django 是 Python 框架里最好的，有人同意也有人坚决反对，但说 Django 的文档最完善、市场占有率最高、招聘职位最多，估计大家不会有什么意见。

Django 的优点是显著的，比如说提供了全套的解决方案，基本是要什么有什么，因此开发效率很高，出了问题也好找。Django 强大的 URL 路由配置可以设计出非常优雅的 URL。admin interface 也是 Django 比较吸引眼球的一项功能，几乎不用写一行代码就能拥有一个完整的后台管理界面。

Django 也有缺点，比如，很难用自己喜欢的第三方库来代替 Django 内置的某些功能。另外，URL 配置虽然强大，但全部要手写，高手和初识 Django 的人配置的 URL 会有很大差异。

总的来说，Django 的特点是大包大揽，用它来快速开发一些 Web 应用是很不错的。如果顺着 Django 的设计哲学，会让人觉得 Django 很好用，越用越顺手。因此本书选择 Django 框架作为开发工具。

15.1.2　MVC 和 MTV 模式简介

1. MVC 模式

MVC(Model-View-Controller)模式是一种使用模型—视图—控制器来设计和创建 Web 应用程序的模式。MVC 的分层结构有助于管理复杂的应用程序，让用户可以在某个时间内专门关注某个方面。

1) 模型

模型(model)是应用程序中用于处理应用程序数据逻辑的部分。通常模型对象负责在数据库中存取数据。

2) 视图

视图(view)是应用程序中处理数据显示的部分。通常视图是依据模型数据创建的。对老的 Web 应用程序来说，视图就是由 HTML 元素组成的界面，在新的 Web 应用程序中，HTML 依旧在视图中扮演着重要的角色，但还包括了像 Adobe Flash 和 XHTML、XML/XSL、WML 等一些标识语言，以及 Web Service 等一些新的技术。

3) 控制器

控制器(controller)是应用程序中处理用户交互的部分。通常控制器负责从视图读取数据，控制用户输入，并向模型发送数据。例如当单击 Web 页面中的超链接和发送 HTML 表单时，控制器接收请求并决定调用哪个模型构件去处理请求，然后再确定用哪个视图来显示返回的数据。

2. MTV 模式

Django 也遵循了 MVC 模式，它是一种广义的 MVC 框架。但是 Django 的控制器部分是由框架自行处理的，程序员更多关注的是模型(model)、模板(template)和视图(view)，所以 Django 也被称为 MTV(Model-Template-View)框架。

1）模型

模型是数据存取层，负责处理与数据相关的所有事务，包括如何存取、验证有效性、包含哪些行为以及数据之间的关系等。

2）模板

模板是表现层，负责如何把页面展示给用户。

3）视图

视图是业务逻辑层，负责在适当时候调用模型和模板。

除了以上三层外，还需要一个 URL 分发器，它的作用是将一个个 URL 的页面请求分发给不同的视图函数处理，视图函数再调用相应的模型和模板。MTV 模式的具体工作流程如下。

Step1：Web 服务器收到一个 HTTP 请求；

Step2：Django 在 URL 配置里查找对应的视图函数来处理 HTTP 请求；

Step3：视图函数调用相应的数据模型来存取数据，并调用相应的模板向用户展示页面；

Step4：视图函数处理结束后返回一个 HTTP 响应给 Web 服务器；

Step5：Web 服务器将响应发送给客户端。

这种设计模式的优势在于各种组件都是松耦合的。每个由 Django 驱动的 Web 应用都有明确的目的，可独立更改而不影响到其他部分。比如，开发者更改一个应用程序中的 URL 而不用影响这个程序底层的实现。设计师可以改变 HTML 页面的样式而不用接触 Python 代码。数据库管理员可以重新命名数据表并且只更改模型，而无须从一大堆文件中进行查找和替换。

15.2　Django 开发环境的搭建

15.2.1　Django 框架的安装

Django 是 100%使用 Python 代码编写而成的，因此安装 Django 前需要确保已经安装了 Python 开发环境。Django 的最新官方版是 2.2.5 版，但是经过实测，Django 2.2 版跟本书使用的 MySQL 的驱动程序 PyMySQL 0.9.3(已经是最新版)不兼容，因此决定只使用更成熟稳定的 Django 2.1.4 版。Windows 下安装 Django 的最简单方式是在命令行方式下输入 pip install django==2.1.4，就可以自动安装 Django 了。

检查是否已安装成功，可以在 IDLE 中输入以下命令进行检查：

```
>>> import django
>>> django.get_version()
```

如果输出了 Django 的版本号则说明安装正确。

15.2.2　创建第一个 Django 项目

在创建 Django 项目前先来认识一下 Django 项目与 Django 应用的关系。Django 项目

其实是一个基于 Django 的 Web 应用，相当于一个网站，这个 Django 项目中包含了一组配置和若干个 Django 应用。一般来说一个 Django 项目可以包含多个 Django 应用。

下面以创建一个投票的 Web 应用程序作为示例，来学习如何通过 Django 创建一个网站。这个投票网站由两部分组成：供人们投票的公共站点和供管理员添加、删除和修改投票项的管理站点。

1. 创建 Django 项目

Django 项目是使用 django-admin 工具创建的项目结构，例如要创建 Django 项目 mysite，可以在 DOS 命令行下输入如下命令：

```
django - admin.py startproject mysite
```

等待片刻后创建完成，在用户目录中将创建出一个 mysite 文件夹，其内部的目录结构说明如表 15-1 所示。

表 15-1　Django 项目的目录结构说明

名　称	说　明
外层 mysite	项目的容器。这个文件夹的名字其实并不重要，可以随意修改这个文件夹的名字
manage. py	一个可以用各种方式管理 Django 项目的命令行工具。用户不需要编辑这个文件
内层 mysite	一个纯 Python 包。它的名字就是当引用内部任何东西时需要用到的 Python 包名
mysite/__init__. py	自动创建的一个空文件，是包初始化模块，告诉 Python 这个目录是一个包
mysite/settings. py	Django 项目的配置文件。Django 有默认配置和自定义配置两种配置，默认配置是在 django\conf\global_settings. py 中，自定义配置就是项目文件夹中的这个文件。在这两种配置中，首先使用默认配置，然后自定义配置将覆盖默认配置
mysite/urls. py	Django 项目的 URL 声明，处理用户交互部分的内容就是这个 urls. py 文件。urls. py 是 URL 分发器（也可以称为 URL 请求映射表），主要是根据地址栏中的请求地址，urls. py 文件会响应不同的处理函数
mysite/wsgi. py	作为项目运行在 WSGI（Web Server Gateway Interface）兼容的 Web 服务器上的入口。WSGI 是为 Python 语言定义的 Web 服务器和 Web 应用程序或框架之间的通用接口

2. 创建 Django 应用

Django 应用是一个可重用的 Python 软件包，提供了一定的功能，相当于一个子模块、功能部件，所有应用都可共享整个项目的资源。Django 应用可以使用 Django 项目的 manage. py 创建。例如在 mysite 文件夹下执行如下命令：

```
python manage. py startapp polls
```

系统就创建了一个名为 polls 的 Django 应用，此时在外层 mysite 中出现了一个 polls 文件夹，里面自动创建了__init__. py、admin. py、apps. py、models. py、tests. py、views. py 等模块。

事实上，一个 Django 应用也可以被多个不同的项目使用，所以 Django 应用不一定必须在 mysite 文件夹中，它可以在任何地方。

3. 检测项目是否正常

进入 mysite 目录,输入以下命令启动服务器:

```
python manage.py runserver
```

等待片刻后可以看到如图 15-1 所示的界面。

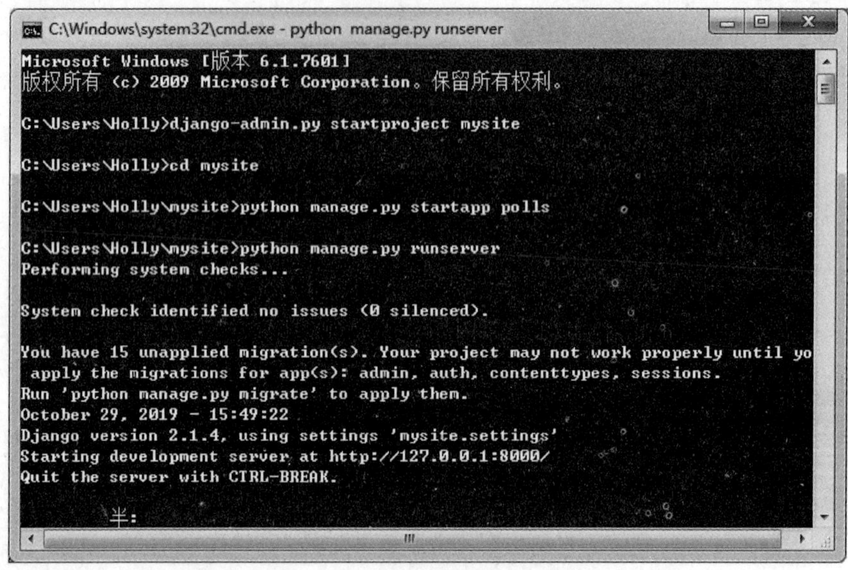

图 15-1 启动服务器

在这个界面上可以看到倒数第二行中有说明系统默认使用的服务器地址为 127.0.0.1,端口号为 8000。此时表示服务器已经启动,按下 Ctrl+C 快捷键则可以关闭服务器。

打开浏览器,在地址栏中输入 127.0.0.1:8000 进行测试,输出结果如图 15-2 所示。

图 15-2 测试服务器

这就说明 Django 开发环境已经搭建成功了。

4. 配置简单视图

打开 polls 目录中的 views. py 文件，输入以下代码：

```
from django.http import HttpResponse

def index(request):
        return HttpResponse("Hello world ! ")
```

这是一个最简单的视图。为了调用视图，还需要将它映射到一个 URL。

5. 绑定 URL 与视图函数

在 polls 中创建 urls. py 文件，输入以下代码：

```
from django.urls import path
from . import views

urlpatterns = [
        path('', views.index, name = 'index'),
]
```

下一步还需修改内层 mysite 中的 urls. py 文件，使用 include()函数来引用其他的 URL 配置，最终的代码如下：

```
from django.contrib import admin
from django.urls import include, path

urlpatterns = [
        path('polls/', include('polls.urls')),
        path('admin/', admin.site.urls),
]
```

完成后，启动 Django 开发服务器，并在浏览器的地址栏中输入 127. 0. 0. 1:8000/polls，可以看到打开了如图 15-3 所示的页面。

图 15-3　页面运行结果

15.3 Django 框架的应用

15.3.1 数据库配置

Django 中的数据库配置一般需要如图 15-4 所示的步骤。

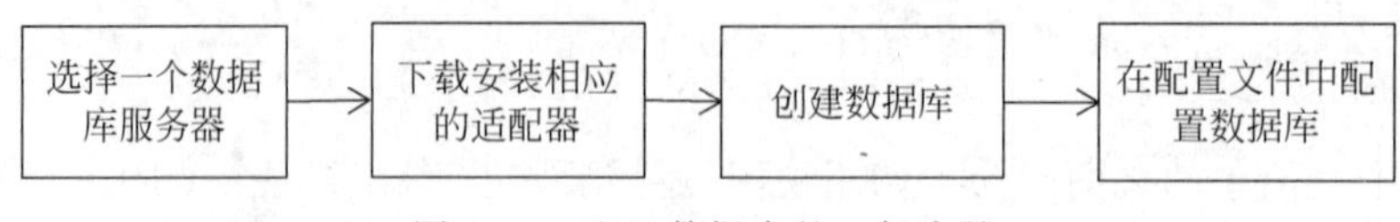

图 15-4 配置数据库的一般步骤

Django 默认使用的数据库是 SQLite,如果只是要试试 Django 的功能,而不是实际的应用,那么 SQLite 就是一个最方便的选择,因为它是 Python 自带的一个数据库,不需要再另外安装数据库。不过实际应用中经常会选择使用其他数据库。

数据库的配置信息是在 settings. py 文件中,打开这个文件并查找 DATABASES,其一般格式为:

```
DATABASES = {
    'default': {
        'ENGINE': 'django.db.backends.mysql',        # 数据库引擎
        'NAME': 'mydb',                              # 要存储数据的库名,事先要创建
        'USER': 'root',                              # 数据库用户名
        'PASSWORD': '1234',                          # 密码
        'HOST': 'localhost',                         # 主机
        'PORT': '3306',                              # 数据库使用的端口
    }
}
```

其中,ENGINE 是告诉 Django 使用哪个数据库引擎,常用的数据库有 PostgreSQL、MySQL、SQLite、Oracle 等,但无论选择使用哪个数据库引擎,都必须下载和安装对应的数据库适配器。数据库引擎设置及其适配器如表 15-2 所示。

表 15-2 数据库引擎设置及其适配器

设 置	数 据 库	适 配 器
postgresql	PostgreSQL	psycopg 版本 1. x
postgresql_psycopg2	PostgreSQL	psycopg 版本 2. x
mysql	MySQL	MySQLdb
sqlite3	SQLite	Python 2. 5+内建
oracle	Oracle	cx_Oracle

由于 MySQLdb 不支持 Python 3. x,所以使用 MySQL 时需在 mysite 文件夹下的 __init. py__中加入如下代码,否则会出错。

```
import pymysql
pymysql.install_as_MySQLdb()
```

其他几个参数中，NAME 是数据库的名字，USER 表示 Django 用哪个用户连接数据库，PASSWORD 表示 Django 连接用户的密码，HOST 表示 Django 连接哪一台主机的数据库服务器，PORT 表示 Django 连接数据库时使用哪个端口。

Django 默认使用的数据库为 SQLite 3，数据库只是计算机中的一个文件，所以 NAME 填的是数据库文件的绝对位置，USER、PASSWORD、HOST 都可空白，不填写。

配置完成后，在 Python 的交互界面下，输入以下命令来测试数据库配置：

```
>>> from django.db import connection
>>> cursor = connection.cursor()
```

如果没有显示什么错误信息，那么数据库配置是正确的，否则就得查看错误信息来纠正错误。

15.3.2　创建数据模型

数据模型(data model)是数据特征的抽象。数据模型从抽象层次上描述了系统的静态特征、动态行为和约束条件，为数据库系统的信息表示与操作提供了一个抽象的框架。数据模型所描述的内容有三部分：数据结构、数据操作和数据约束。

1. ORM

ORM(Object Relational Mapping，对象关系映射)是通过使用描述对象和数据库之间映射的元数据，将面向对象语言程序中的对象自动持久化到关系数据库中。其本质是将数据从一种形式转换到另外一种形式。

Django 的 ORM 位于框架的中心，它介于数据模型和基础关系数据库对象之间。简单点说，就是 Django 的 ORM 机制把底层的关系数据库和 Python 的面向对象特质联系了起来。换句话说，模型类映射的是数据表，对模型的操作会直接反映到底层的数据表，即类就代表了表，对象代表表中的某一行，对象的属性则代表了列。所以定义数据模型之后，通过映射到基础数据库中的 Python 对象，就可以创建、检索、更新和删除数据库中的数据。

2. 常用的数据模型字段类型

Django 常用的数据模型字段如表 15-3 所示。

表 15-3　Python 常用的数据模型字段类型

类　型	说　明
AutoField	一个自动增加的整数类型字段
BooleanField	布尔值类型，默认值是 None
CharField	字符串类型，必须通过 max_length 参数指定字符串的最大长度
CommaSeparatedIntegerField	用逗号分隔开的整数字段
DateField	日期类型
DateTimeField	日期时间类型
EmailField	邮箱类型，可以自动进行邮箱地址合法性验证
FileField	文件上传字段
FilePathField	文件系统中某个目录下的文件名
FloatField	浮点数类型

续表

类　型	说　明
GenericIPAddressField	IPv4 或者 IPv6 地址,字符串形式
ImageField	同 FileField 字段,只是验证上传的对象是一个有效的图片
IntegerField	整数类型,取值范围是－2 147 483 648～2 147 483 647
IPAddressField	IP 地址字段,以字符串格式表示
NullBooleanField	同 BooleanField 字段,但它支持 None/Null
PhoneNumberField	它是一个 CharField,并且会检查值是否是一个合法的美式电话格式
PositiveIntegerField	和 IntegerField 类似,但必须是正值
PositiveSmallIntegerField	和 PositiveIntegerField 类似,但只允许小于一定值,最大值取决于数据库
SmallIntegerField	和 IntegerField 类似,但是只允许是在一个与数据库相关的范围内的数值
TextField	一个不限长度的文本内容
TimeField	时间字段
URLField	一个用于保存 URL 地址的字符串类型,默认最大长度为 200
XMLField	它就是一个 TextField,只不过要检查值是否匹配指定 Schema 的合法 XML

3. 创建数据模型

Django 通过自定义 Python 类的形式来定义具体的模型,每个模型代表数据库中的一张表,每个类的实例代表数据表中的一行数据,类中的每个变量代表数据表中的一列字段。模型一般都是在 models. py 文件中创建。

下面为 15.2.2 节创建的 mysite 项目创建两张表 Question 和 Choice。打开 polls 文件夹下的 models. py 文件,输入以下代码:

```
from django.db import models

class Question(models.Model):
    question_text = models.CharField(max_length = 200)
    pub_date = models.DateTimeField('date published')

class Choice(models.Model):
    question = models.ForeignKey(Question, on_delete = models.CASCADE)
    choice_text = models.CharField(max_length = 200)
    votes = models.IntegerField(default = 0)
```

这段代码将创建两张表,其中 Question 表有两个字段: question_text 和 pub_date, Choice 表有 3 个字段: question、choice_text 和 votes,并且使用了外键,将 Choice 和 Question 关联起来。Django 是可以支持一对一、一对多、多对多联系的。

4. 激活数据模型

创建完模型后,还需要安装应用,就是把应用的配置类导入 INSTALLED_APPS 的设置中。与应用相关的配置类在 apps. py 中,名字为'polls. apps. PollsConfig'。

打开 mysite 中的 settings. py 文件,找到 INSTALLED_APPS 项,添加语句后的代码如下(仅显示 INSTALLED_APPS 部分的代码):

```
INSTALLED_APPS = [
        'polls.apps.PollsConfig',
        'django.contrib.admin',
        'django.contrib.auth',
        'django.contrib.contenttypes',
        'django.contrib.sessions',
        'django.contrib.messages',
        'django.contrib.staticfiles',
]
```

这样才能知道 Django 安装了应用。

5．同步数据库

无论是第一次在 models. py 中创建类对象还是对类中的属性进行修改，都需要使用 python manage. py makemigrations 和 python manage. py migrate 这两个命令。

首先从 cmd 窗口进入 manage. py 所在的目录，执行以下命令：

```
python manage.py makemigrations
```

稍等片刻，窗口出现的界面如图 15-5 所示。

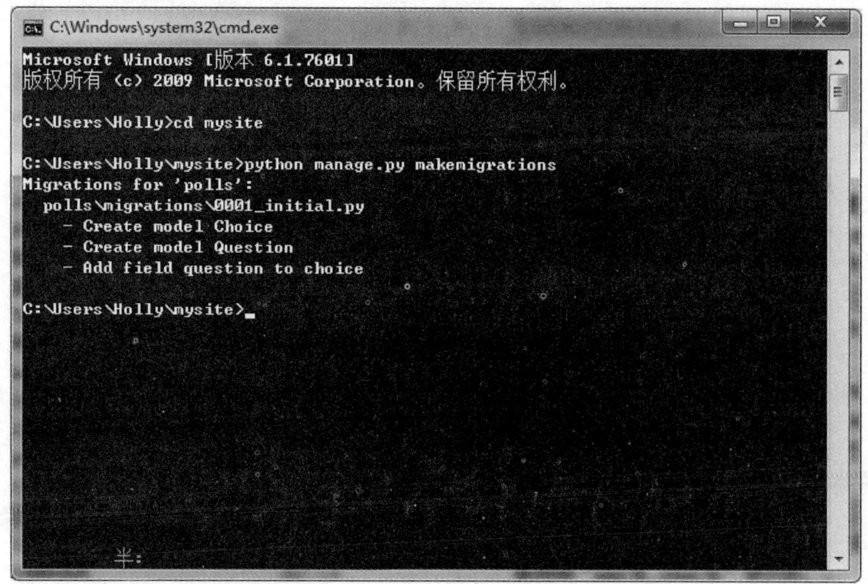

图 15-5　执行命令后的窗口界面

参考对话框中的内容 polls\migrations\0001_initial. py，可以发现在 polls 文件夹的 migrations 下多了一个 0001_initial. py 的文件，其实此时并未真正在数据库中创建数据表。

随后，继续执行如下命令：

```
python manage.py migrate
```

执行完后，Django 才真正创建了名为 polls_Question 和 polls_Choice 的表，它的自动命名规则是按照“app 名_class 名”进行的。

6. 数据访问

创建模型以后，Django 自动为这些模型提供了高级的 Python API，可以轻松访问数据库表。

首先在命令行下输入如下命令：

```
python manage.py shell
```

随后在交互界面下，按照如下命令与 manage.py 交互：

```
>>> from polls.models import Choice, Question          #导入模型类
>>> Question.objects.all()
<QuerySet []>
>>> from django.utils import timezone
>>> q = Question(question_text = "What's new?", pub_date = timezone.now())
>>> q.save()
>>> q.id
1
>>> q.question_text
"What's new?"
>>> q.pub_date
datetime.datetime(2019, 9, 26, 13, 0, 0, 775217, tzinfo = <UTC>)
>>> q.question_text = "What's up?"
>>> q.save()
>>> Question.objects.all()
<QuerySet [<Question: Question object (1)>]>
```

可以看到有的输出信息不能很好地给出提示，比如，< Question: Question object (1)> 这样的输出就不能给我们任何有用的帮助。所以，还需要对 Question 和 Choice 类改进一下，为它们设置一个__str__()方法。改进后的代码如下：

```
from django.db import models

class Question(models.Model):
    question_text = models.CharField(max_length = 200)
    pub_date = models.DateTimeField('date published')
    def __str__(self):
        return self.question_text

class Choice(models.Model):
    question = models.ForeignKey(Question, on_delete = models.CASCADE)
    choice_text = models.CharField(max_length = 200)
    votes = models.IntegerField(default = 0)
    def __str__(self):
        return self.choice_text
```

加入__str__()方法，不仅仅是为了方便在交互方式下显示使用，也是为了 Django 的自

动生成管理需要。

另外在 Question 类中用到了 DateTimeField 型的字段，还得加入与时区有关的 was_published_recently()方法。相关代码如下(只显示与方法有关的部分代码)：

```
from django.db import models
import datetime
from django.utils import timezone

class Question(models.Model):
    #...
    def was_published_recently(self):
        return self.pub_date >= timezone.now() - datetime.timedelta(days = 1)
```

保存 models.py 后，重新运行 python manage.py shell 命令，与 manage.py 交互，命令如下：

```
>>> from polls.models import Choice, Question
>>> Question.objects.all()
<QuerySet [<Question: What's up?>]>
>>> Question.objects.filter(id = 1)
<QuerySet [<Question: What's up?>]>
>>> Question.objects.filter(question_text__startswith = 'What')
<QuerySet [<Question: What's up?>]>
>>> from django.utils import timezone
>>> current_year  =  timezone.now().year
>>> Question.objects.get(pub_date__year = current_year)
<Question: What's up?>
>>> Question.objects.get(id = 2)
Traceback (most recent call last):
...
DoesNotExist: Question matching query does not exist.
>>> Question.objects.get(pk = 1)
<Question: What's up?>
>>> q  =  Question.objects.get(pk = 1)
>>> q.was_published_recently()
True
>>> q  =  Question.objects.get(pk = 1)
>>> q.choice_set.all()
<QuerySet []>
>>> q.choice_set.create(choice_text = 'Not', votes = 0)
<Choice: Not much>
>>> q.choice_set.create(choice_text = 'The sky', votes = 0)
<Choice: The sky>
>>> c  =  q.choice_set.create(choice_text = 'Just hacking again', votes = 0)
>>> c.question
<Question: What's up?>
>>> q.choice_set.all()
<QuerySet [<Choice: Not much>, <Choice: The sky>, <Choice: Just hacking again>]>
```

```
>>> q.choice_set.count()
3
>>> Choice.objects.filter(question__pub_date__year = current_year)
<QuerySet [<Choice: Not much>, <Choice: The sky>, <Choice: Just hacking again>]>
>>> c = q.choice_set.filter(choice_text__startswith = 'Just hacking')
>>> c.delete()
```

7. 加入站点管理

一个网站一般有管理者和访问者两类用户,站点管理是管理者使用的功能。Django 自带了后台管理功能,可以快速、便捷地管理数据。后台管理是在各个应用的 admin.py 文件中进行控制。

1) 创建管理者账号

创建管理者账号是第一步要做的工作。在命令行下输入:

```
python manage.py createsuperuser
```

然后输入希望创建的账户名,例如 admin,如果什么都不输,则使用默认的 Windows 用户名。

接下来输入希望显示的邮箱地址,例如 admin@example.com。

最后一步是输入管理者账号的密码,输入两遍确认后即创建成功了。注意,如果密码设置得太简单,则可能会被拒绝。

2) 启动开发服务器

必须确保服务器是运行状态,如果当前未运行,则可以通过 python manage.py runserver 命令启动服务器。然后打开浏览器,输入地址 http://127.0.0.1:8000/admin,就可以看到出现如图 15-6 所示的页面。

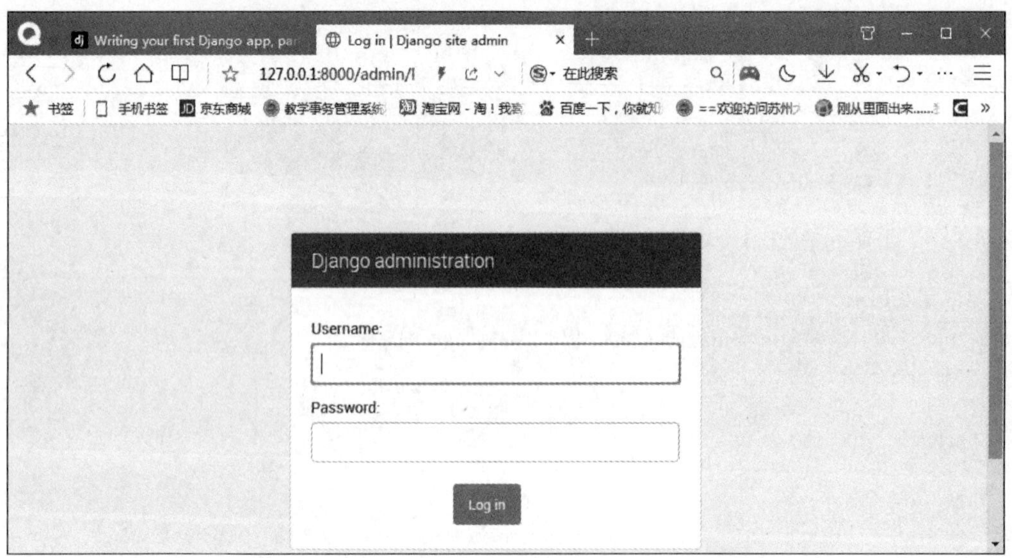

图 15-6　站点管理的登录页面

这个页面默认采用的是英文,也可以通过设置改为其他语言。

3) 登录管理者账号

在如图15-6所示的页面中,在Username文本框中输入管理者账号名,在Password文本框中输入密码,单击Log in按钮,进入如图15-7所示的站点管理页面。

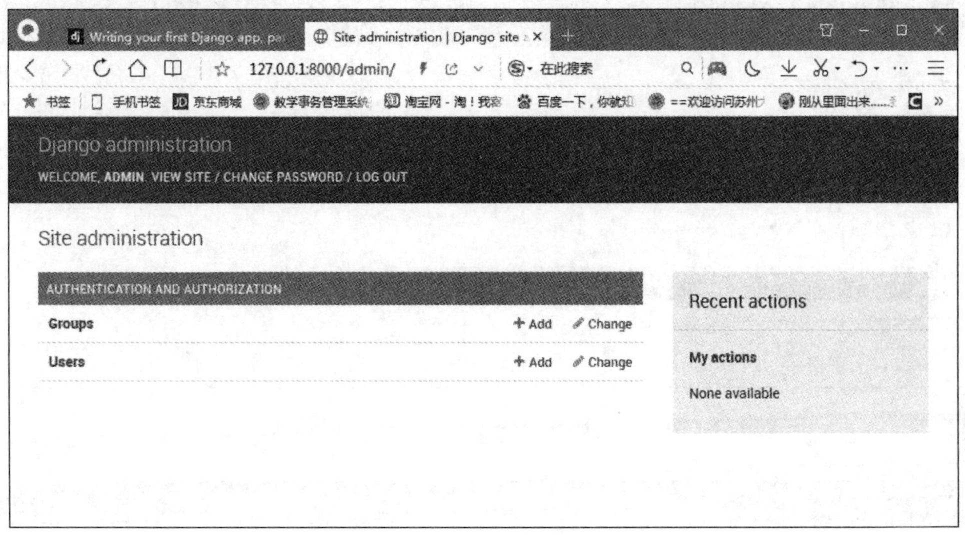

图15-7　站点管理页面

在这个页面下就可以添加或编辑组和用户了。

4) 注册模型类

现在要对Question对象进行管理,还需要在admin.py文件中进行注册。打开polls文件夹中的admin.py,输入如下语句:

```
#1.  from django.contrib import admin
#2.  from .models import Question
#3.  admin.site.register(Question)          #注册模型类
```

将Question类注册进来后,就意味着Django知道在index页面中显示Question了。刷新一下图15-7的页面,可以看到在下方又多了一项Questions的管理功能,如图15-8所示。

单击Questions,显示一些事先已经存储在数据库中的问题,如图15-9所示。

可以在这个页面下添加或修改问题。例如,单击"What's up?"项,页面将变为如图15-10所示的页面。

在这个页面下,就可以修改、添加和删除问题项了。

15.3.3 创建视图

视图是Django应用的一个页面,提供了某个特定功能。例如,上面的示例网站将提供4个视图。

- Question的index页面:显示列举的问题;

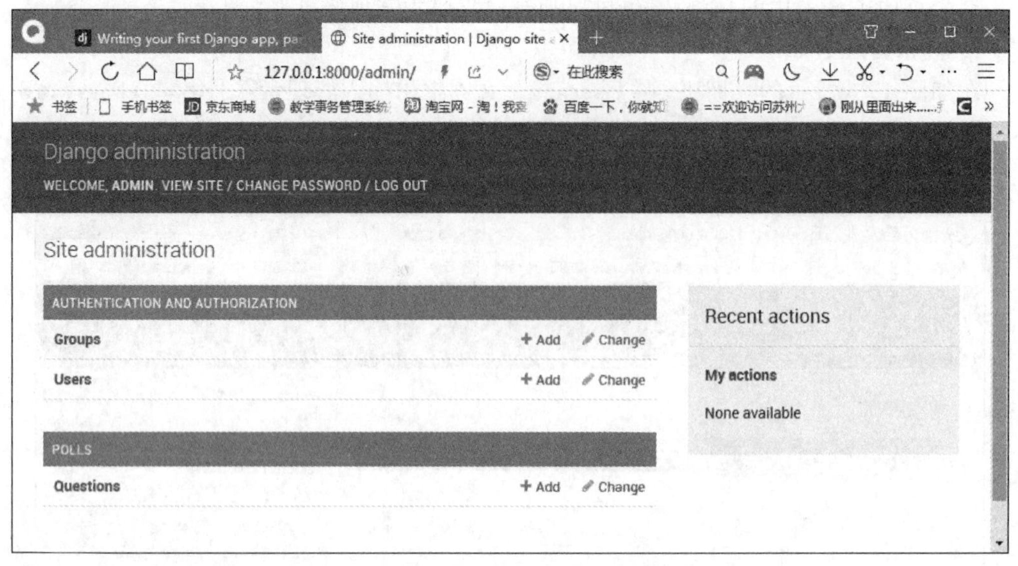

图 15-8　注册了 Question 类的管理页面

图 15-9　Question 类的管理页面

- Question 的 detail 页面：显示问题的内容，不带结果，只有投票的表单；
- Question 的 results 页面：显示某个问题的投票结果；
- Vote 行为：处理某个问题选项的投票。

在 Django 中，页面和其他内容都是由视图分发的，视图就是一个 Python 函数。当 Django 服务器接收到特定的 URL 后，根据 URL 的路由找到相应的视图函数，再去 models 中取数据，取到数据后，通过创建模板，视图函数把响应对象返回给客户端显示出来。

一般来说每个视图函数都需要一个 request 参数，这是触发这个视图的一个对象，包含了当前 Web 的请求信息。

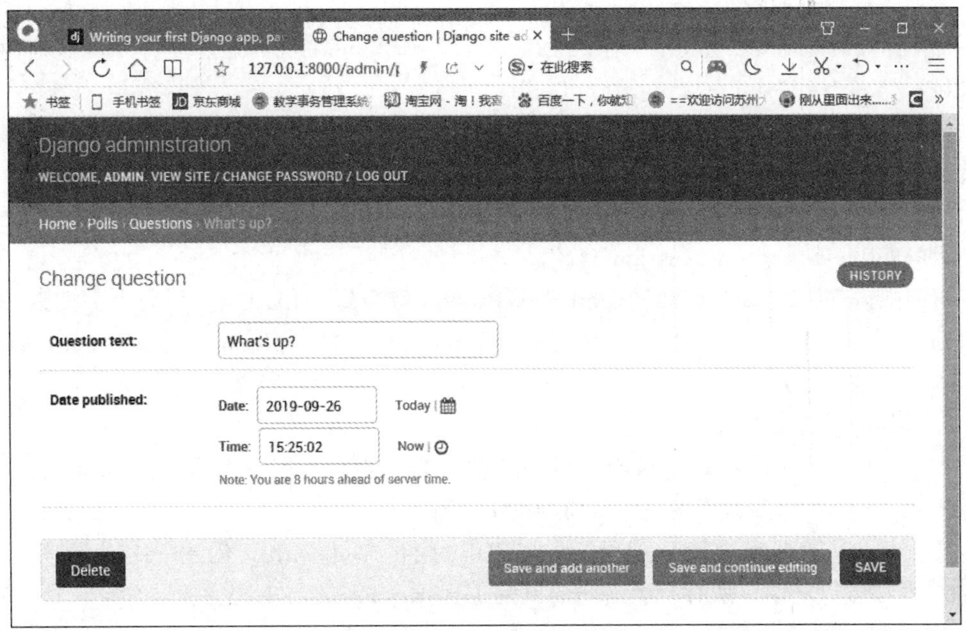

图 15-10　修改问题的页面

1. 视图函数

打开 polls 文件夹下的 views. py 文件，在后面继续添加如下代码：

```
def detail(request, question_id):
    return HttpResponse("You're looking at question %s." % question_id)

def results(request, question_id):
    response = "You're looking at the results of question %s."
    return HttpResponse(response % question_id)

def vote(request, question_id):
    return HttpResponse("You're voting on question %s." % question_id)
```

然后将这些视图也导入 URL 中。打开 polls 文件夹中的 urls. py 文件，在 urlpatterns 列表中添加视图函数的路径。最终的代码如下：

```
from django.urls import path

from . import views

urlpatterns = [
    path('', views.index, name='index'),
    path('<int:question_id>/', views.detail, name='detail'),
    path('<int:question_id>/results/', views.results, name='results'),
    path('<int:question_id>/vote/', views.vote, name='vote'),
]
```

下面进行测试。

(1) 打开浏览器，在地址栏中输入 127.0.0.1/8000/polls/34，通过运行 detail()将页面转去显示"You're looking at question 34."。

(2) 在浏览器地址栏中输入 127.0.0.1/8000/polls/34/results，通过运行 results()将页面转去显示"You're looking at the result of question 34."。

(3) 在浏览器地址栏中输入 127.0.0.1/8000/polls/34/vote，通过运行 vote()将页面转去显示"You're voting on question 34."。

本例中输入 127.0.0.1/8000/polls/34，Python 就会到 urlpatterns 列表中去搜索，对应到'<int: question_id>/'，然后就会调用 datail(request=< HttpRequest object >，question_id=34))。

2. 实际使用的视图

实际上每一个视图都只做这两件事情中的一件：要么返回一个含有请求页面内容的 HttpResponse 对象，要么引发一个异常，比如 Http404。

视图可以从数据库中读取记录、生成 PDF 文件、输出 XML、创建 ZIP 文件等，任何 Python 库都可以使用。所有视图需要的就是 HttpResponse，或者是一个异常。

下面把 index()稍微改一下，这样就可以显示五个问题。打开 polls 文件夹下的 views.py 文件，修改 index()代码如下：

```
from django.http import HttpResponse
from .models import Question

def index(request):
    latest_question_list = Question.objects.order_by('-pub_date')[:5]
    output = ', '.join([q.question_text for q in latest_question_list])
    return HttpResponse(output)
```

现在再到浏览器中刷新页面，就能看见页面上显示五个问题了。

3. 引发 404 错误

如果要显示的问题不存在，就会引发异常。下面将 polls 文件夹中的 views.py 中的 detail()修改为如下所示(只显示部分代码)：

```
from django.http import HttpResponse
from .models import Question
from django.http import Http404
from django.shortcuts import render

def detail(request, question_id):
    try:
        Question = Question.objects.get(pk = question_id)
    except Question.DoesNotExist:
        raise Http404("Question does not exist")
    return render(request, 'polls/detail.html', {'question': question})
```

这样当问题不存在时，就会触发这个异常处理，显示 Question does not exist。

这里还有一个问题，就是页面的设计是由视图控制的，如果想改变页面的外观，就要编辑 Python 代码，所以我们还需要创建视图使用的模板。

15.3.4 模板系统

作为 Web 框架，Django 提供了模板，用于编写 HTML 代码，可以嵌入模板代码更快、更方便地完成页面开发。通过在视图中渲染模板，将最终生成的 HTML 字符串返回给客户端浏览器。模板致力于表达外观，而不是程序逻辑。一个视图可以使用任意一个模板，一个模板也可以供多个视图使用。

模板包含两部分：静态部分和动态部分。静态部分包含 HTML、CSS、JavaScript；动态部分就是模板语言。Django 的模板语言定义在 django.template 包中。项目的 settings.py 文件中定义了关于模板的配置。

1. 设置模板文件

首先，在 polls 文件夹中创建一个名为 templates 的文件夹，项目的模板文件将存放在此处。在 templates 文件夹下，再创建一个 polls 文件夹，并在其下建立一个 index.html 文件，输入如下代码：

```
{% if latest_question_list %}
    <ul>
    {% for question in latest_question_list %}
        <li><a href="/polls/{{ question.id }}/">{{ question.question_text }}</a></li>
    {% endfor %}
    </ul>
{% else %}
    <p>No polls are available.</p>
{% endif %}
```

注意，这段代码里含有模板的语法，已经不是普通的 HTML 文件了。凡是含有模板语法的 HTML 文件都应该被视为模板文件。

接着把 polls 文件夹中的 views.py 的 index()更改为如下代码(只显示部分代码)：

```
from django.http import HttpResponse
from django.template import loader
from .models import Question

def index(request):
        latest_question_list = Question.objects.order_by('-pub_date')[:5]
        Context = {'latest_question_list':latest_question_list}
        return render(request, 'polls/index.html', context)
```

这里说明了装载的模板是 polls/index.html。随后刷新 127.0.0.1:8000/polls，可以看到页面中“What's up?”下多了一个超链接，单击超链接可以转到该问题的 datail 页面。但是此时 detail 页面发生了一个 TemplateDoesNotExist 异常，这是因为缺少模板。

可以在 templates 下的 polls 中新建一个 detail.html 文件，输入如下代码：

```
{{ question }}
```

再次刷新 127.0.0.1:8000/polls 并单击超链接，就可以看到页面正常显示了。

2. 去除模板中的 URL 硬代码

在 polls 文件夹的 index.html 中，有一行代码形如：

```
<li><a href="/polls/{{ question.id }}/">{{ question.question_text }}</a></li>
```

可以把它改成如下形式：

```
<li><a href="{% url 'detail' question.id %}">{{ question.question_text }}</a></li>
```

写成这种形式的好处是可以在 polls.urls 模块中查找 URL 定义。

3. 添加 URL 名称空间

虽然本例中只有一个应用，但是实际的 Django 项目经常会有很多个应用。为了区分这些应用的 URL 名字，需要对 URL 进行配置。打开 polls 文件夹中的 urls.py，在其中添加 app_name 变量，修改后的代码如下：

```
#1.  from django.urls import path
#2.
#3.  from . import views
#4.
#5.  app_name = 'polls'
#6.  urlpatterns = [
#7.      path('', views.index, name='index'),
#8.      path('<int:question_id>/', views.detail, name='detail'),
#9.      path('<int:question_id>/results/', views.results, name='results'),
#10.     path('<int:question_id>/vote/', views.vote, name='vote'),
#11. ]
```

然后将 polls 文件夹中的 index.html 模板中的如下内容：

```
<li><a href="{% url 'detail' question.id %}">{{ question.question_text }}</a></li>
```

改成：

```
<li><a href="{% url 'polls:detail' question.id %}">{{ question.question_text }}
</a></li>
```

接下来进行表单处理。

4. 表单处理

用文本编辑器打开 polls 文件夹中的 detail.html 文件，其中的内容如下：

```
<h1>{{ question.question_text }}</h1>

{% if error_message %}<p><strong>{{ error_message }}</strong></p>{% endif %}
```

```
<form action="{% url 'polls:vote' question.id %}" method="post">
{% csrf_token %}
{% for choice in question.choice_set.all %}
    <input type="radio" name="choice" id="choice{{ forloop.counter }}" value="{{ choice.id }}">
    <label for="choice{{ forloop.counter }}">{{ choice.choice_text }}</label><br>
{% endfor %}
<input type="submit" value="Vote">
</form>
```

现在要创建一个 Django 视图来处理这个提交的数据。打开 polls 文件夹中的 views.py，修改 results()和 vote()的代码如下：

```
from django.http import HttpResponse, HttpResponseRedirect
from .models import Question, Choice
from django.http import Http404
from django.shortcuts import render, get_object_or_404
from django.urls import reverse

def results(request, question_id):
    question = get_object_or_404(Question, pk=question_id)
    return render(request, 'polls/results.html', {'question': question})

def vote(request, question_id):
    question = get_object_or_404(Question, pk=question_id)
    try:
        selected_choice = question.choice_set.get(pk=request.POST['choice'])
    except (KeyError, Choice.DoesNotExist):
        # Redisplay the question voting form.
        return render(request, 'polls/detail.html', {
            'question': question,
            'error_message': "You didn't select a choice.",
        })
    else:
        selected_choice.votes += 1
        selected_choice.save()
        return HttpResponseRedirect(reverse('polls:results', args=(question.id,)))
```

这段代码在选项的投票数递增之后，返回的是 HttpResponseRedirect，而非 HttpResponse。HttpResponseRedirect 使用的是一个通过 reverse()调用的参数，这样可以避免使用 URL 的硬代码。

接着创建 polls 文件夹下的 results.html 模板，输入如下内容：

```
<h1>{{ question.question_text }}</h1>

<ul>
{% for choice in question.choice_set.all %}
    <li>{{ choice.choice_text }} -- {{ choice.votes }} vote{{ choice.votes|pluralize }}</li>
```

```
{ % endfor % }
</ul >

< a href = "{ % url 'polls:detail' question. id % }"> Vote again?</a >
```

现在回到投票页，选中一个选项后投票，就能看到投票结果了。如果没有选中任何选项就投票，也能看到出错提示"You didn't select a choice."。

5. 泛型视图

上述datail()和results()视图都非常简单、非常类似，就是和index()一样显示投票列表，所以显得很多余。Django提供了一种"泛型视图"系统，可以删掉这个投票应用程序的一些代码。

首先打开polls文件夹下的urls.py文件，修改代码如下：

```
from django.urls import path

from . import views

app_name = 'polls'
urlpatterns = [
    path('', views.IndexView.as_view(), name = 'index'),
    path('< int:pk >/', views.DetailView.as_view(), name = 'detail'),
    path('< int:pk >/results/', views.ResultsView.as_view(), name = 'results'),
    path('< int:question_id>/vote/', views.vote, name = 'vote'),
]
```

注意，第二、三模式的question_id被改成了pk。

接下来要删除旧的index、detail和results视图，使用新的泛型视图。打开polls文件夹中的views.py，修改代码如下：

```
from django.http import HttpResponse, HttpResponseRedirect
from .models import Question, Choice
from django.http import Http404
from django.shortcuts import render, get_object_or_404
from django.urls import reverse
from django.views import generic

class IndexView(generic.ListView):
    template_name = 'polls/index.html'
    context_object_name = 'latest_question_list'
    def get_queryset(self):
        # 返回最新的 5 个问题
        return Question.objects.order_by('-pub_date')[:5]

class DetailView(generic.DetailView):
    model = Question
    template_name = 'polls/detail.html'

```

```
    class ResultsView(generic.DetailView):
        model = Question
        template_name = 'polls/results.html'

def vote(request, question_id):
        #这个视图代码保持不变,此处省略显示
```

这里使用了两个泛型视图 DatailView 和 ResultView,只需要告诉它们是对哪个模型操作,也就是设置 model 属性。另外,如果不指定模板,泛型视图就会使用有默认名的模板,例如 DetailView 就会使用 polls/question_detail.html 作为默认模板,所以还需指定 template_name 这个属性。类似地,其他泛型视图也需要指定 template_name 属性。

15.3.5 部署 Django 项目

在本地搭建好 Web 项目后,还需要将它部署到服务器上。可能有人会问,既然使用 Django 的 manage.py 的 runserver 命令就可以启动运行 Django 应用了,为什么还要部署到服务器上呢?原因是 Django 只是制作 Web 的框架,它自带的 Web Server 只是为了方便开发,而不能放到实际的运行环境中,在性能上与真正的服务器有很大的差距。

Django 项目上线的方法有很多,例如可以运行在 Apache、Nginx 上,也可以运行在支持 WSGI、FastCGI 的服务器上。Apache 是世界使用排名第一的 Web 服务器软件。它可以运行在几乎所有广泛使用的计算机平台上,快速、可靠并且可通过简单的 API 扩充,将 Perl/Python 等解释器编译到服务器中。这里介绍如何在 Apache 上部署 Django 项目。

1. 安装 Apache 2

Apache 的官方网站是 http://httpd.apache.org/,用户可以根据自己的环境,选择相应的版本进行下载。2.4.41 版是最新的稳定版本,如果用户使用的是 Windows 7 64 位环境,那么可以从 Apache 官方网站提供的链接下载第三方版本。本书选择的是将下载的第三方版压缩包解压安装在 E:\Apache24 中。

修改 conf/httpd.conf 文件,将 ${SRVROOT} 都替换为 E:/Apache24,以及原先使用的 80 端口改为 8089 端口,部分代码如下:

```
ServerRoot "E:/Apache24"
…
Listen 127.0.0.1:8089 #修改端口号
…
ServerName www.example.com:8089
…
DocumentRoot "E:/Apache24/htdocs"
<Directory "E:/Apache24/htdocs">
…
ScriptAlias /cgi-bin/ "E:/Apache24/cgi-bin/"
…
<Directory "E:/Apache24/cgi-bin">
 AllowOverride None
 Options None
 Require all granted
</Directory>
```

然后以管理员方式启动命令窗口，在 E:/Apache24/bin 下运行 httpd-k install，创建成功 Apache 服务就可以启动 Apache 服务器了。在浏览器中访问 http://127.0.0.1:8089 可以看到配置成功。

2. 安装 mod_wsgi

Apache HTTP 服务器的 mod_wsgi 扩展模块实现了 Python WSGI 标准，可以支持任何兼容 Python WSGI 标准的 Python 应用。WSGI 是为 Python 语言定义的 Web 服务器和 Web 应用程序或框架之间的一种简单而通用的接口。

根据 Apache 服务器与 Python 的版本，下载合适的 mod_wsgi 模块，将下载的 .so 文件重命名为 mod_wsgi.so，并复制到 Apache 的 modules 文件夹中，然后在 Apache 服务器的配置文件 httpd.conf 中加载 mod_wsgi.so。打开 Apache 的配置文件 httpd.conf，加入如下命令：

```
LoadModule wsgi_module modules/mod_wsgi.so
```

重启 Apache，模块 mod_wsgi 就被加载到服务中了。

3. 发布 Django 项目

将编写好的整个项目文件夹 mysite 复制到 D:\，并在 Apache 配置文件 httpd.conf 文件的尾部添加如下代码：

```
#添加 mod_wsgi.so 模块
LoadFile "C:/Users/Holly/AppData/Local/Programs/Python/python36-32/python3.dll"
LoadModule wsgi_module "C:/Users/Holly/AppData/Local/Programs/Python/python36-32/lib/site-packages/mod_wsgi/server/mod_wsgi.pyd"
WSGIPythonHome "C:/Users/Holly/Local/Programs/Python/python36-32"

#指定 myweb 项目的 wsgi.py 配置文件路径
WSGIScriptAlias /D:/mysite/mysite/wsgi.py

#指定项目路径
WSGIPythonPath D:/mysite

<Directory D:/mysite/mysite>
<Files wsgi.py>
  Require all granted
</Files>
</Directory>

Alias /static D:/mysite/static
<Directory D:/mysite/static>
  AllowOverride None
  Options None
  Require all granted
</Directory>
```

注意，凡是这里的路径都要根据自己的实际情况来修改。

4. 修改 settings. py 文件

Django 项目创建时,默认为调试模式,在发布该程序时,应关闭调试模式。打开 mysite 文件夹中的 settings. py 文件,找到 debug 和 TemplateDebug 项,把它们的值都设为 False,保存文件并关闭。

5. 重启 Apache 服务器

服务器重启以后,在浏览器中输入地址,如果成功显示主页,就说明发布成功了。

15.4 Django 框架的高级应用

15.4.1 Session

Session 在网络应用中称为“会话控制”。Session 对象存储特定用户会话所需的属性及配置信息。这样当用户在应用程序的 Web 页间跳转时,存储在 Session 对象中的变量将不会丢失,而是在整个会话中一直存在下去。

Django 默认支持 Session,它将数据保存在服务器端,并将发送和接收 Cookie 的操作包装起来。在 Cookie 中包含的是 SessionID,而不是数据本身。在 Django 框架中,Session 保存在 request 对象的 Session 值中,该值是一个字典对象,可以通过相应的字典操作来改变 HTTP 的 Session 值。默认情况下,Session 保存在 django_session 表中,用户可以通过 Cookie 中的 SessionID 对它进行各种操作。

1. 启用 Session

在 Django 项目中启用 Session 功能,需要修改 settings. py 文件中的 MIDDLEWARE_CLASSES 元组类型的属性值,在元组中加入 'django. contrib. sessions. middleware. SessionMiddleware',并且在 INSTALLED_APPS 元素类型的属性值中加入 'django. contrib. sessions'。

2. Session 配置

Django 提供了 5 种类型的 Session 供开发者使用:数据库(默认)、缓存、文件、缓存+数据库以及加密 Cookie。

1) 数据库 Session

数据库 Session 使用默认的 django_session 表来存储数据,settings. py 中的 Session 引擎设置如下:

```
SESSION_ENGINE = 'django.contrib.sessions.backends.db'          #引擎(默认)
```

2) 缓存 Session

使用缓存存储 Session,在性能上比使用数据库更快,但是本地内存不能长时间保留数据。缓存 Session 的引擎设置如下:

```
SESSION_ENGINE = 'django.contrib.sessions.backends.cache'       #引擎
SESSION_CACHE_ALIAS = 'default'
```

缓存别名的默认值是使用内存缓存,若要用其他缓存,可以设置 SESSIONCACHEALIAS

为该缓存的名字。

3）文件 Session

文件 Session 的引擎设置如下：

```
SESSION_ENGINE = 'django.contrib.sessions.backends.file'          #引擎
SESSION_FILE_PATH = None                                          #缓存文件路径
```

如果 SESSION_FILE_PATH 的值为 None，则使用 tempfile 模块获取一个临时地址 tempfile.gettempdir()，大部分情况下是/tmp。

4）缓存+数据库 Session

这种方式的目的是数据库用于持久化，缓存用于提高效率。Session 引擎设置如下：

```
SESSION_ENGINE = 'django.contrib.sessions.backends.cached_db'          #引擎
```

5）加密 Cookie Session

这种方式的 Session 数据的存储将使用 Django 的加密签名工具和 SECRET_KEY 设置。Session 引擎设置如下：

```
SESSION_ENGINE = 'django.contrib.sessions.backends.signed_cookies'        #引擎
```

建议保留 SESSIONCOOKIEHTTPONLY 设置为 True 以防止从 JavaScript 中访问存储的数据。

3. 使用 Session

（1）在视图中把数据存放到 Session 中，其格式为：

```
request.session[key] = value
```

（2）在视图中从 Session 中取出数据，其格式为：

```
request.session.get(key, default = None)
```

（3）删除 Session，其格式为：

```
del request.session[key]
```

（4）在 Django 模板中使用 Session 数据。

在模板中可以对 Session 变量像访问字典一样访问。需要查看所有 Session 值的时候使用 items()方法。例如：

```
{ % for key, value in request.session.items % }
    { % ifequal 'username' key % }
        <h1>{{ value }}</h1>
    { % endifequal % }
{ % endfor % }
```

15.4.2　国际化

所谓国际化，是指使用不同语言的用户在访问同一个网站页面时能够看到符合其自身语言的文本页面。国际化的基本原理是：浏览器通过 LANGUAGE_CODE 在 HTTP 请求头中告诉网站后台服务器用户所需要的页面语言；网站服务器在渲染页面时，根据 LANGUAGE_CODE 查询每个需要翻译成对应语言的文本字符串，并将其替换到网页内，最后将网页返回给用户浏览器。

Django 完全支持国际化，对文本翻译、日期格式、时间格式、数字格式和时区等都有很好的支持。这些内容是国际化的主要工作对象。国际化的英文单词是 Internationalization，这个单词的首字母 I 和结尾字母 N 之间共有 18 个字母，所以在 Django 中用 I18N 来代表国际化。

Django 国际化使用的翻译模块是使用 Python 自带的 gettext 标准模块，通过一个到 GNU gettext 消息目录库的接口，为 Python 程序提供了国际化(I18N)和本地化(L10N)。

开发人员和翻译人员需要完成以下三个步骤：

第一步：在 Python 代码和模板中嵌入待翻译的字符串；

第二步：把那些字符串翻译成需要支持的语言，并进行相应的编译；

第三步：在 Django settings 文件中激活本地中间件。

1. 安装、配置 gettext

Django 框架具有很好的 I18N 和 L10N 的支持，其实现是基于 GNU 的 gettext，所以要想在 Django 中使用 I18N 需要先安装、配置 gettext。

下载如下 zip 文件。

- gettext-runtime-0.17.zip，下载网址为 http://ftp.gnome.org/pub/gnome/binaries/win32/dependencies/gettext-runtime-0.17.zip。
- gettext-tools-0.17.zip，下载网址为 http://ftp.gnome.org/pub/gnome/binaries/win32/dependencies/gettext-tools-0.17.zip。

将这两个文件解压到同一文件夹下，例如 E:\gettext 中，注意展开后这两个压缩文件中的 bin 目录合并了。

更新系统路径，通过控制面板→系统和安全→系统→高级系统设置→环境变量，在系统变量 Path 列表中，把“;E:\gettext\bin”加到变量值字段的末尾。

在命令窗口下验证配置是否正确，输入 gettext --version，如果能看到版本说明信息，就证明路径已经设置正确。

2. 修改 settings.py 配置

开启国际化的支持，需要在 settings.py 文件中设置。

```
MIDDLEWARE_CLASSES = (
    ...
    'django.middleware.locale.LocaleMiddleware',
)

LANGUAGE_CODE = 'en'
TIME_ZONE = 'UTC'
```

```
USE_I18N = True
USE_L10N = True
USE_TZ = True

LANGUAGES = (
    ('en', ('English')),
    ('zh-Hans', ('中文简体')),
    ('zh-Hant', ('中文繁体')),
)

LOCALE_PATHS = (
    os.path.join(BASE_DIR, 'locale'),          #翻译文件所在目录,需自行创建
)

TEMPLATE_CONTEXT_PROCESSORS = (
    ...
    "django.core.context_processors.i18n",
)
```

3. 指定翻译字符串

翻译字符串指定了哪些文本应该被翻译,这些字符串通常在视图和模板中出现。

1) 视图国际化

在视图中,通过_()或 ugettext()函数,指定某个变量需要翻译。例如下面的代码:

```
#1.  from django.utils.translation import ugettext as _
#2.  from django.http import HttpResponse
#3.
#4.  def my_view(request):
#5.      output = _("Welcome to my site.")
#6.      return HttpResponse(output)
```

如果要给翻译人员一些提示,可以添加一个以 Translators 为前缀的注释。例如:

```
#1.  def my_view(request):
#2.      #Translators: This message appears on the home page only
#3.      output = ugettext("Welcome to my site.")
```

2) 模板国际化

在模板文件中,要标识一个待翻译的文本,首先要在模版的顶部加载{% load i18n %},然后使用{% trans %}模板标签。例如:

```
{% load i18n %}
<title>{% trans "This is the title." %}</title>
```

注意,{% trans %}模板标签内部不可以有内嵌的模板变量,只能是字符串。如果要用变量(占位符),可以换用{% blocktrans %}模板标签。与{% trans %}模板标签不同,{% blocktrans %}标签允许通过使用占位符来对由文字和可变内容组成的复杂句子进行

翻译。例如：

```
{ % blocktrans % }This string will have {{ value }} inside.{ % endblocktrans % }
```

4. 生成翻译文件

```
python manage.py makemessages - l zh_hans
python manage.py makemessages - l zh_hant
```

注意，由于 Django 版本众多，也许有的版本需要写成 zh_Hans(H 要大写)。此时，将会在项目根目录下生成两个文件夹，如 locale、zh_hans(简体汉字)。

5. 手工翻译 locale 中的 django.po

django.po 是一个位于 locale 文件夹中的纯文本文件，包含用于翻译的原始字符串和目标语言字符串。创建 django.po 文件后，需要将其中 msgid 所在行引号内的英语手工翻译成中文，写在 msgstr 所在行的引号内。例如：

```
#: .\tutorial\models.py:23
msgid "created at"
msgstr "创建于"

#: .\tutorial\models.py:24
msgid "updated at"
msgstr "更新于"
...
```

.po 文件的格式非常简单，包含的主要是需要翻译的条目，每一个翻译项由 3 行内容组成：

- 第一行通过注释表达该条要翻译的字符串在视图或模板中的位置；
- 第二行中 msgid 后是要翻译的字符串。不要修改它。
- 第三行中 msgstr 后是翻译后的文本。需要翻译人员逐条手工填写。

6. 编译信息文件，使翻译生效

当完成语言文件的创建和翻译工作后，或者对语言文件修改后，需要将其编译成对应的 *.mo 文件，Django 在运行时将使用 *.mo 文件对网站进行国际化翻译。

进入项目根目录，运行下面的命令，进行语言文件编译：

```
python manage.py compilemessages
```

至此，国际化和本地化就完成了。网站页面将根据访问者使用语言的不同，展示为不同的语言版本，比如中文、英文、法文、德文等。如果翻译不生效，请检查语言包的文件夹是不是有中画线，比如 zh-hans，将它改成 zh_hans 即可。注意，setttings.py 中仍要用中画线，一定要修改。

15.5 Web开发应用案例——小型图书管理系统

【例15-1】 编写一个小型的图书管理系统程序，实现展示、添加和编辑出版社、书籍和作者等功能。

(1) 新建一个项目BookProject，项目应用名为Book。

(2) 设置数据库连接，数据库采用MySQL。

打开settings.py文件，修改数据库连接为如下代码：

```
DATABASES = {
'default': {
    'ENGINE': 'django.db.backends.mysql',          #数据库引擎
    'NAME': "book",                                #数据库名称
    'USER': 'root',                                #数据库用户名
    'PASSWORD': '123456',                          #数据库密码
    'HOST': "127.0.0.1",                           #数据库主机
    'PORT': 3306,                                  #数据库端口
    }
}
```

打开__init__.py文件，引入pymysql模块，使用MySQL数据库：

```
import pymysql
pymysql.install_as_MySQLdb()
```

(3) 静态文件的添加。

在settings.py文件中，添加静态文件的路径：

```
STATIC_URL = '/static/'
STATICFILES_DIRS = [
    os.path.join(BASE_DIR, "static")
]
```

(4) 建立数据模型。

models.py文件中的代码如下：

```
from django.db import models

#出版社表
class Publisher(models.Model):
    #自增的ID主键
    id = models.AutoField(primary_key = True)
    #创建一个varchar(64)的唯一的不为空的字段,且不能为空,且不重复
    name = models.CharField(max_length = 64, null = False, unique = True)

#书籍表
```

```
class Book(models.Model):
    # 自增的 ID 主键
    id = models.AutoField(primary_key = True)
    # 创建一个 varchar(64)的唯一的不为空的字段,且不能为空,且不重复
    title = models.CharField(max_length = 64, null = False, unique = True)
    # 告诉 ORM 这张表和 Publisher 表是关联关系
    publisher = models.ForeignKey(to = "Publisher")

# 作者表
class Author(models.Model):
    # 自增的 ID 主键
    id = models.AutoField(primary_key = True)
    # 创建一个 varchar(64)的唯一的不为空的字段,且不能为空,且不重复
    name = models.CharField(max_length = 16, null = False, unique = True)
    # 告诉 ORM 这张表和 book 表是多对多的关联关系
    book = models.ManyToManyField(to = "Book")
```

(5) 安装应用。

打开 settings.py 文件,将建立的应用添加到 INSTALLED_APPS 变量中。代码如下:

```
INSTALLED_APPS = [
    'django.contrib.admin',
    'django.contrib.auth',
    'django.contrib.contenttypes',
    'django.contrib.sessions',
    'django.contrib.messages',
    'django.contrib.staticfiles',
    'book',                  # 添加应用
]
```

(6) 将模型导入数据库。

执行语句:

```
python manage.py makemigrations
python manage.py migrate
```

(7) 创建视图。

views 文件的代码如下:

```
from django.shortcuts import render, redirect, HttpResponse
from book import models

# 展示出版社列表
def publisher_list(request):
    # 从数据库中查出所有的出版社,填充到 HTML 中,返回给用户
    ret = models.Publisher.objects.all().order_by("id")
    return render(request, 'publisher_list.html', {"publisher": ret})

```

```
# 添加新的出版社
def add_publisher(request):
    error = ""
    # 如果是 POST 请求,则取用户填写的数据
    if request.method == "POST":
        add_publisher = request.POST.get("add_name")
        if add_publisher:
            # 从数据库中获取所有出版社
            all_publisher = models.Publisher.objects.all()
            # 循环判断新添加的出版社名字是否已经存在
            for i in all_publisher:
                # 如果存在则返回错误提示
                if i.name == add_publisher:
                    error = "%s 已经存在" % (add_publisher)
                    return render(request,'add_publisher.html', {"error": error})
            # 通过 ORM 去数据库里创建一条记录
            models.Publisher.objects.create(name = add_publisher)
            # 引导用户访问出版社列表页,查看是否添加成功 ———> 跳转
            return redirect("/publisher_list/")
        else:
            error = "error:出版社名字不能为空 !"
    # 用户第一次来,给他返回一个用来填写的 HTML 页面
    return render(request,'add_publisher.html', {"error": error})

# 删除出版社信息
def delete_publisher(request):
    # 删除指定的数据
    # 1. 从 GET 请求的参数里面获取将要删除的 ID 值
    del_id = request.GET.get("id") # 字典取值,取不到默认为 None
    # 如果取到 ID 值
    if del_id:
        # 从数据库中删除当前的 ID 值的数据
        # 1. 根据 ID 值查找到数据并进行删除
        models.Publisher.objects.get(id = del_id).delete()
        # 上面这句删除还可以用如下这种方式
        # del_obj = models.Publisher.objects.get(id = del_id)
        # del_obj.delete()
        # 返回删除后的页面,跳转到出版社的列表页,查看删除是否成功
        return redirect("/publisher_list/")
    else:
        return HttpResponse('<h1 style = "color: red"> ERROR : 删除的出版社不存在
!</h1>')

# 编辑出版社信息
def edit_publisher(request):
    # 用户修改完出版社的名字,点击提交按钮,发来新的出版社名字
    if request.method == "POST":
        # 获取新出版社的名字
        edit_id = request.POST.get("id")
```

```
        edit_newname = request.POST.get("name")
        #更新出版社信息(数据库)
        edit_publisher = models.Publisher.objects.get(id = edit_id)
        edit_publisher.name = edit_newname
        edit_publisher.save()          #把修改提交到数据库
        #跳转到出版社列表页,查看是否修改成功
        return redirect("/publisher_list/")
        #根据 ID 获取编辑的是哪个出版社
    #从 GET 请求的 URL 中获取 ID 参数
    edit_id = request.GET.get("id")
    if edit_id:
        #获取当前编辑的出版社对象
        edit_obj = models.Publisher.objects.get(id = edit_id)
        return render(request, "edit_publisher.html", {"publisher": edit_obj})
    else:
        return HttpResponse('<h1 style = "color: red">ERROR : 编辑的出版社不存在!</h1>')

#展示书籍
def book_list(request):
    #从数据库中查询所有的书籍
    all_book = models.Book.objects.all().order_by("id")
    #在 HTML 页面完成字符串替换(渲染书籍)
    return render(request, "book_list.html", {"all_book": all_book})

#添加书籍
def add_book(request):
    error = ""
    if request.method == "POST":
        #获取新书的名字
        add_name = request.POST.get("book_name")
        #获取新书的出版社
        publisher = request.POST.get("publisher_id")
        if add_name:
            #创建新书对象, 自动提交(创建方法一)
            models.Book.objects.create(title = add_name, publisher_id = publisher)
            #返回到书籍列表页
            return redirect("/book_list/")
        else:
            error = "error:书名不能为空!"
    #获取所有的出版社
    ret = models.Publisher.objects.all()
    return render(request, "add_book.html", {"publisher_list": ret, "error": error})

    #删除书籍
    def delete_book(request):
        delete_id = request.GET.get("id")
        if delete_id:
            #从数据库中删除指定 ID 的数据
```

```
        models.Book.objects.get(id = delete_id).delete()
        #返回书籍列表页面,查看是否删除成功
        return redirect("/book_list")
    else:
        return HttpResponse('< h1 style = "color: red"> ERROR : 删除的书籍不存在!</h1 >')

#编辑书籍
def edit_book(request):
    #从 URL 里面获取要删除的书籍的 ID 值
    if request.method == "POST":
        edit_id = request.POST.get("id")
        if edit_id:
            #从提交的数据里面取书名和与书名关联的出版社
            new_publisher_id = request.POST.get("publisher")
            new_name = request.POST.get("book_name")
            #更新
            edit_book_obj = models.Book.objects.get(id = edit_id)
            edit_book_obj.title = new_name            #更新书名
            edit_book_obj.publisher_id = new_publisher_id  #更新书籍关联的出版社
            #将修改提交到数据库
            edit_book_obj.save()
            #返回书籍列表页,查看是否编辑成功
            return redirect("/book_list/")
    #获取编辑的书的 ID 值
    edit_id = request.GET.get("id")
    if edit_id:
        publisher_list = models.Publisher.objects.all()
        edit_obj = models.Book.objects.get(id = edit_id)
        #返回一个页面,让用户编辑书籍信息
        return render(request, "edit_book.html", {"book_obj": edit_obj, "publisher_list": publisher_list})
    else:
        return HttpResponse('< h1 style = "color: red"> ERROR : 编辑的书籍不存在!</h1 >')

#作者列表
def author_list(request):
    #查询所有的作者
    author_obj = models.Author.objects.get(id = 1)
    print(author_obj)
    all_author = models.Author.objects.all().order_by("id")
    return render(request, "author_list.html", {"author_list":all_author})

#添加作者
def add_author(request):
    error = ""
    if request.method == "POST":
```

```
        #获取提交的数据
        new_author_name = request.POST.get("author_name")
        if new_author_name:
            #POST 提交的数据是多个值的时候,一定要用 getlist
            books = request.POST.getlist("books")
            #创建作者
            new_author_obj = models.Author.objects.create(name = new_author_name)
            #把新作者和书籍建立对应关系,自动提交
            new_author_obj.book.set(books)
            #跳转到作者列表页面,查看是否添加成功
            return redirect("/author_list/")
        else:
            error = "error: 作者不能为空!"
    #查询所有书籍
    ret = models.Book.objects.all()
    return render(request, "add_author.html", {"book_list": ret, "error": error})

#删除作者
def delete_author(request):
    #从 URL 中获取需要删除的作者的 ID 值
    delete_id = request.GET.get("id")
    if delete_id:
        #如果获取到值,那么进行删除
        models.Author.objects.get(id = delete_id).delete()
        #跳转到作者列表页,查看是否删除成功
        return redirect("/author_list/")
    else:
        return HttpResponse('<h1 style = "color: red"> ERROR : 删除的作者不存在!</h1>')

#编辑作者
def edit_author(request):
    #如果编辑完则提交数据
    if request.method == "POST":
        #拿到提交的编辑后的数据
        edit_author_id = request.POST.get("author_id")
        new_author_name = request.POST.get("author_name")
        #拿到编辑后作者关联的书籍信息
        new_books = request.POST.getlist("books")
        #根据 ID 找到当前编辑的作者对象
        edit_author_obj = models.Author.objects.get(id = edit_author_id)
        #更新作者的名字
        edit_author_obj.name = new_author_name
        #更新作者关联的书的对应关系
        edit_author_obj.book.set(new_books)
        #将修改提交到数据库
        edit_author_obj.save()
        #返回作者列表页,查看是否编辑成功
        return redirect("/author_list/")
```

```
        #从 URL 里面获取要编辑的作者的 ID 信息
        edit_id = request.GET.get("id")
        #找到要编辑的作者对象
        edit_author_obj = models.Author.objects.get(id=edit_id)
        #查询所有的书籍对象
        ret = models.Book.objects.all()
        return render(request, "edit_author.html", {"book_list": ret, "author": edit_author_obj})
```

(8) 修改项目文件夹中的 urls.py 文件，代码如下：

```
from django.conf.urls import url
from django.contrib import admin
from book import views

urlpatterns = [
    url(r'^admin/', admin.site.urls),
    #与出版社相关的对应关系
    #出版社列表
    url(r'^publisher_list/', views.publisher_list),
    #添加出版社
    url(r'^add_publisher/', views.add_publisher),
    #删除出版社
    url(r'^delete_publisher/', views.delete_publisher),
    #编辑出版社
    url(r'^edit_publisher/', views.edit_publisher),

    #与书籍相关的对应关系
    #书籍列表
    url(r'^book_list/', views.book_list),
    #添加书籍
    url(r'^add_book/', views.add_book),
    #删除书籍
    url(r'^delete_book/', views.delete_book),
    #编辑书籍
    url(r'^edit_book/', views.edit_book),

    #与作者相关的对应关系
    #作者列表
    url(r'^author_list/', views.author_list),
    #添加作者
    url(r'^add_author/', views.add_author),
    #删除作者
    url(r'^delete_author/', views.delete_author),
    #编辑作者
    url(r'^edit_author/', views.edit_author),
]
```

（9）创建模板。

在项目文件夹下创建 templates 目录并建立相应的模板文件。具体模板文件如表 15-4 所示。

表 15-4　模板文件

功　能	模 板 文 件	功　能	模 板 文 件
展示出版社	publishe_list. html	编辑书籍	edit_book. html
添加出版社	add_publisher. html	展示作者	author_list. html
编辑出版社	edit_publisher. html	添加作者	add_author. html
展示书籍	book_list. html	编辑作者	edit_author. html
添加书籍	add_book. html		

受篇幅限制，下面只给出 publish_list. html 文件的代码，其余模板文件省略。

```
<! DOCTYPE html >
<! -- saved from url = (0042)https://v3. bootcss. com/examples/dashboard/ -- >
< html lang = "zh - CN">
< head >
        < meta http - equiv = "Content - Type" content = "text/html; charset = UTF - 8">
        < meta http - equiv = "X - UA - Compatible" content = "IE = edge">
        < meta name = "viewport" content = "width = device - width, initial - scale = 1">
        <! -- 上述 3 个 meta 标签必须放在最前面，任何其他内容都必须跟随其后！ -- >
        < meta name = "description" content = "">
        < meta name = "author" content = "">
        < link rel = "icon" href = "https://v3. bootcss. com/favicon. ico">
        < title>出版社列表</title >
        <! -- Bootstrap core CSS -- >
        < link href = "/static/bootstrap/css/bootstrap. min. css" rel = "stylesheet">
        <! -- Custom styles for this template -- >
        < link href = "/static/dashboard. css" rel = "stylesheet">
        < link rel = "stylesheet" href = "/static/fontawesome/css/font - awesome. min. css">
</head >
< body >
    < nav class = "navbar navbar - inverse navbar - fixed - top">
        < div class = "container - fluid">
            < div class = "navbar - header">
                < button type = "button" class = "navbar - toggle collapsed" data - toggle =
"collapse" data - target = " # navbar"
                        aria - expanded = "false" aria - controls = "navbar">
                    < span class = "sr - only"> Toggle navigation </span >
                    < span class = "icon - bar"></span >
                    < span class = "icon - bar"></span >
                    < span class = "icon - bar"></span >
                </button >
                < a class = "navbar - brand" href = "https://v3. bootcss. com/examples/dashboard/
# "> BMS - S10 </a >
            </div >
            < div id = "navbar" class = "navbar - collapse collapse">
```

```
                <ul class="nav navbar-nav navbar-right">
                    <li><a href="https://v3.bootcss.com/examples/dashboard/#">
Dashboard</a></li>
                    <li><a href="https://v3.bootcss.com/examples/dashboard/#">
Settings</a></li>
                    <li><a href="https://v3.bootcss.com/examples/dashboard/#">Profile
</a></li>
                    <li><a href="https://v3.bootcss.com/examples/dashboard/#">Help</
a></li>
                </ul>
                <form class="navbar-form navbar-right">
                    <input type="text" class="form-control" placeholder="Search...">
                </form>
            </div>
        </div>
    </nav>
    <div class="container-fluid">
        <div class="row">
            <div class="col-sm-3 col-md-2 sidebar">
                <ul class="nav nav-sidebar">
                    <li class="active"><a href="/publisher_list/">出版社列表</a>
</li>
                    <li><a href="/book_list/">书籍列表</a></li>
                    <li><a href="/author_list/">作者列表</a></li>
                </ul>
            </div>
            <div class="col-sm-9 col-sm-offset-3 col-md-10 col-md-offset-2 main">
                <h1 class="page-header">出版社管理页面</h1>
                <div class="panel panel-primary">
                    <!-- Default panel contents -->
                    <div class="panel-heading">出版社列表<i class="fa fa-thumb-tack
pull-right"></i></div>
                    <div class="panel-body">
                        <div class="row" style="margin-bottom: 15px">
                            <div class="col-md-4">
                                <div class="input-group">
                                    <input type="text" class="form-control" placeholder=
"Search for...">
                                    <span class="input-group-btn">
                                        <button class="btn btn-default" type="button"
>搜索</button>
                                    </span>
                                </div><!-- /input-group -->
                            </div><!-- /.col-md-4 -->
                            <div class="col-md-1 pull-right">
                                <a href="/add_publisher/" class="btn btn-success"
>新增</a>
                                <!-- <button class="btn btn-success" data-toggle=
"modal" data-target="#myModal">新增</button>-->
```

```
                    </div>
                </div><!-- /.row -->
                <table class="table table-bordered">
                    <thead>
                    <tr>
                        <th>ID值</th>
                        <th>出版社名称</th>
                        <th>操作</th>
                    </tr>
                    </thead>
                    <tbody>
                    {% for publisher in publisher %}
                        <tr>
                            <td>{{ forloop.counter }}</td>
                            <td>{{ publisher.name }}</td>
                            <td>
                                <a class="btn btn-danger" href="/delete_
publisher/?id={{ publisher.id }}">删除</a>
                                <a class="btn btn-info" href="/edit_publisher/?
id={{ publisher.id }}">编辑</a>
                            </td>
                        </tr>
                    {% endfor %}
                    </tbody>
                </table>
                <nav aria-label="Page navigation" class="text-right">
                    <ul class="pagination">
                        <li>
                            <a href="#" aria-label="Previous">
                                <span aria-hidden="true">&laquo;</span>
                            </a>
                        </li>
                        <li><a href="#">1</a></li>
                        <li><a href="#">2</a></li>
                        <li><a href="#">3</a></li>
                        <li><a href="#">4</a></li>
                        <li><a href="#">5</a></li>
                        <li>
                            <a href="#" aria-label="Next">
                                <span aria-hidden="true">&raquo;</span>
                            </a>
                        </li>
                    </ul>
                </nav>
            </div>
        </div>
    </div>
</div>
</div>
```

```
<!-- Bootstrap core JavaScript
================================================== -->
<!-- Placed at the end of the document so the pages load faster -->
<script src="/static/jquery-3.3.1.js"></script>
<script src="/static/bootstrap/js/bootstrap.min.js"></script>
</body>
</html>
```

说明：程序中使用了 Bootstrap 前端框架，它简洁灵活，使得 Web 开发更加快捷。关于 Bootstrap 的相关知识请读者自行查阅资料。

15.6 习　　题

1. 有哪些框架可以用于 Web 开发？使用 Django 框架有什么优点？
2. 利用 Django 开发一个简易博客系统。
3. 利用 Django 开发一个简单的在线考试系统。
4. 利用 Django 开发一个简单的学生选课系统。

参 考 文 献

[1] 江红,余青松.Python 程序设计与算法基础教程[M].2 版.北京：清华大学出版社,2019.
[2] 董付国.Python 程序设计[M].2 版.北京：清华大学出版社,2016.
[3] 张基温.Python 大学教程[M].北京：清华大学出版社,2018.
[4] 吕云翔,孟爻.Python 程序设计入门[M].北京：清华大学出版社,2018.
[5] 刘鹏,张燕.Python 语言[M].北京：清华大学出版社,2019.
[6] 夏敏捷,杨关.Python 程序设计——从基础到开发[M].北京：清华大学出版社,2017.
[7] 吴萍.Python 算法与程序设计基础[M].2 版.北京：清华大学出版社,2017.
[8] 赵英良.Python 程序设计[M].北京：人民邮电出版社,2016.
[9] 韦玮.Python 基础实例教程[M].北京：人民邮电出版社,2018.
[10] 王学军,胡畅霞,韩艳峰.Python 程序设计[M].北京：人民邮电出版社,2018.
[11] 王欣,王文兵.Python 基础教程[M].2 版.北京：人民邮电出版社,2018.
[12] 徐光侠,常光辉,解绍词,等.Python 程序设计案例教程[M].北京：人民邮电出版社,2017.
[13] 薛景,陈景强,朱旻如,等.Python 程序设计基础教程[M].北京：人民邮电出版社,2018.
[14] 戴歆,罗玉军.Python 开发基础[M].北京：人民邮电出版社,2018.
[15] 邓英,夏帮贵.Python 3 基础教程[M].北京：人民邮电出版社,2016.
[16] 刘卫国.Python 语言程序设计[M].北京：电子工业出版社,2016.
[17] 赵璐.Python 语言程序设计教程[M].北京：上海交通大学出版社,2019.

图书资源支持

感谢您一直以来对清华版图书的支持和爱护。为了配合本书的使用，本书提供配套的资源，有需求的读者请扫描下方的"书圈"微信公众号二维码，在图书专区下载，也可以拨打电话或发送电子邮件咨询。

如果您在使用本书的过程中遇到了什么问题，或者有相关图书出版计划，也请您发邮件告诉我们，以便我们更好地为您服务。

资源下载、样书申请

书圈

我们的联系方式：

地　　址：北京市海淀区双清路学研大厦 A 座 701

邮　　编：100084

电　　话：010-83470236　010-83470237

资源下载：http://www.tup.com.cn

客服邮箱：2301891038@qq.com

QQ：2301891038（请写明您的单位和姓名）

扫一扫，获取最新目录

课 程 直 播

用微信扫一扫右边的二维码，即可关注清华大学出版社公众号"书圈"。